THE ENCYCLOPEDIA OF

SHARKS

世界サメ図鑑

THE ENCYCLOPEDIA OF SHARKS
世界サメ図鑑

著 スティーブ・パーカー　日本語版監修 仲谷 一宏

世界サメ図鑑

2010年2月1日 初版 第1刷発行
2020年11月1日 第5刷発行

著者:スティーブ・パーカー
日本語版監修:仲谷一宏
翻訳:櫻井英里子(アールアイシー出版)
翻訳協力:清水陽子(アールアイシー出版)・栗原千恵(アールアイシー出版)
装丁・DTP:荒川千絵(アールアイシー出版)

発行人:白方啓文
発行所:株式会社 ネコ・パブリッシング
〒141-8201 東京都品川区上大崎3-1-1 目黒セントラルスクエア
電話 03-5745-7802(営業部) 電話 04-2944-4071(カスタマーセンター)
https://www.neko.co.jp/

ISBN978-4-7770-5263-9 Printed in China

Cover photography by Getty Images

PICTURE CREDITS
b = below, c = center, i = inset, r = right, l = left t = top

Alamy: *19b. 98b*

Ancient Art & Architecture Collection: *R Sheridan/Ancient Art & Architecture Collection Ltd 18b.*

Corbis: *Amos Nachoum 4–5 main, Burstein Collection 6–7 main, Gianni Dagli Orti/Corbis 19c, Chris Rainier 21 main, Bettmann 26br, Tom Brakefield 66 main, Brandon D. Cole 66b, Denis Scott 95 main, Denis Scott 125B, J. L. Maher/Wildlife Conservation Society 139b, Amos Nachoum 159 main, Jeffrey L.Rotman 160 main, Douglas P.Wilson 171b, Reuters/Corbis 196 main, Will Burgess/Reuters 197 main, Jeffrey L.Rotman 202main, Jeffrey L.Rotman 213b.*

Getty Images: *Minden Pictures 01rm, Jeff Rotman 2–3 main, Time Life Pictures 26br, Norbert Wu 42 main, Norbert Wu 42b, Brandon Cole 77b, Minden Pictures 113B, John Warden 138b, Jeff Rotman p139tr, Andrea Pistolesi 139 main, Stephen Frink 149B, Norbert Wu 157b, Steve Allen 163 main, Nick Caloyianis 175B, Paul Avis 189B, Brandon Cole 190b, Brandon Cole 191 main, David Doubilet 193 main, Brandon Cole 198t, Brandon Cole 198bl, Norbert Wu 199 main, Stephen Frink 200B, Gary John Norman 201 main, Brian Skerry 210tr, Stephen Frink 214b, Stuart Westmorland 215 main., Norbert Wu back cover.*

Marine Themes: *8b, 8-9 main, 9b, 10b, 12b, 15 main, 16 main, 17 main, 17b, 20bl, 22b, 23 main, 23b, 24b, 25 main, 25B, 27 main, 28 main, 31 main, 34 main, 34B, 35 main, 35b, 36 main, 36b, 37 main, 37b, 38 main, 39 main, 40 main, 40, 41 main, 41b, 43main, 43BR, 44br, 45 main, 45br, 46 main, 46br, 47 main, 47br, 48 main, 48br, 49 main, 49br, 50 main, 51 main, 51br, 53 main, 53br, 55 main, 55br, 56 main, 57 main, 57b, 58 main, 58br, 59 main, 59br, 60 main, 60br, 61 main, 61br, 62 main, 63 main, 63br, 64 main, 64BR, 65 main, 65br, 66 main, 66br, 67 main, 67br 68 main, 70c, 70BL, 72tr, 74b, 75 main, 75b, 76b, 77 main, 77b, 79 main, 79b, 81 main, 81br, 82r, 83main, 83br, 84b, 85b, 87 main, 87b, 88c, 89tr, 90C, 91 main, 91B, 32171 92, 93 main, 93b, 96-97 main, 98 main, 99 main, 99b, 100t, 101 main, 101br, 103 main, 103b, 104b, 105 main, 106b, 107b, 108b, 109 main, 109b, 110tr, 111 main, 111b, 113 main, 114–115, 116b, 117 main, 117b, 120r, 120b, 120tr 123 main, 123b, 124b, 125 main, 126tr, 127, 129br, 130B, 131 main, 131b, 132B, 133 main, 133B, 134BL, 134R, 135 main, 135b, 136b, 137 main, 137b, 140–141, 142tr, 142BL, 143 main, 143b, 144b, 145 main, 145b, 146B, 146r, 146b, 147 main, 147b, 148b, 149 main, 150b, 151 main, 151b, 153 main, 153b, 154b, 155, 155b, 156b, 157 main, 161 main, 164–165, 166r, 166b, 167 main, 167bl, 168b, 168tr, 169 main, 169b, 170BL, 171 main, 172b, 173b, 175 main, 176b, 176tr, 177 main, 177b, 178b, 178r, 179 main, 179b, 181b, 182b, 183 main, 183b, 184–185, 186b, 187 main, 188b, 189 main, 192b, 195b, 204br, 205 main, 205b, 206br, 207 main, 207br, 208b, 209 main, 209b, 212b, 217br.*

Nature Picture Library: *Brandon Cole 27b, Brandon Cole 30, Jurgen Freund 107 main, Doug Perrine 52 main, Jeff Rotman 52b, Bruce Rasner/Rotman 54 main, Bruce Rasner/Rotman 54b, Michael Pitts 94b, Mark Carwardine 95b, Jeff Rotman 112, Jeff Rotman 121b, Sinclair Stammers 126B, Brandon Cole 162t, Doug Perrine 162B, David Shale 163B, Doug Perrine 180, Doug Perrine 181 main, Doc White 187b, Doug Perrine 210B, Bruce Rasner/Rotman 213 main, Jeff Rotman 215b.*

Photolibrary: *159br.*

Science Photo Library: *158b.*

All other images are the copyright of Quintet Publishing Ltd. While every effort has been made to credit contributors, Quintet Publishing would like to apologize should there have been any omissions or errors—and would be pleased to make the appropriate correction for future editions of the book.

サメの歴《れき》史《し》

サメは、この3億5千万年の間ほとんど姿を変えていない。その祖《そ》先《せん》をたどると4億年も前にさかのぼることができる。

ジョン・シングルトン・コプリー作「ワトソンとサメ」。1749年、キューバのハバナで商船に乗っていた14歳の少年が、入り江で泳いでいる最中にサメに襲《おそ》われた事件を描いたものだ。

サメとは何《なに》か

サメは、4億年も前から地球に生息し、少なくとも5回は大量絶滅《たいりょうぜつめつ》の危機を乗り越えている。彼らは、古代生物イクチオサウルスをはじめ、硬骨魚類《こうこつぎょるい》、ハクジラ類などにもひけを取らない海のハンターだ。今では海に棲《す》む最強の肉食動物の一つである。

様々《さまざま》な体形《たいけい》

サメと言えば、魚雷のような流線型《りゅうせんけい》の体に、高くせり上がった三角形の背鰭《せびれ》と、力強い鎌《かま》のような尾鰭《おびれ》をしている。しかし、それは典型的なサメの場合で、他にも色々なサメがいる。大型のフィルター・フィーダーはクジラを思わせる姿であり、深海ザメは体がやわらかだ。海底に棲《す》むカスザメの体は扁平《へんぺい》であり、ネムリブカの頭部は、岩の割れ目に入り込めるように三角形をしている。絨毯《じゅうたん》のようなオオセは、サンゴや海藻にカモフラージュする。寄生性のダルマザメは吸盤形の口と鋭い歯をもち、ウナギのように細長い体にフリルのついたような鰓《えら》孔《あな》をしたサメもいる。エポーレット・シャークは、鰭《ひれ》で歩く。その姿はまるでサンショウウオが脚で歩くようだ。

世界《せかい》のサメ

サメは海に棲《す》んでいる。海面近くの明るい海、真っ暗な深海、熱帯の海、寒い南極や北極の近くなど、種類によって棲《す》む場所は様々だ。サメはどのような海でも環境に適応している。サンゴ礁やマングローブ林や岩礁《がんしょう》でも、河口や外洋にも暮らしている。熱帯性のオオメジロザメは海から何百kmも川をさかのぼり、ニシオンデンザメは北極海の氷の下でも生きている。

人間《にんげん》とサメ

昔から、サメは邪悪《じゃあく》な生き物とされてきた。そのようなイメージができたのは、神話や民話の影響も大きいが、人間を襲ったり、殺したり、時には食べてしまうサメもいるからだ。

サメにとって幸運なことに、そのマイナスのイメージは変わりつつある。彼らの生態や行動が明らかになってきた。人間たちがサメの習性を理解しようと努めていることもあり、彼らのボディー・ランゲージも解明されてきている。

サメは餌食《えじき》となる人間をいつも探し回っているわけではない。各自の生活場所を確保しつつも、集団で行動し、サメ社会のルールを守り暮らすサメもいる。こんな時には、彼らの領域《りょういき》を侵《おか》した人間は、他の動物と同様に攻撃されるのだ。

(左)ヒゲ面に、平べったい体をしているクモハダオオセ。普通のサメとは大違いの外見である。彼らは海底での暮らしに適応し、オーストラリア南部の岩礁《がんしょう》に生息している。見事なカモフラージュで待ち伏せし、通りがかった魚に奇襲《きしゅう》攻撃《こうげき》をしかける。

(上)優雅なヨシキリザメは、まさにサメらしい姿をしたサメである。流《りゅう》線型《せんけい》の体と力強い尾鰭《おびれ》をもち、食べ物や仲間を探しながら海の中を泳ぎまわるのだ。今は乱獲《らんかく》によって減少している。

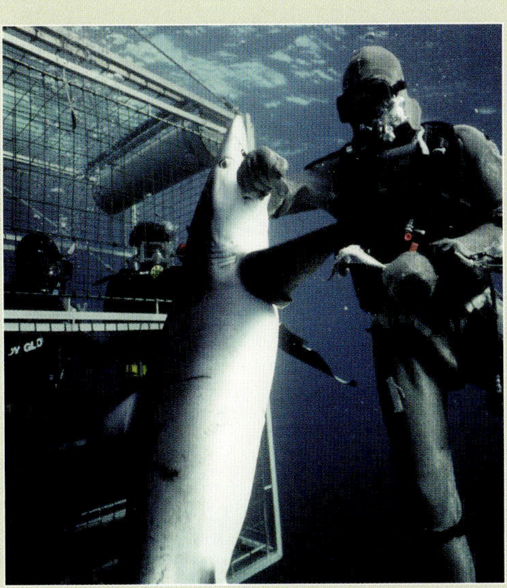

新《あたら》しくなったサメの立場《たちば》

サメへの理解を深めるにつれ、人間も接し方を変えてきている。研究者も写真家も、大胆に身を守る檻《おり》から出て活動するようになり、観光客向けにサメ晩餐会《ばんさんかい》も催《もよお》されるようになった。恐怖は、関心に変わりつつある。サメと泳いだり、サメをなでたり、抱きよせたいと考える人さえいるようだ。しかし、サメはペットではない。野生の動物であり、俊敏《しゅんびん》な肉食動物である。サメ研究が進んだ今、彼らが人間を攻撃するのは、人間の側に非があるためであることが分かってきた。人間がサメのエサ場に入ってしまい、悲劇が起きる。サメは人間の味が好きで襲《おそ》ってくるわけではない。彼らはいつもの場所でいつも通りの生活をしているだけなのである。

最初《さいしょ》のサメ

この4億年の間に様々なサメが存在していたことが化石《かせき》から分かる。人類の歴史が約200万年ということを考えると、サメは大先輩にあたる。

原始の生命は海で誕生し、小さな単細胞生物《たんさいぼうせいぶつ》は、ゼリーのような単純な構造の動物や、やわらかい植物のような動物へと進化した。そして5億5千万年前、大きな変化が訪《おとず》れる。硬い組織をもつ動物の登場だ。体内に、大黒柱のような強固な軸《じく》となる組織をもつようになったのだ。その両側の筋肉で、体を左右に振って前進することも可能になった。この軸《じく》は、脊索《せきさく》と呼ばれ、これが最初の脊索動物《せきさくどうぶつ》の登場である。

体形《たいけい》の進化《しんか》

進化するにつれ、脊索《せきさく》を骨がとり囲み、脊柱《せきちゅう》（背骨）になった。これによって体は力強くなり、運動能力も向上した。体の突出部《とっしゅつぶ》は大きくなり、推進力がついた。後に、尾鰭《おびれ》や背鰭《せびれ》になる部位だ。頭の両側に、ひらひらした鰓《えら》が発達し、水中での呼吸が上手くできるようになった。これが、最初の魚類《ぎょるい》の登場である。この時の魚類には、まだ顎《あご》がなかった。今から5億年～4億5千年前、オルドビス紀のことであった。

やっと、顎《あご》が発達《はったつ》！

サメにとって最も重要な、開いたり閉じたりできる顎《あご》。それは、前方の鰓《えら》を支える硬い組織が発達したものと考えられている。この硬い組織が前に移動し、大きくなり、関節でつながった顎《あご》になった。かみつき、食いちぎることができるようになったのである。初めて顎《あご》をもった魚類は棘魚類《きょくぎょるい》と呼ぶ。英語ではスパイニー・シャーク（棘《とげ》をもったサメの意）と言うが、正確に言うとサメではない（そもそもサメは出現していなかった）。サメの祖先《そせん》でもない。ただ、体つきはサメに似ていた魚だった。

サメの時代《じだい》の到来《とうらい》

棘魚類《きょくぎょるい》の他にも、たくさんの種類の魚類が進化した。その一つが、軟骨魚類《なんこつぎょるい》である。サメの他、エイやギンザメなどサメの親戚《しんせき》が属している。彼らの骨格は硬骨《こうこつ》ではなく、軟骨《なんこつ》でできている。皮膚《ひふ》は、無数の小さい突起《とっき》に覆《おお》われている。骨板《こつばん》やいわゆる鱗《うろこ》はない。顎《あご》には鋭い歯が生えている。サメは、石炭紀《せきたんき》の頃から海を支配するようになった。

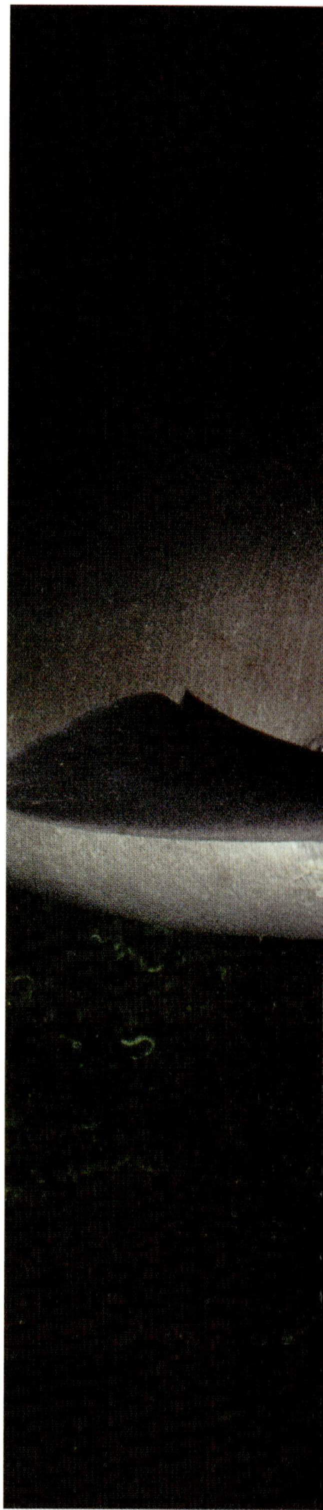

（左）現生《げんせい》のサメは、体形も大きさも、棲《す》む場所も様々だ。この写真は、卵から孵化《ふか》したばかりのトラザメの子どもである。大きくなると、全長45cmくらいになる。日本や中国沿岸の温かい海に生息している。

(上)カグラザメなどカグラザメ科のサメは、数少ない原始的なサメだ。サメの鰓孔《えらあな》は通常5対あるが、カグラザメ科は6対もしくは7対ある。彼らは、ジュラ紀中期ごろ出現した。深海に棲《す》み、全長5mを超える。

クラドセラケ

初期のサメで有名なのが、クラドセラケという約3億5千万年前に生息していたサメである。1880年代、クラドセラケの化石がアメリカのエリー湖のクリーブランド黒色頁岩《こくしょくけつがん》から発見された。素晴らしい状態だった。見つけたのは、化石の発掘をしていたウィリアム・ケプラー博士である。きめ細かい堆積岩《たいせきがん》の中に、骨と皮膚《ひふ》と、筋肉の跡《あと》までが残っていた。

クラドセラケは全長1.5mのほっそりとした体で、対をなした胸鰭《むなびれ》と腹鰭《はらびれ》、棘《とげ》のある背鰭《せびれ》を2基もっている。後部に向かって胴体は細くなり、後端に上向きの大きな尾鰭《おびれ》がある。眼は大きく、吻《ふん》は短く、たくさんの歯をもっていたため、眼を使ってエサを探していたと思われる。

サメの進化《しんか》

サメの進化《しんか》の過程《かてい》は、化石から明らかになっている。しかし化石化するのはきわめて珍《めずら》しく、奇跡的《きせきてき》な現象《げんしょう》だ。化石化するのは主に体の硬い部分、つまり貝殻や、硬骨《こうこつ》、歯、角などだ。サメには硬骨《こうこつ》がなく、骨格《こっかく》は硬骨《こうこつ》よりやわらかくて弱い軟骨《なんこつ》でできている。

サメの歴史や祖先は、化石となった歯や背鰭《せびれ》の棘《とげ》など、硬い部分をもとに調べられてきた。サメの歯は、頻繁《ひんぱん》に発見される化石である。生きている時の歯は、エナメル質と象牙質《ぞうげしつ》でできている。これらは、動物の体を構成する物質の中でも最も硬いものだ。何百年もの間、人間はサメの歯をお守《まも》りや飾りとしてきた。ドラゴンや怪物の歯だとされたこともあったらしい。サメの歯は、絶滅《ぜつめつ》したものも現生《げんせい》のものも、種類によって形や大きさ、作りが全く異なる。現在と過去のサメの関係も、歯を使って解明《かいめい》することができる。

サメの骨格が化石として残っていることはめったにない。軟骨《なんこつ》はやわらかいため、死後に腐敗《ふはい》してしまうのだ。しかし、わずかながらサメの骨格《こっかく》が残っていることがある。それらを見ると、古代のサメについて、驚《おどろ》くほど細かいところまで知ることができる。これらのことから、サメが今の形になったのは、約3億5千万年前であることが解明されている。

変《か》わったサメ、一般的《いっぱんてき》なサメ

古代のサメで変わっているものに、鉄床《かなどこ》、もしくは、ひげそり用のブラシに似たものを第1背鰭《せびれ》の位置につけているサメがいる。全長は1mほどの小さな種だ。この平らな「鉄床《かなどこ》」の上には、フックのような鱗《うろこ》がついていた。フック状のものは、額にもあった。胸鰭《むなびれ》には吹き流しのようなものもついていた。この生物は、ステタカントゥスと呼ばれる、3億5千万年前のサメだ。なぜ鉄床《かなどこ》のようなものが背中についていたのかは諸説《しょせつ》あるが、求愛行動に使っていたというのが一般的な説だ。

トリスティチウスは、全長60cmくらいの小型のサメで、ステタカントゥスと同時代に生存していた。その口は普通の魚に似ており、第1背鰭《せびれ》と第2背鰭《せびれ》には、それぞれ前に大きな棘《とげ》がついていた。この2つの特徴を除《のぞ》けば、トリスティチウスはドチザメ類などに良く似ている。良く知られているヒボダス類（14ページ参照）の親戚《しんせき》にあたると考えられている。

トリスティチウスは、石炭紀《せきたんき》に生きたサメである。

この歯は、巨大なメガロドン（標準和名はムカシオオホホジロザメ）の化石である。約200万年前に絶滅《ぜつめつ》したサメだ。

よく似《に》た体形《たいけい》

祖先《そせん》は違っても、環境に適応しながら進化するうち、似たような体形になった動物がいる。古代の爬虫類イクチオサウルス、現生《げんせい》のイルカ（哺乳類《ほにゅうるい》）、マグロ（硬骨魚《こうこつぎょ》類《るい》）、そして外洋性のサメ（軟骨魚類《なんこつぎょるい》）などだ。彼らは系統的には近いわけではなく、生活環境が同じだから似たのである。海のハンターとして、素早く力強く泳げるよう、流線型《りゅうせんけい》の体をもつようになったのだ。これを収斂進化《しゅうれんしんか》と言う。サメと他の海産動物を比較してみると、多くの例が見つかる。

脊椎動物《せきついどうぶつ》の系統樹《けいとうじゅ》

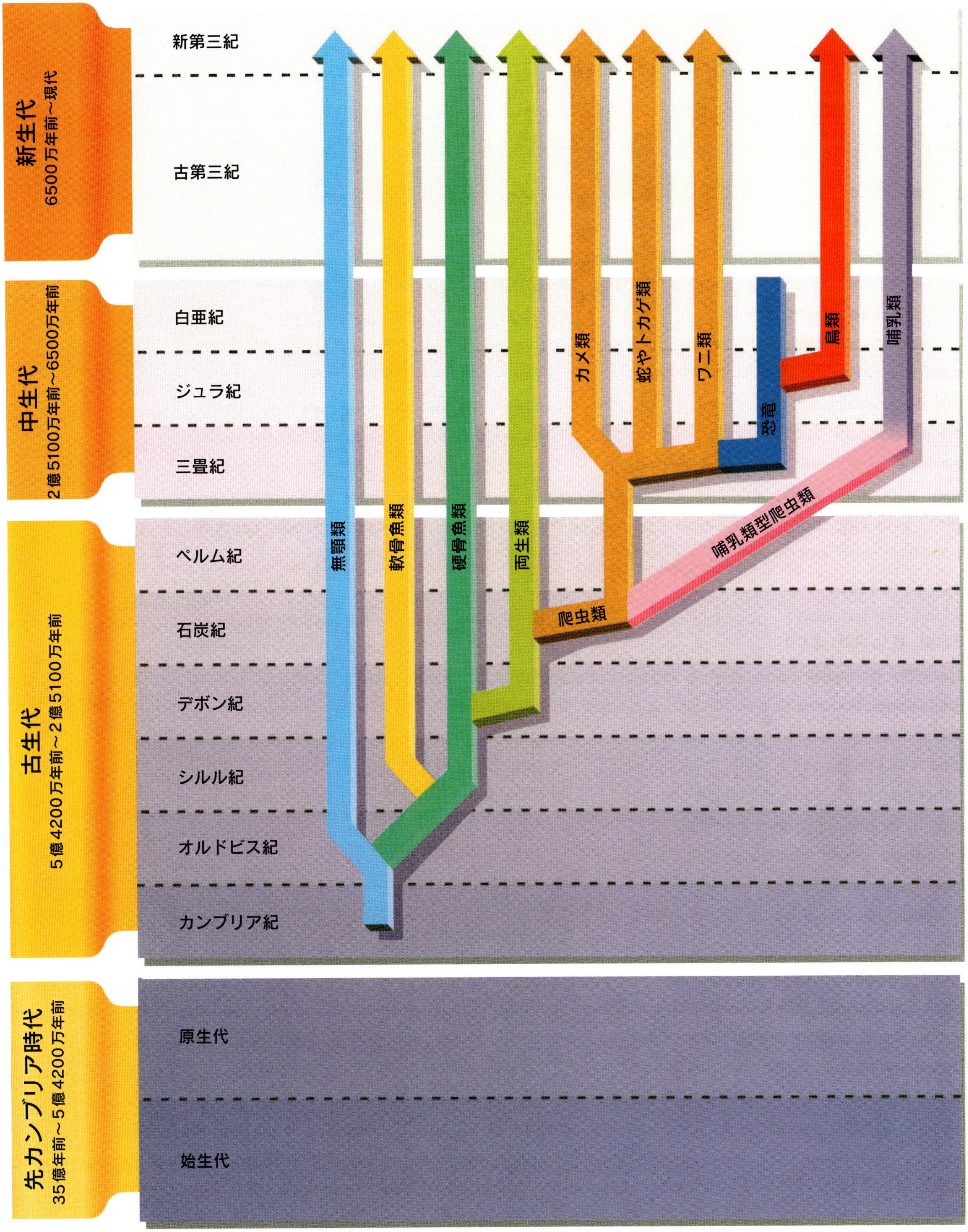

脊椎動物《せきついどうぶつ》の祖先である脊索動物《せきさくどうぶつ》は、カンブリア紀に無脊椎動物《むせきついどうぶつ》とともに暮らしていた。軟骨魚類《なんこつぎょるい》が脊椎動物《せきついどうぶつ》の幹《みき》から進化したのは、4億年以上前のことである

サメの時《じ》代《だい》

初期のサメはみな魚雷型《ぎょらいがた》で、いわゆるサメの形をしていた。しかし約3億2千万年前、石炭紀《せきたんき》前半のミシシッピ紀になると、色々な形をしたサメが出現《しゅつげん》した。サメの「黄金時代《おうごんじだい》」の到来《とうらい》である。

石炭紀《せきたんき》のサメの化石は、スコットランドのグラスゴー郊外《こうがい》のベアーズデンや、アメリカのモンタナ州ベア・ガルチで多く発見されている。ベア・ガルチから出土したものの例として、一角獣《いっかくじゅう》のような外見のファルカタスがいる。前方に伸びるL字型の角《つの》を頭部にもつサメだ。この角《つの》は、生殖行動《せいしょくこうどう》に使っていたのだろうと考えられている。交尾《こうび》の際、互いの体をドッキングさせるのに使っていたのかもしれない。1匹のファルカタスが、別の1匹の角《つの》を口にくわえている化石が発見されている。

クセナカンサスは古生代末期に生きたサメである。

ヒボダスは、ペルム紀、三畳紀、ジュラ紀に生きたサメである。

長寿《ちょうじゅ》の家系《かけい》

古代のサメの中でよく知られている属《ぞく》(種《しゅ》の一群《いちぐん》)に、ヒボダス(こぶのある歯)がいる。世界中の海で、長く繁《はん》栄《えい》したサメだ。ペルム紀中期から白亜紀《はくあき》後期の初め、2億2500万年前～9000万年前までに、様々な種が登場し、消えていった。大きいものは全長2mに達し、第1背鰭《せびれ》の前部には、長い棘《とげ》があった。ヒボダスの歯には興味深い特徴がある。彼らは2種類の歯をもっていたのだが、1つは典型的な鋭いサメの歯、もう1種類は頑丈な平たい歯だ。鋭い歯は、滑《すべ》りやすい獲物《えもの》を捕らえたり、肉を食いちぎるために使っていたのだろう。そして平たい歯では、現在の底生性《ていせいせい》のサメ同様に、貝や甲殻類《こうかくるい》をかみ砕いて食べていたのだろう。

現在のサメと化石のサメを比較すると、大昔からほとんど変わらない特徴をもつサメがいることが分かる。「生きた化石」と言われるミツクリザメなどだ。ミツクリザメは当初、1億年ほど前、つまり恐竜時代《きょうりゅうじだい》の化石化したサメの歯にもとづいて、古代のサメとして知られていた。ところが1898年、日本近海で生きたミツクリザメが、電信線をかんで破壊しているのが発見されたのだった。また、ラブカやネコザメも原始的なサメであると考えられている。原始的と言っても、単純でもなければ頭が悪いわけでも、進化が遅れているわけでもない。ただ、古代のサメの特徴を残しているということである。

(右)絶滅《ぜつめつ》したメガロドンの歯の化石は、現生《げんせい》のホホジロザメの歯と良く似て三角形であるが、サイズははるかに大きい。ホホジロザメの歯は、肉を食いちぎるのに適している。メガロドンもおそらく肉食であり、クジラなど大型の獲物《えもの》をターゲットにしていたのだろう。

メガロドン

史上最大のサメ、そして最大の魚類は、メガロドン(「巨大な歯」を意味する学名。標準和名はムカシオオホホジロザメ)である。メガロドンは化石の歯のみが知られている。その巨大な歯は、ホホジロザメなど攻撃的なサメの歯に良く似ているが、はるかに大きい。メガロドンは1500万年前～200万年前に生き、その歯の化石は世界中で発見されている。この巨大ザメの大きさがどれくらいだったのかについては色々な試算《しさん》があるが、これは顎《あご》の上での歯の位置や、歯の成長速度の見積《みつも》りの差によって、計算結果が異なるからだ。最近の見積《みつも》りでは、全長が12～18m、重さも45tはあったとされている。メガロドンはジンベエザメよりも大きく、クジラに匹敵《ひってき》する大きさだったのだろう。

サメの親類《しんるい》

サメは魚類《ぎょるい》に属《ぞく》し、その体の骨格《こっかく》は、硬骨《こうこつ》より軽く柔軟《じゅうなん》な軟骨《なんこつ》でできている。そのような動物を、軟骨魚類《なんこつぎょるい》と呼ぶ。軟骨魚類には、サメの他に、エイ類とギンザメ類がいる。

（下）ノコギリエイは、平べったく細長い体をし、その吻《ふん》はノコギリのようになっている、珍しいエイである。それで海底に潜《ひそ》んでいる無脊椎動物《むせきついどうぶつ》を掘り出したり、魚を叩いて気絶させたりする。ノコギリザメは正真正銘《しょうしんしょうめい》のサメで、少し小さいが似たようなノコギリをもっている。

エイ類《るい》

エイ類は、主に海底に棲《す》んでいる魚類である。500種以上が知られており、そのほとんどが海底での暮らしに適応《てきおう》している。ヒラメやカレイ、貝類、エビなどの甲殻《こうかく》類《るい》、ゴカイ類や死肉を食べている。エイの両側に広がる「翼《つばさ》」は、胸鰭《むなびれ》が巨大化したものである。その胸鰭《むなびれ》をうねるように動かして泳ぐので、まるで海の中を「飛んで」いるように見える。眼は体の上側についており、その近くにある穴（噴水孔《ふんすいこう》）から水を取り込み、体の下面の鰓孔《えらあな》から出す。こうしてエイは、泥のような海底に身を伏せ、危険から身を守り、獲物《えもの》を狙いながら、呼吸することができるのだ。

危険で有名なのがアカエイ類である。ムチのような尾部の中ほどに、ノコギリ状の毒の棘《とげ》をもっている。彼らは砂の中に身を潜《ひそ》めながら獲物《えもの》を狙うが、この毒棘《どくきょく》は主に身を守るために使われている。南アメリカの川に棲《す》むアカエイ類ポタモトリゴンは、淡水《たんすい》に完全に適応した唯一の軟骨魚類《なんこつぎょるい》である。

エイ類で最も大きいのはオニイトマキエイ、別名マンタだ。その「翼幅」は5.8m以上にもなる。水面に飛び出すこともあり、大きな水しぶきをあげて着水する。最大のサメと同様に、海水を濾《こ》してプランクトンを食べるエイである。

ギンザメ類《るい》

ギンザメ類は40種以上あり、その多くは冷たい深海に棲《す》んでいる。一般的なギンザメには、体の割に大きな頭、大きな眼、癒合《ゆごう》してウサギのように飛び出した歯、有毒な背鰭《せびれ》の棘《とげ》、そしてネズミのような細長い尾鰭《おびれ》がある。鰓裂《さいれつ》はサメよりも少なく、4つである。しかし、硬骨《こうこつ》魚《ぎょ》のように鰓蓋《えらぶた》があり、鰓孔《えらあな》は一つだけしかない。

ギンザメ類は、胸鰭《むなびれ》をエイのようにパタパタ動かして泳ぐのだが、その姿は決して優雅とは言えない。胸鰭《むなびれ》で体を支えながら、深海の底でじっとしていることが多い。くちばし状の硬い歯を使い、海底に棲《す》む貝や甲殻類《こうかくるい》をかみつぶして食べる。

(上)ホシエイは、尾部《びぶ》を含めると、4mを超える大きさに成長する。尾部には大きなノコギリ状の棘《とげ》があり、包丁のような鋭さで、毒がある。それに刺されると激しい痛みに襲われる。しかし、アカエイ類の性格は攻撃的ではない。毒針を使うのは身を守る時だけだ。

電気《でんき》の導《みちび》き

マンタ（左写真）などのエイの仲間はサメと同じように、動物が筋肉を使う時に発する電気を感知《かんち》することができる。この能力により、暗い海中を泳ぐことができる。シビレエイはもっと発達していて、自分の筋肉から300ボルト以上の強い電気を発することができる。シビレエイは、胸鰭《むなびれ》で包むように獲物《えもの》を捕えると、電気ショックを与えて気絶させ、厚い平たい歯ですりつぶすようにして食べる。

サメの伝説《でんせつ》・言《い》い伝《つた》え

人間が海で泳いだり漁をするようになってから、人々はサメの存在と、その攻撃性《こうげきせい》に気づいてきた。4000年前のマルタ島の文明跡《ぶんめいあと》など、新石器時代の遺跡《いせき》からはサメの歯や皮が発掘されている。

古代人《こだいじん》とサメ

人類初の偉大な科学者であり、博物学者でもあった古代ギリシャのアリストテレス（紀元前384～322年）は、地中海周辺を旅し、自然や動物について研究を行った。彼は普通の魚とサメとの違いを多く記録している。例えばサメに鰓蓋《えらぶた》がないこと、ザラザラした皮には一般的な鱗《うろこ》がないこと、硬骨《こうこつ》はなく、軟骨《なんこつ》で骨格が構成されていることなどである。しかし、オスの交尾器《こうびき》については、メスを押さえこむための器官だと誤解し、「クラスパー（抱きしめるもの）」という誤《あやま》った名前をつけてしまった。

血なまぐさいサメの襲撃事件《しゅうげきじけん》が記録されるようになったのは、ギリシャの歴史家ヘロドトス（紀元前485～425年）以降である。彼は、ギリシャ北東部のアトス沖合の海戦において、多くのペルシャ船が沈み、その船員がサメに襲われたと書いている。以来、恐ろしいサメの事故は数々の書物《しょもつ》に登場している。16世紀には、フランスの博物学者ギヨーム・ロンドレが、サメの中から人間がそのまま発見された事件について記述している。甲冑《かっちゅう》一式を身につけた騎士の体まで見つかったそうだ。

今でもそうだが、昔の船乗りもサメの攻撃を非常に恐れていた。昔の世界地図を見ると、深海に棲《す》む恐ろしい生物が描かれており、サメも、架空《かくう》の海獣《かいじゅう》とともに登場している。

サメ伝説《でんせつ》

サメにまつわる話は、太平洋地域に多く伝わっている。古代の人々は島から島へと移住を繰り返した（「アイランド・ホッピング」と呼ばれる活動）ため、それぞれの島で独自の文化が発展したのだが、どこの島でもサメは大きな存在だったようだ。ニューギニア島では、サメが恐ろしい魔法を使うと信じられ、決して捕まえたり傷つけてはならないとされていた。ソロモン諸島の人々は、サメを先祖の霊《れい》の生まれ代わりと考え、霊《れい》をなだめる生《いけ》贄《にえ》をサメにささげていた。その生贄《いけにえ》になるのは、自分から志願《しがん》した人々だった。

古代ハワイでは、サメの神をカモ・ホア・リイ、その妃《きさき》をオアフと呼び、祀《まつ》っていた。ハワイの若い兵士は自らの力を示すため、海底に巨石《きょせき》でつくった囲いに入り、こん棒だけを武器にサメの神の「臣下《しんか》」、つまり本物のサメと戦った。戦いに負けた者は、神の生贄《いけにえ》になった。

ハワイには、次のような話も伝わっている。いたずら好きの半神《はんしん》マウイは、サメたちに腹を立て、1匹を天に向かって放り投げた。そのサメは星座となり、今も天の川を泳いでいるとのことである。マウイの釣竿《つりざお》を逃れた別の1匹は、逃げた先でタヒチ島になったという。

（右）古い世界地図の多くに、不思議な海獣《かいじゅう》が描かれている。実在する動物と、伝説の動物をかけあわせたような姿をしている。

(上)写真が発明される以前、恐ろしいサメは「深海のテロリスト」として大げさに描《えが》かれていた。この絵「サメ殺し」も、その１枚である。船乗りや探検家は、サメの絵を見て恐怖心を募《つの》らせたのだった。

サメにキス?

　太平洋の島には、サメにキスをすれば危害《きがい》を受けないと信じる人々もいた。そのため、キスの儀式《ぎしき》が頻繁《ひんぱん》に行われていたようである。参加者は、その試練に立ち向かうため、麻酔効果《ますいこうか》があるカバの抽出液《ちゅうしゅつえき》を飲んでいた。サメは、確かにおとなしくなったことがあるようだ……満腹で、他の人を攻撃する気が起きなかったのかも知れないが。

民間伝承《みんかんでんしょう》の中《なか》のサメ

世界各地の沿海部《えんかいぶ》では、サメが神話や民話、伝説や宗教に登場する(愛されていたから、というわけではないようだ)。船に乗り、漁をして生活した昔の人々は、水の恐ろしさ、特にサメの危険性《きけんせい》を、いやと言うほど知っていた。

そのため、ある地域ではサメを神として崇《あが》め、別の地域ではサメに残虐《ざんぎゃく》な仕打ちをするなど、真逆《まぎゃく》のことを行っていた。

ヨーロッパ人の憎《にく》しみ

ヨーロッパでは、サメは昔から船乗りに嫌われていた。人間を襲《おそ》うという理由もあるが、不漁の元凶《げんきょう》とも考えられていたのだ。だから、サメを捕獲《ほかく》するのは縁起《えんぎ》の良いこととされた。妊娠《にんしん》したメスのサメであればなおさら、海にいるサメの数が減る、と喜ばれたものである。捕まった不運なサメは腹わたを抜かれ、尾鰭《おびれ》を切り落とされ、その尾鰭《おびれ》は船の舳先《へさき》に打ち付けられた。幸運をもたらす戦利品とされたのだ。サメはまだ生きていたかもしれないが、そのまま海に放りこまれた。

船乗りの中には、サメが船上の死臭《ししゅう》をも嗅《か》ぎつけると信じ、船員の死体を水葬《すいそう》で海に投げ込まない限り、サメに追いかけられると恐れた者もいた。「めぐりめぐって」人肉を食べることになる、と考えた結果、ヨーロッパ人はサメ肉を食べなくなった。その風潮を助長するようなサメの解体結果も、多く報告された。

新世界《しんせかい》

海賊《かいぞく》に支配された19世紀のカリブ海では、伝説的な人喰《ひとく》いサメが2匹、その名をとどろかせていた。1匹は、ジャマイカのキングストンに棲《す》む巨大なホホジロザメ「ポート・ロイヤル・ジャック」である。彼は、港の入り口をのんびり泳ぎ、次の獲物《えもの》(主に泥酔《でいすい》した人間)がやってくるのを待っていた。同様の食生活を送っていたのは、バルバドスのブリッジタウンに棲《す》む「シャンハイ・ビル」である。彼は海を泳いでいた犬を襲い、その毛に喉《のど》をつまらせて窒息死《ちっそくし》したと伝えられている。

アジアでは

古代日本では数多くの神々を祀《まつ》っていたが、その中にはサメの神もいた。嵐を司《つかさど》る神とされ、恐怖の象徴《しょうちょう》だった。今でも日本の一部では、赤い帯がサメよけになると信じられている。ベトナムの海沿いにも、巨大なジンベエザメのために建てられた古い神殿がある。

真珠漁《しんじゅりょう》の漁師は、かなり深いところまで海に潜《もぐ》る。彼らは2、3分ほど息を止めている必要があり、高い水圧にも耐えなければいけない。そしてやっとの思いで船に戻る時、サメというさらなる危険に見舞われる。スリランカでは、真珠漁師がヘビ使いを雇《やと》い、彼らの技術を応用して攻撃的なサメをおとなしくさせようとしたという。

(上)サメへの関心が高い地域では、目立つものや尖《とが》ったものをサメに見立てることがある。カリフォルニアの海沿いにある、高速道路の縁石《えんせき》に描かれたこの絵などが良い例である

装飾《そうしょく》になるサメ

沿岸地方の人々は、儀式用《ぎしきよう》のネックレスやブレスレット、耳飾りにサメの歯を用いていた。短剣や槍《やり》などの切っ先にもサメの歯を使った。その伝統は今も続いており、南国のリゾート地の土産物屋《みやげものや》では、サメの歯を使ったアクセサリーや、顎《あご》をまるごと店先に置いたり、軟骨《なんこつ》の背骨を乾燥させ杖にして売っている。悲しいことに、このような商売でサメは追われ、乱獲《らんかく》されている。このことについては、202ページ以降で詳しく取り上げる。

(右)部族文化が残る地域では、サメは今も重要な役割を担《にな》っている。写真に写っている男は、パプアニューギニアのコントゥ出身の呪術師《じゅじゅつし》だ。彼はホラ貝を吹き、カヌーにサメを呼び寄せようとしている。近づいてきたサメは首輪をかけられ、捕獲《ほかく》される。

サメの捕獲《ほかく》

人間がサメに襲《おそ》われる事件は、年間60～70件ほどあり、うち約20件は死亡事故だ。かなりの犠牲者数《ぎせいしゃすう》と言っても良いかも知れない。一方、人間によるサメやエイの漁獲量《ぎょかくりょう》は、年間50万t以上にもなる。サメ漁《りょう》は、大型の漁船や、自給用の小舟、スポーツ・フィッシングなど、様々な方法で行われている。

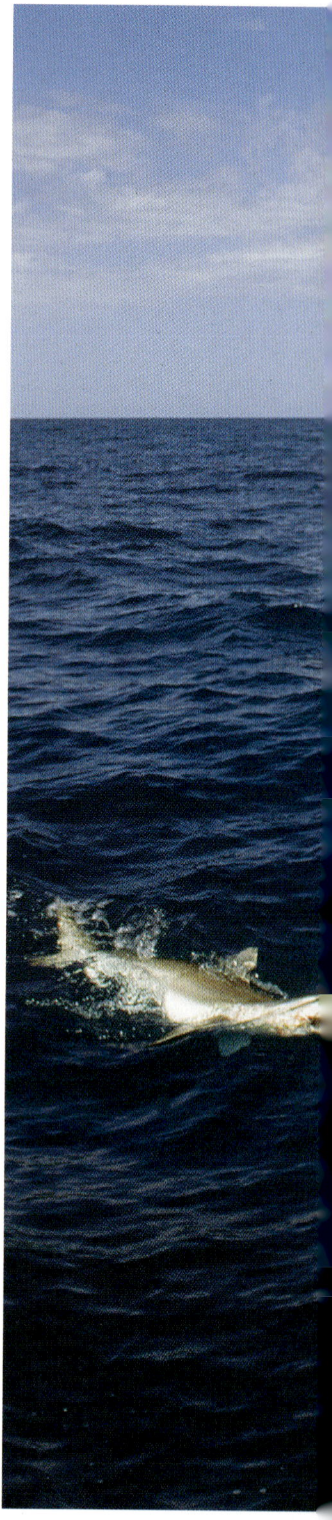

サメ漁《りょう》

サメ漁業《ぎょぎょう》は、それなりの規模のビジネスではあるものの、大もうけはできない。サメの繁殖力《はんしょくりょく》は弱く、ある特定地域の群集は、近代化した効率の良い漁船にかかると、絶滅《ぜつめつ》の危機にさらされてしまう。それよりは、高級魚を狙《ねら》う小規模な漁の方が、はるかに利益があるだろう。

しかしサメによっては、大きな産業を支えているものもいる。ハナカケトラザメはシェットランド諸島から地中海までヨーロッパ全域にいるサメである。彼らは食用にされ、トロール船で年間数千tほど水揚げされている。そしてロック・サーモンやロック・イール、フレイクやハスなどといった名前で売られている。

北大西洋のアブラツノザメも漁業《ぎょぎょう》の対象となっている。一時期は、イギリスだけで年間4万5千tも水揚げされていた。しかしアブラツノザメの場合、少なくとも5歳にならないと繁殖適齢期《はんしょくてきれいき》にならないため、一度減ると、数を元に戻すまで時間がかかる。

1980年代初頭からサメの水揚げ量は減ったが、種によっては世界中で乱獲《らんかく》されているものもある。ヨシキリザメは、日本ではフカヒレスープになり、オナガザメも食用と油のため漁の対象となっている。

スポーツに？

スポーツ・フィッシングは一大産業になっており、このためホホジロザメなど一部のサメは減少している。サメを捕獲《ほかく》しなくても、人間がサメのエサとなる魚を多く捕まえているため、サメのエサも減少中である。サメ釣りの方法も、釣ったサメを仕留《しと》める方法も、複雑で手の込んだものになり、サメに対してより強い優越感を抱くようになった人もいる。

驚くことではないが、大型のサメは見つけにくくなってきている。例えば、アオザメはスポーツ・フィッシングで人気のターゲットである。釣り上げる時の抗《あらが》い方がしぶとく、荒く、派手なアオザメは、何度も海面から跳ね上がる。一方ホホジロザメは、釣り上げようとすると深く潜り、力のかぎり竿《さお》を引くだけで、それほどの華々《はなばな》しさはない。

イギリスのスポーツ・フィッシングでは、ヨシキリザメが人気だ。しかしトロール船にとっては、漁網《ぎょもう》や網《あみ》にかかった魚を襲うため、あまり出会いたくないサメである。

(左)サメ漁業には、様々な方法がある。この写真は小型船に乗った漁師が、目の細かい網《あみ》で漁をし、網《あみ》にかかったサメを引き揚げているところである。この網《あみ》を水中になくしたり、海に捨てたりすると、網にたくさんの魚がからまって死んでしまう。

(上)サメ釣りは、大人気のスポーツである。以前はサメ釣りコンテストなどで、何千匹ものサメが殺されていたが、今では、釣ったサメを再び海に返している。研究者にとって有用な情報源になるため、標識《ひょうしき》タグをつけてから逃がすこともある。

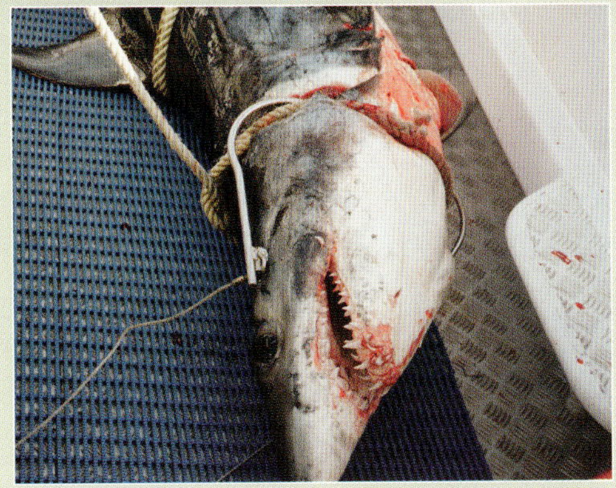

記《き》録《ろく》破《やぶ》りのサメ

一本釣りで釣られたサメの中で、最大のものは1959年、オーストラリアで記録された全長5.1mもあるホホジロザメだ。重量は1,200kgもあった。(欧米の大柄な成人の体重は平均で約80kg)。他の大記録は、

- ニシネズミザメ、230kg(1993年)
- ハチワレ、364kg(1981年)
- シュモクザメ、450kg(1982年)
- アオザメ、554kg(2001年)
- ニシオンデンザメ、775kg(1987年)

伝《でん》統《とう》的《てき》なサメの利《り》用《よう》法《ほう》

多くのサメ肉は食べることができ、非常に美味《びみ》で人気のサメもいる。サメのステーキを大切な日常食とする地域もあり、異国《いこく》の高級料理として出すレストランもある。しかし、サメ肉には重金属《じゅうきんぞく》など汚染物質《おせんぶっしつ》が蓄積《ちくせき》されていると懸念《けねん》する人もいる。

サメ肉は様々な形で食べられている。生肉を調理することもあれば、乾燥させたものを使うこともあり、刺身にもなる。切り身のステーキや、すり身、ハンバーグ、練り物、そして、フカヒレのスープもある。フカヒレになるサメは数種類いるが、最も有名なサメの一つがイコクエイラクブカだ。英語でスープフィン・シャーク（スープ用のサメ）とも呼ばれる。昔ながらの方法では、鰭《ひれ》を切り取り、塩をふって天日に干す。すると繊維質《せんいしつ》の乾物《かんぶつ》になる。これをお湯で戻し、処理をすると、とろみのあるスープになるのだ。

食用とならないサメ肉は、残り物の内臓《ないぞう》などと一緒にされ、動物のエサや油、肥料《ひりょう》になる。

サメ肝油《かんゆ》

その体格からは考えられないほど、サメは大きな肝臓《かんぞう》をもっている。大型のウバザメからは、1,500ℓほどの肝油《かんゆ》が取れる。この肝油《かんゆ》に含まれるミネラルやビタミンは多く、特にビタミンEが豊富である。サメ肝油《かんゆ》は、化粧品やペンキ、潤滑油《じゅんかつゆ》、ロウソク、照明用の燃料、皮なめしにも使われる。

サメ肝油《かんゆ》製造はかつて一大産業だった。20世紀初頭のスカンジナビアでは、年間3万匹以上もニシオンデンザメを水揚げしていたほどだ。より安価な人工肝油の登場で、この産業は大きく衰退したが、サメの肝油《かんゆ》を必要としている人はまだ多い。肝油《かんゆ》に含まれるスクアレンは、精製された後カプセルにされ、万能の栄養剤として売られている。

シャークスキン

シャークスキンも、かつては需要の高い製品だった。しなやかで、特徴的な模様があり、牛革より強度があるからだ。サメ皮は、身から剥《は》がされ、形を整えられ、塩水に数週間浸《ひた》され、シャークスキンになる。これは、皮歯《ひし》と言われる鱗《うろこ》に覆《おお》われており、ヤスリのような研磨用具《けんまようぐ》になる。血のりがついても手が滑《すべ》らないので、剣や短剣のグリップにもなる。本やライターのカバーなど、少し変わった使い方もある。上質なシャークスキンになるのは、イコクエイラクブカやテンジクザメ、トラフザメやヨロイザメなどだ。

また、サメ皮をなめすと表面の皮歯《ひし》が取れ、やわらかい革として靴や財布、ブリーフケースや本の表紙に使われる。コモリザメ、イタチザメ、クロトガリザメ、テンジクザメ、ニシレモンザメはみな美しい模様をしており、大切な原料とされる。シャークスキンには、他のサメ製品や食品と同様、規制が設《もう》けられている。210ページで紹介しているワシントン条約（絶滅《ぜつめつ》のおそれのある野生動植物の種の国際取引に関する条約）も、その一つである。

(上)アジアの食品売り場では、乾燥フカヒレが、ナマコなどの乾物《かんぶつ》や他の海産物と一緒に売られている。フカヒレは非常に高価で、フカヒレのために多くのサメが乱獲《らんかく》されている。残ったサメの体は、そのまま捨てられる場合がほとんどである。

(右)サメ製品は、生、乾物《かんぶつ》、加工品として、主に中国や東南アジアで売られている。人気の商品は、手作りのスープに使う乾燥フカヒレや、缶詰のフカヒレスープ、サメ肝《かん》油《ゆ》（スクアレン）だ。

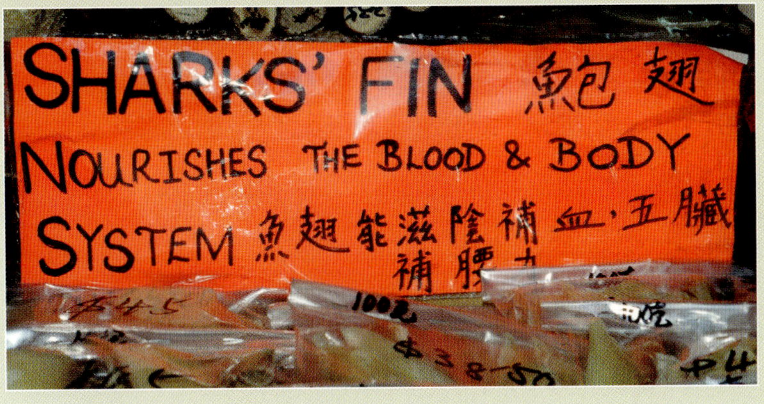

サメを使った医薬品《いやくひん》

サメの様々な部位を使い、世界中で昔から治療《ちりょう》が行われてきた。

- サメの胆汁《たんじゅう》や胆嚢《たんのう》は、白内障《はくないしょう》に効くとされた。
- サメを焼いた灰は、歯が生えてくる時の痛み緩和《かんわ》や、白癬《はくせん》の治療に用いられた。
- 乾燥したサメの脳は、虫歯を予防したり、陣痛《じんつう》を和《やわ》らげるとされた。
- 粉状にしたサメの歯は、胆石《たんせき》や多量出血の際に使われた。

これら民間療法《みんかんりょうほう》は科学的には証明されておらず、効果のほどは意見の分かれるところである。

戦《せん》争《そう》とサメ

戦時《せんじ》に恐ろしいのは、敵の攻撃だけではない。戦争の最中にサメに襲《おそ》われ命を落とした人の数もまた、数知れない。

空中戦や海戦の犠牲者《ぎせいしゃ》が、サメによってさらに増えることもある。第二次世界大戦時の太平洋はこの惨劇《さんげき》の舞台として有名であるが、昔からサメにより、戦争中に多くの犠牲が出ている。例えば紀元前5世紀、ヘロドトスがギリシャとペルシャ間の海戦に関連して、難破船《なんぱせん》の船員がサメに襲《おそ》われた事件を記録している。近代になり戦争は激化し、大きな沈没事故も増えた。サメによる襲撃《しゅうげき》も、規模が大きくなっている。

地中海《ちちゅうかい》での事件《じけん》

地中海沿岸で泳ぐ観光客の多さを考えると、サメの事故は非常に少ないと言える。しかし戦争ともなると事情は違う。20世紀に起きた2つの大戦中は、サメによる犠《ぎ》牲者数《せいしゃすう》だけでもかなりのものだった。そのためサメの事故が起きても報告されなかったり、事実確認されないことが多かった。例えば、1943年8月、米軍パイロットR・カーツ氏が南ナポリの海に墜落《ついらく》し、サメに襲《おそ》われて手や腕に重傷を負ったような事故は、決して珍しいものではなかったはずである。

サメのステルス船《せん》

米軍《べいぐん》の研究者は長年、サメの能力を活《い》かそうと考えてきた。2006年、ヴァージニア州の研究者は、サメのサイボーグをつくった。神経をコントロールする機械をサメに埋め込み、脳の遠隔操作を試みたのだ。米軍はこの機器に改良を加え、リモート・コントロールできるサメをつくろうとしている。サメをスパイにするのである。そのようなサメを使えば、ターゲットの戦艦や潜水艦に気づかれずに追跡することができるだろう。この機器は、別の利用法もある。リモート・コントロール・ザメを使えば、野生のサメの習性を調べることもできるし、体に麻痺《まひ》を抱えた人間にこの機器を用いて、体の動きを回復させることもできる。

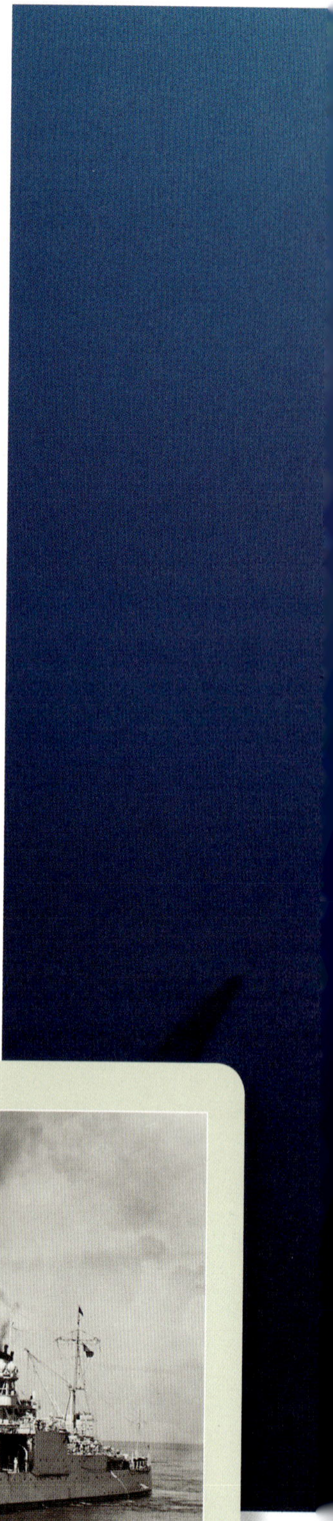

(右)アオザメはサメの中でも最速の種である。獲物《えもの》めがけて水面から飛び出すほどの攻撃性から、スポーツ・フィッシングで人気のターゲットとなっているが、釣り上げられてからも船上で暴れて、船や釣り人を傷つけることがある。もし海中でアオザメが8の字形に泳いでいたら、それは攻撃態勢《こうげきたいせい》のサインなので要注意だ。

米軍艦《べいぐんかん》インディアナポリス号《ごう》の悲劇《ひげき》

戦時中のサメ襲撃事件《しゅうげきじけん》で有名なのは、米軍の戦艦インディアナポリス号事件だろう。この船は1945年、太平洋の基地からアメリカに戻る途中で、日本の潜水艦が放った魚雷によって沈没した。約300人の乗組員が戦艦とともに沈み、約900人は漂流物につかまり海を漂《ただよ》うことになった。それから4日間、誰にも発見されず、報告もされなかった。救助隊が現れた時、生存者はわずか300人。他の乗組員は、仲間の目の前でサメに殺されたのだった。犯人はヨシキリザメやヨゴレだった。サメはインディアナポリス号が沈没した2日後から周囲を泳ぎ、その数は数百匹になって乗組員に襲《おそ》いかかった。生存者の証言によると、攻撃はもっぱら夕方だったという。その時間になると、あちこちから悲鳴が聞こえたらしい。艦長のチャールズ・バトラー・マクヴェイ3世（写真）は、サメの襲撃から生き延《の》びた一人だった。彼は船員を

死亡させたとして、米軍の艦長としてただ一人、戦争裁判にかけられ有罪とされた。しかし、後にクリントン大統領によって、無罪とされている。

(左)血の匂《にお》いを嗅《か》ぐと、大きなサメは反応し、攻撃を開始する。ヨシキリザメは、難破船の生存者や、ダイバー、小型の船さえも襲《おそ》う。写真のネムリブカは、夜に狩りをする。

サメの種類《しゅるい》

サメはみな基本的には同じ体形をしているが、細部《さいぶ》の構造《こうぞう》はきわめて多様である。

不思議な形の頭をしたシュモクザメは誰にでもすぐにわかる。眼と眼の間が開いているため、優《すぐ》れた視力をもっている。

サメの分類法《ぶんるいほう》

サメは比較的よく研究されている動物群《どうぶつぐん》であるが、その分類はやっかいである。サメの種数も350種以下から400種以上まで推定《すいてい》されており、一般的には370〜380種とされている。

現生《げんせい》のサメの分類《ぶんるい》

門《もん》:	脊索動物門《せきさくどうぶつもん》（脊索《せきさく》をもつ）
亜門《あもん》:	脊椎動物亜門《せきついどうぶつあもん》（脊椎《せきつい》をもつ）
上綱《じょうこう》:	顎口上綱《がっこうじょうこう》（上下顎《じょうかがく》をもつ）
綱《こう》:	軟骨魚綱《なんこつぎょこう》（骨格が軟骨《なんこつ》でできている）
亜綱《あこう》:	板鰓亜綱《ばんさいあこう》（前後の鰓《えら》が膜《まく》で隔《へだ》てられている）
上目《じょうもく》:	真正板鰓上目《しんせいばんさいじょうもく》※（サメ形）

※ サメ全部とエイを別のグループにするという考えが排除されたいきさつについては、本文を参照のこと。

サメはもちろん動物界に属しており、そこにはブヨからわれわれ人類まで200万種以上（1,000万種以上の可能性もある）が含まれている。その中では脊索動物門《せきさくどうぶつもん》（「門」とは大きな分類単位）に属する。脊索動物門《せきさくどうぶつもん》とは、脊索《せきさく》あるいはそれが発達した脊椎骨《せきついこつ》をもつ動物群のことである。この動物門はさらに亜門《あもん》に分けられ、サメは脊椎動物亜門、つまり背骨をもつ動物群に属する。魚類《ぎょるい》、両生類《りょうせいるい》、爬虫類《はちゅうるい》、鳥類《ちょうるい》、哺乳類《ほにゅうるい》は全て脊椎動物《せきついどうぶつ》である。

魚類《ぎょるい》のグループ分《わ》け

サメは魚類の中で、軟骨魚綱《なんこつぎょこう》、つまり軟骨魚類《なんこつぎょるい》に属している。その他の魚類は、硬骨《こうこつ》でできた骨格をもつ硬骨魚綱《こうこつぎょこう》に属している。硬骨魚綱には3万近い種が知られており、サメやその仲間を含む軟骨魚類を数で圧倒している。

さらに軟骨魚綱《なんこつぎょこう》は通常2つの亜綱《あこう》に分類される。サメ、ガンギエイ、エイが含まれる板鰓亜綱《ばんさいあこう》と、ギンザメが含まれる全頭亜綱《ぜんとうあこう》である。板鰓亜綱《ばんさいあこう》はさらに2つの大きなグループ、つまりエイ上目《じょうもく》とサメ上目《じょうもく》に分けられる。現生《げんせい》のサメは分類方法によって、6から10以上の目《もく》に分類される。

分類法《ぶんるいほう》の変化《へんか》

分類学《ぶんるいがく》――生物を分類し、グループ分けする学問――は、ここ数年でかなり変わってきている。分岐分類学《ぶんきぶんるいがく》的な方法では、生物はその進化上の起源や類縁関係《るいえんかんけい》にしたがって分類される。基礎となる分類群はクレイドで、共通の祖先をもつ子孫すべてが同じクレイドに含まれる。この方法にしたがうと、サメの中にはサメよりもエイに近いものもいることになる。その場合には、板鰓亜綱《ばんさいあこう》のサメやエイは、以下の2つのクレイドに分けられる（詳細については次ページを参照）。

- ネズミザメ・メジロザメ上目《じょうもく》には、ネコザメ目、テンジクザメ目、ネズミザメ目、メジロザメ目が属する。
- ツノザメ・エイ上目《じょうもく》には、ラブカ目、カグラザメ目、キクザメ目、ツノザメ目、カスザメ目、ノコギリザメ目、およびエイ目が属する。

種《しゅ》

あらゆる生物には、国際的に認められている二名式命名法《にめいしきめいめいほう》に基づいて、2つの部分からなる学名がつけられている。最初の部分は属《ぞく》（近縁な種の集合体）、2つめは種《しゅ》である。舌をかみそうな学名は、ラテン語や古代ギリシア語からきたもので、生物のある部分の特徴に由来するものが多い。例えば、

- ホホジロザメの学名、*Carcharodon carcharias* は、「鋭いギザギザの歯のサメ」という意味。
- メガマウスザメの学名、*Megachasma pelagios* は、「外海の大きな口のサメ」という意味。
- ガラパゴスザメの学名、*Carcharhinus galapagensis* は、「ガラパゴス島のとがった鼻のサメ」という意味。

カグラザメ（学名：*Hexanchus griseus*）は、カグラザメ目と呼ばれる小さな分類群（目）に属し、ラブカやエビスザメも含まれる。この目のサメはすべて、胸鰭《むなびれ》の前に6ないし7対の鰓孔《えらあな》があり、深海に棲《す》む。

クロトガリザメは最も大きく多様なメジロザメ目に属している。メジロザメ目はさらに多くの科に小分けされ、メジロザメ科に属するこのクロトガリザメは、熱帯で多く見られる。

サメの親戚《しんせき》たち

ガンギエイ

オニイトマキエイ(マンタ)

ヨシキリザメ

エイ類は一部のサメと間違われることがあるが、泳ぎ方に大きな違いがある。サメは尾鰭《おびれ》を使って泳ぐが、エイ類は長く伸びた翼のように見える胸鰭《むなびれ》を利用して泳ぐ。ガンギエイ類とアカエイ類の違いは繁殖《はんしょく》方法にある。ガンギエイ類は卵を産むが、アカエイ類は子どもを産む。

主《おも》なサメの分《ぶん》類《るい》群《ぐん》

サメは6～10の目《もく》と呼ばれる分類群に分けられる。目はさらに科《か》に、科はさらに属《ぞく》と種《しゅ》に小分けされる。多数の種を含む目もあれば、たった1種しかない目もある。

ノコギリザメ目

ノコギリザメ目には9種がおり、ノコギリエイの「ノコギリ」に似た、鋭い歯で縁取《ふちど》られた長い平らな吻部《ふんぶ》をもつ。エイ類と同じように、海底に棲《す》むために平べったくなっている。

カスザメ目

カスザメ目には15種が含まれる。平べったい体をしていて、海底でじっとしてエサを待つ。

ツノザメ目

ツノザメ目には7科97種のサメがいる。例を挙げると、アブラツノザメやユメザメ（ツノザメ科）、オンデンザメ（ヨロイザメ科）、カラスザメ（カラスザメ科）、オロシザメ（オロシザメ科）などである。

キクザメ目

キクザメ目には2種のサメが属し、大きな鱗《うろこ》や粗雑《そざつ》な肌が特徴である。この目は、キクザメ科としてツノザメ目（前項参照）に入れられていることもある。

カグラザメ目

カグラザメ目にはエビスザメ、あるいはカグラザメがいる。現生《げんせい》のサメの中では最も古いタイプである。これら5種は深海性で、背鰭《せびれ》は1基で、下顎に櫛《くし》状の歯をもつ。

ラブカ目

ラブカはカグラザメ目の1科と考えられているが、別の目として扱われることもある。現生種《げんせいしゅ》はラブカのみである。英語名フリルド・シャーク（フリルのついたサメ）の由来は、6つの鰓孔《えらあな》のヒラヒラした鰓蓋《えらぶた》に由来する。3億5千万年以上前のサメによく似ている。

ネコザメ目

ネコザメ目。2億2千万年前、最初の恐竜が地上に出現した頃には、このサメに似た種が存在していた。約9種が知られている。

テンジクザメ目

テンジクザメ目には7科31種が知られている。その中にはテンジクザメやオオセ、エポーレット・シャーク、コモリザメ、トラフザメなどがいる。海底に横たわっているか、ゆっくりと泳いでいることが多い。ジンベエザメ科は、ジンベエザメ1種だけからなる。

ここに示すのはいくつかの科の代表的なサメで、その外形は様々だ。彼らの類縁関係《るいえんかんけい》は、彼らのもつ特異的な特徴によって決められる。

ネズミザメ目

ネズミザメ目には、7科15種が知られている。ウバザメ（ウバザメ科）、ホホジロザメ、アオザメ、ネズミザメ（ネズミザメ科）、オナガザメ（オナガザメ科）、ミズワニ（ミズワニ科）、ミツクリザメ（ミツクリザメ科）やシロワニ、オオワニザメ（オオワニザメ科）などがいる。メガマウスザメは1種でメガマウスザメ科を構成している。

メジロザメ目

200種いるメジロザメ目は、もっとも「サメらしい」サメで、流線《りゅうせん》形《けい》をした海のハンターである。主要な科はメジロザメ科で、イタチザメやネムリブカ、ツマグロ、ヨシキリザメが含まれる。他には、シュモクザメやウチワシュモクザメ（シュモクザメ科）、ドチザメ、ホシザメ、イコクエイラクブカ（ドチザメ科）、ヒレトガリザメ（ヒレトガリザメ科）、ナヌカザメやトラザメ（トラザメ科）、タイワンザメ（タイワンザメ科）、オシザメ（オシザメ科）などが知られている。

ラブカ

ラブカは、古代のサメ、クラドセラケに非常によく似ている。深海トロール網《あみ》で捕獲《ほかく》されることは非常にまれで、海表面域で目撃されるのはさらにまれである。

長くてクネクネしたウナギ状の体、背鰭《せびれ》が1基で尾鰭《おびれ》の近くにあること、臀鰭《しりびれ》があることなど、いろいろな変わった特徴がある。吻端《ふんたん》は丸みをおび、口は頭の前端にある。歯の形も原始的で、三つ又ヤスのような形で5本ほどの歯が20～25列に並んでいる。大部分のサメの鰓孔《えらあな》が5対なのに対し、ラブカの鰓孔《えらあな》は6対ある。鰓孔《えらあな》は皮膚《ひふ》が伸びているため、フリルがついているように見える。鰓孔《えらあな》は長く、特に1対目の鰓孔《えらあな》は喉《のど》を横ぎり互いに接している。

顎《あご》を大きく開いて、深海にいるタコやイカ、硬骨魚《こうこつぎょ》などを捕食《ほしょく》する。尾部《びぶ》の形や背《せ》鰭《びれ》、腹鰭《はらびれ》、臀鰭《しりびれ》の位置から判断すると、こっそりと狙いを定め、突然攻撃するタイプのようである。また、頭から尾まで体の中心に沿って走る脊索《せきさく》がある。水中で振動や動きを感じるための側線《そくせん》は溝状である。

分布域

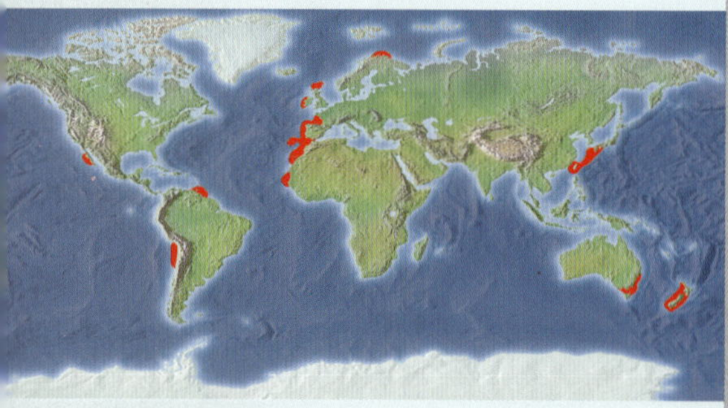

分類

門：脊索動物門
綱：軟骨魚綱
亜綱：板鰓亜綱
目：カグラザメ目
科：ラブカ科
学名：*Chlamydoselachus anguineus*

主な特徴

全長：1.8ｍ以下
体重：記録なし
生息地：深海、大陸棚辺縁部や大陸棚斜面
生息水深：100ｍ～1,200ｍ以深
色と模様：一般的には茶色か灰色で、特徴的な模様はほとんどない
成熟全長：オスは1ｍ、メスは1.4ｍ
交尾時期：不明
生殖方法：卵胎生
妊娠期間：おそらく3年以上
産仔数と大きさ：6～10尾、全長56cm
寿命：不明、おそらく50年以上

分布範囲

冷帯から熱帯まで、全海洋の散在した場所で知られている。

飼育

不明。

長いクネクネした体のラブカ（上）は古代のサメに非常に似ている。（右）ラブカはそれぞれ5本からなる25列の歯をもつ。三つ又ヤスのような形をした歯も原始的なサメの特徴である。

分布域

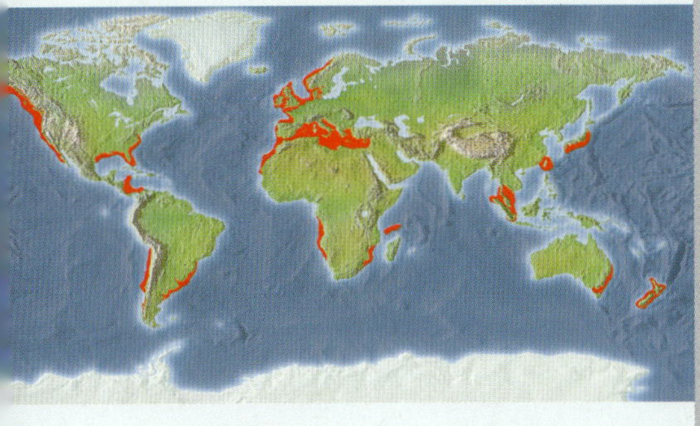

分類

門：脊索動物門
綱：軟骨魚綱
亜綱：板鰓亜綱
目：カグラザメ目
科：カグラザメ科
学名：*Hexanchus griseus*

主な特徴

全長：5m（5.5mを超えることもある）
体重：大きいものは500kgを超える
生息地：昼間は深海にいるが、夜間は浅い所に来る
生息水深：昼間は1,800m、夜は30m
色と模様：明るい茶色から灰色、暗い銀色あるいは黒で、腹面はやや淡い色、側線はやや明るい色、体側部にはまだら模様があり、眼は青緑色
成熟全長：4.3 ～4.4m
交尾時期：おそらく5月～9月
生殖方法：卵胎生
妊娠期間：おそらく2年以上であるが、詳しくは不明
産仔数と大きさ：20 ～100尾、全長約70cm
寿命：おそらく80年以上

分布範囲

最も広い分布のサメで、世界の海洋に分布する。

飼育

飼育下で生存したことはない。

カグラザメ

カグラザメには鰓孔《えらあな》が6対あり、これは原始的なサメの特徴である。カグラザメはカグラザメ科最大の非常に大きなサメで、重くて頑丈な体、体の後の方にある1基の背鰭《せびれ》、後方に位置した臀鰭《しりびれ》などの特徴は、普段はゆったりと泳いでいながら、急に猛スピードを出して突進するのに役立つ。口には5 ～7列の尖《とが》った歯があり、小形のサメやエイなどの魚類、イカやカニ、貝などを捕食《ほしょく》する。時にはアザラシなど海産哺乳類《かいさんほにゅうるい》を食べることもある。各地で捕らえられたカグラザメの胃からは、深海性のヤツメウナギやメクラウナギ、北大西洋ではタラ類、太平洋ではサケ類、イワシ類が見つかっている。

黒い瞳と濃い青緑色の眼を除けば、あまり目立たない体色ではあるが、側線《そくせん》や鰭《ひれ》の縁《ふち》は明るい色で、体側《たいそく》に目立たない斑点がある。カグラザメはまだ謎の多いサメである。若魚は成魚よりも薄い色をしているが、これは明るい浅海《せんかい》で目立ちにくくするためかもしれない。成魚は、昼間は深海で過ごし、夜には水深30m付近まで浮上してくると考えられ、この時にダイバー発見されることがある。1年のうちの半分は、頻繁《ひんぱん》に浅瀬にやってくる傾向があるが、おそらく繁殖周期《はんしょくしゅうき》と関係があるのだろう。

カグラザメは1年のほとんどを深海で過ごすが、交尾期になると浅瀬にくる。

大部分の現生《げんせい》のサメは鰓孔《えらあな》が5対あるが、カグラザメの6対の鰓孔《えらあな》は原始的なサメであることを物語っているのだろう。エサを捕らえる時には、突然スピードを出すことが可能である。

ポートジャクソンネコザメ

ネコザメ科のポートジャクソンネコザメは、先の丸い豚のような吻《ふん》、円錐形《えんすいけい》の大きな頭、渦巻き状の鼻孔《びこう》、前額部から眼上部にかけての隆起線《りゅうきせん》、頭から尾に向かい細くなる体などの特徴をもつ。さらに、前縁《ぜんえん》に大きな棘《とげ》があるほぼ同大の２基の背鰭《せびれ》、非常に大きな胸鰭《むなびれ》、その直後に腹鰭《はらびれ》があることなども特徴的である。第１鰓裂《さいれつ》には1列、それ以外には２列の鰓《えら》があり、また眼の後ろに噴水孔《ふんすいこう》がある。また、このサメは海底で静止していても、筋肉のポンプ作用で第１鰓孔《さいこう》から呼吸水を取り入れ、残り４つの鰓孔《えらあな》から水を出して、呼吸することができる。口を使わないため、摂餌《せつじ》と呼吸を同時に行うことができるが、こんなことができるのはポートジャクソンネコザメだけである。

夏になると北上し、温かい沿岸近くの小渓谷や洞穴など決まった場所で卵を産む。冬になると南に戻るが、往復で1,400km以上移動することもある。

このサメがエサを取るのは主に夜である。口は体の腹面にあり、強い顎《あご》には、小さくとがった前歯と、大きく平らで硬いものを押しつぶす奥歯がある。この顎《あご》と歯で、ウニやヒトデ、貝、カニ、ロブスター、タコ、底生魚《ていせいぎょ》などを食べる。

分布域

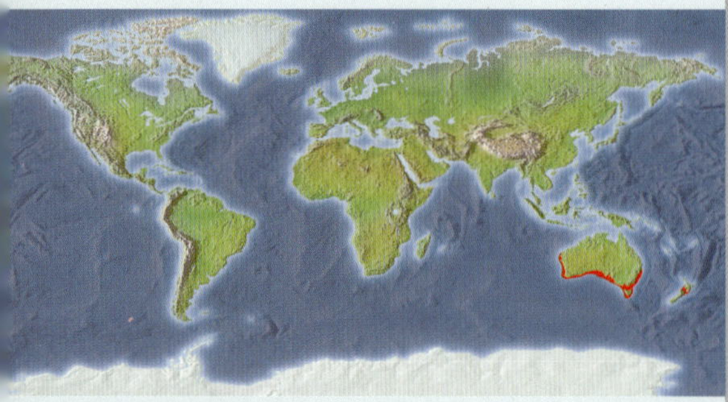

分類

門：脊索動物門
綱：軟骨魚綱
亜綱：板鰓亜綱
目：ネコザメ目
科：ネコザメ科
学名：*Heterodontus portusjacksoni*

主な特徴

全長：1.7mまで、通常0.9m
体重：6.8～15kg
生息地：沿岸の岩礁域であるが、砂泥底、海藻の生えた所や河口などにも生息する
生息水深：200mまで、多くは100m以浅
色と模様：体は明るい灰褐色で、頭から頬にかけてと、体側と体背面には目立つ黒い縞模様がある
成熟全長：オスは45～76cm、メスは70～76cm
交尾時期：冬と早春
生殖方法：卵生
孵化までの期間：９～12か月
産卵数：10～15個、孵化時の全長は25cm
寿命：30年程度であろう

分布範囲

オーストラリア沖（北部を除く）および周辺の島々、まれにニュージーランド。分布域を季節的に移動する。

飼育

水族館でよく見られる。

ポートジャクソンネコザメは、海底でウニ、ヒトデ、貝などを探し回る。大きな鼻孔(右)は渦巻きのような形をしている。

アブラツノザメ

アブラツノザメは、ツノザメ属の約15種の中の1種である。主に沿岸域の中層や海底に生息し、臀鰭《しりびれ》がない。動きはゆっくりとしていて、襲われそうになると背中を丸めて、背鰭《せびれ》の前にある棘《とげ》で敵を攻撃をする。この棘の基部《きぶ》には弱い毒を分泌《ぶんぴつ》する腺《せん》があり、そのため、刺されると痛い。このことは漁業者や釣り人がよく知っている事実である。20世紀初めには漁業者には嫌われていたが、その後、漁獲《ぎょかく》対象として集中的に獲《と》られるようになり、1960年代以降はその数が劇的に減少した。

アブラツノザメの主要なエサは、カニやその他の甲殻類《こうかくるい》、軟体《なんたい》動物、イソギンチャク、イカ、および魚類(ニシンやイワシ類、カレイ類、タラ類、イカナゴ等)などである。オスやメスだけで大きな群れを作るため、漁業の対象となっている。その肉はヨーロッパではロック・サーモンもしくはシー・イールの名で売られ、体の各部は、油やペットフード、肥料、低価格版のフカヒレスープなど、多くの製品に加工されている。乱獲《らんかく》に加えて、成長が遅いことや生殖周期《せいしょくしゅうき》が長いこと、一度に生まれる幼魚の数が少ないことなどから、アブラツノザメ資源は激減し、保護の対象となっている。とりわけ盛んに漁業が行われていた北東大西洋では危機的状況にある。標識放流調査《ひょうしきほうりゅうちょうさ》で、本種が温かい海から冷たい海まで幅広く移動していることが判明している。

分布域

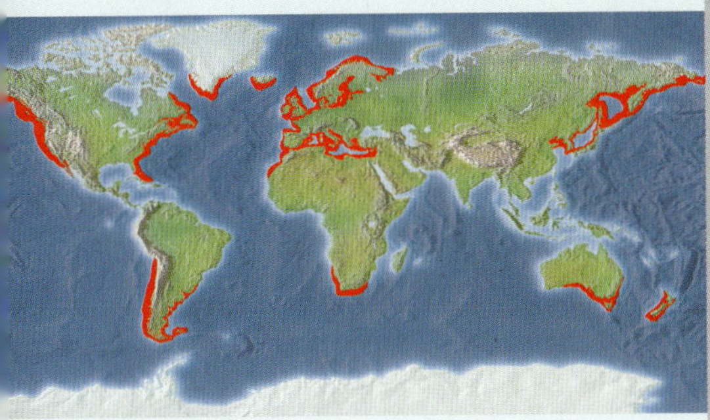

分類

門:脊索動物門
綱:軟骨魚綱
亜綱:板鰓亜綱
目:ツノザメ目
科:ツノザメ科
学名:*Squalus acanthias*

主な特徴

全長:1m、時に1.5m
体重:5～10kg
生息地:沿岸域、水温16℃以下の海域
生息水深:通常30～100m、時に1,000mまで
色と模様:灰色、銀色、茶色、あるいはこれらの組み合わせや、ほぼ黒の場合もある。腹面は色が薄く、体側に淡い色か白の斑点がある
成熟全長:オスは60cm、メスは76cm
交尾時期:冬
生殖方法:卵胎生
妊娠期間:2年
産仔数と大きさ:6～7尾、全長23～30cm
寿命:40年以上

分布範囲

ヨーロッパ、南アフリカ、オーストラリア、日本、南北アメリカなど、太平洋や大西洋沿岸の冷温暖海域(7～15℃)に分布し、熱帯海域では見られない。

飼育

温帯域の水族館で飼育され、生きた生物標本あるいは解剖用として、教育目的に利用される。

各背鰭《せびれ》の前に1本の棘《とげ》があること、そして臀鰭《しりびれ》がないことが、ツノザメ科の大きな特徴である。体色は灰色から茶色まで多様であるが、腹面は白っぽい。

ヒゲツノザメ

この種の顕著《けんちょ》な特徴は、非常に長いヒゲ状の前鼻弁《ぜんびべん》をもつことだ。このヒゲは敏感で、接触刺激《せっしょくしげき》や水流や化学物質《かがくぶっしつ》を感知する。このヒゲで海底に触《ふ》れ、獲物《えもの》を探し出すものと思われる。本種は昔の中国の役人が生やしていた長い口ひげに似ているため、英名はマンダリン・シャークである（英語でマンダリンとは旧中国の官吏《かんり》を指す）。

ヒゲツノザメは短くて丸みをおびた吻《ふん》、小さい頭部、眼の後部に大きな噴水孔《ふんすいこう》をもつ。また胴部はズングリしていて横幅がある。両背鰭《せびれ》の前に、長い頑丈な棘《とげ》がある。第1背《せ》鰭《びれ》は胸鰭《むなびれ》の、そして第2背鰭《せびれ》は腹鰭《はらびれ》の直後、上方にある。胸鰭《むなびれ》は大きく、先端は丸みをおびる。尾鰭《おびれ》は長く、その上葉《じょうよう》は伸長し、下葉《かよう》は短い。臀鰭《しりびれ》はない。尾柄《びへい》に隆起線《りゅうきせん》があり、胴部は尾柄《びへい》に向かって細くなる。

刃状の歯が上顎《じょうがく》に26本～27本、下顎《かがく》に22本～26本あり、歯は互いに重なり、連続する。ヒゲツノザメのエサはほとんど分かっていないが、おそらく底生魚《ていせいぎょ》や、カニなどの無脊椎動物《むせきついどうぶつ》を食べているものと思われる。

分布域

分類

門：脊索動物門
綱：軟骨魚綱
亜綱：板鰓亜綱
目：ツノザメ目
科：ツノザメ科
学名：*Cirrhigaleus barbifer*

主な特徴

全長：1.2m
体重：10kg
生息地：大陸棚縁辺および斜面などの深海域
生息水深：普通150～450mに生息、時に100m以浅や、600m以深
色と模様：体背面は灰色か茶色、もしくは茶褐色、体腹面は白、鰭《ひれ》の縁辺部も白っぽい
成熟全長：オスは76cm、メスは1m
交尾時期：不明
生殖方法：卵胎生
妊娠期間：不明
産仔数と大きさ：10尾程度、大きさ不明
寿命：不明、多分20年以上

分布範囲

日本からニュージーランドの西部太平洋。

飼育

ほとんどなし。

犬のヒゲのようにも見えるが、ヒゲツノザメの触鬚《しょくしゅ》は精密な感覚器で、周囲の状況、水流、化学的変化を感知する。水深100m以深の大陸や島棚に生息する。

分布域

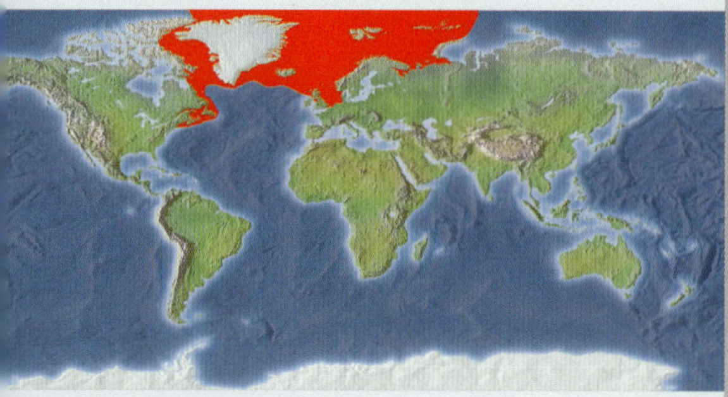

分類

門:脊索動物門

綱:軟骨魚綱

亜綱:板鰓亜綱

目:ツノザメ目

科:オンデンザメ科

学名:*Somniosus microcephalus*

主な特徴

全長:5.5m以上

体重:900kgを超える

生息地:主に水温2～7℃の寒冷深海域に生息するが、時に浅い入り江や河口に来遊する

生息水深:通常は水深約300～600mに生息するが、2,000m近くまで下がることもある

色と模様:一般的に濃い灰色から褐色であるが、紫やすみれ色、黒いものもいる。体側に黒や白の斑点があることもあり、はっきりとした模様はほとんどない

成熟全長:不明、おそらくメスは2.7m以上

交尾時期:不明

生殖方法:卵胎生

妊娠期間:不明

産仔数と大きさ:おそらく10尾以下で、全長33～41cm

寿命:多分100年以上

分布範囲

北大西洋の寒冷海域、特に北西海域。サメの中で最も北に生息する。分布の最南端はカナダ東部・セントローレンス湾。

飼育

生存の記録はない。

ニシオンデンザメ

最大のサメの一つで、体の大きさと食欲ではホホジロザメに匹敵する。その大きさと力、そして腐肉《ふにく》までも食べてしまう貪欲《どんよく》な習性、これらのことから本種は現地の人々や漁船、捕鯨船にとっては迷惑な存在になっている。しかしまた、そのような習性のために、イヌイットの民話をはじめ、北大西洋域の多くの地方の民話や、北方文化の伝説に登場している。

通常の行動は不活発だが、突然スピードを出すこともあるらしい。大きな尾鰭《おびれ》をもち、サケやイカ、イッカク、ベルーガ(シロイルカ)、セミクジラなど、泳ぎの速い獲物《えもの》を食べていることから、瞬間的に高速で泳ぐこともできるようだ。両顎歯《りょうがくし》は100本ほどあり、上顎歯《じょうがくし》は細長くて鋭く、下顎歯《かがくし》はより幅広で大きく、先端がとがっている。2基の背鰭《せびれ》は比較的小さく、臀鰭《しりびれ》はない。

ニシオンデンザメは、魚やイカ、アザラシのような生きた獲物《えもの》を追いかけて食べるが、腐肉《ふにく》などをあさることもある。その胃からはトナカイや、イッカク、ベルーガ、セミイルカ、ホッキョククジラなどのクジラ類が見つかっており、さらに共食いをすることでも知られている。

オンマトコイタ(*Ommatokoita*)という学名の生物(甲殻類《こうかくるい》の一種)が眼の角膜《かくまく》に寄生しているため、ニシオンデンザメの多くは一部、または完全に盲目である。しかし、他の感覚、特に嗅覚《きゅうかく》を使って、深く暗い海でも獲物《えもの》を追うことができる。ニシオンデンザメの肉は、新鮮な時は有毒で、食べるとアルコール中毒《ちゅうどく》に似た症状を起こすが、湯で繰り返し煮《に》ることによって、毒を消すことができる。

体が大きいため、ニシオンデンザメはイヌイットの伝説ではおなじみのキャラクターである。人に危害を加えたという報告はないが、このサメがカヤックを襲ったという伝説がいくつかある。

分布域

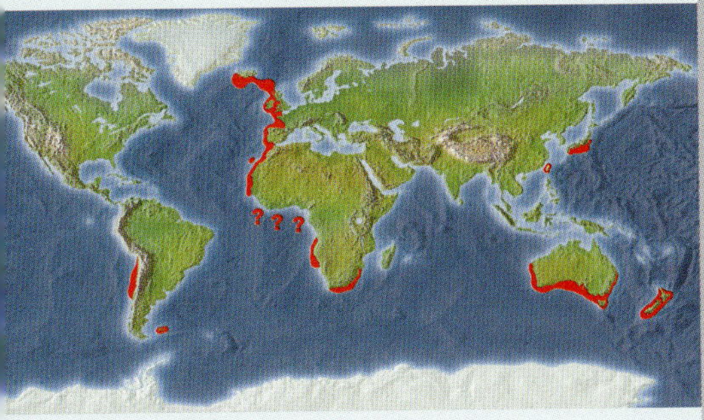

分類

門：脊索動物門
綱：軟骨魚綱
亜綱：板鰓亜綱
目：ツノザメ目
科：アイザメ科
学名：*Deania calcea*

主な特徴

全長：1.2m以下
体重：7kg以下
生息地：陸棚斜面の深海部、通常底近くに生息
生息水深：60～1,500m
色と模様：灰褐色
成熟全長：オスメスともにおよそ75cm
交尾時期：不明
生殖方法：卵胎生
産仔数と大きさ：通常７尾（1～17尾の幅がある）、全長30cm
寿命：おそらく30年以上

分布範囲

南アフリカまでの東大西洋、オーストラリア南部、インド洋南部、太平洋東部と西部。

飼育

飼育例はまれである。

ヘラツノザメ

吻部《ふんぶ》が長く扁平《へんぺい》のため、英名ではバードビーク・ドッグフィッシュ（鳥の嘴《くちばし》のサメ）、シャベル・ノーズド・シャーク（シャベルのような鼻をもつサメ）などと呼ばれている。体の色は灰褐色で、両背鰭《せびれ》の前に棘《とげ》がある。また、臀鰭《しりびれ》がないのも特徴だ。

エサは、水深450～900m付近に生息するハダカイワシ類などの硬骨魚類《こうこつぎょるい》、イカ、タコ、その他頭足類《とうそくるい》、エビやカニのような甲殻類《こうかくるい》である。

ヘラツノザメの肉は食べられるが、特に珍重《ちんちょう》されているわけでもない。このサメの肝臓《かんぞう》には、製薬業界や化粧品業界でいろいろな形で利用されるスクアレンという物質が高濃度で含まれている。スクアレンは水よりも軽いため、サメが海中で浮いていられるのである。そのため、本種は肝臓を目当てに漁獲《ぎょかく》されている。

スクアレンはサメの肝油《かんゆ》からだけではなく、アマランサスの種や小麦胚芽《こむぎはいが》、オリーブにも含まれているので、環境問題の専門家の多くは、サメよりもこれらの植物からスクアレンを抽出《ちゅうしゅつ》したほうが良いと主張している。

ヘラツノザメは第１背鰭《せびれ》が体の前方にあり、その基底《きてい》が長いことで他のサメと区別できる。体の重さのわりに、その体は長い流線型《りゅうせんけい》で、強い尾がある。魚や甲殻類《こうかくるい》を食べる。

分布域

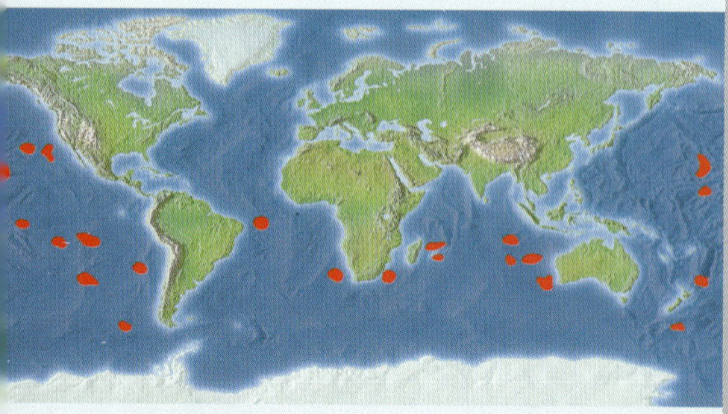

分類

門：脊索動物門
綱：軟骨魚綱
亜綱：板鰓亜綱
目：ツノザメ目
科：ヨロイザメ科
学名：*Euprotomicrus bispinatus*

主な特徴

全長：23～28cm
体重：9～28g
生息地：温帯の深海域
生息水深：昼間は水深2,000mまで、夜間はエサを求めて200m位まで浮上する
色と模様：体は黒色で、腹側は明るい灰色、腹部には発光器官がある
成熟全長：オスは15cm、メスは18cm
交尾時期：不明
生殖方法：卵胎生
産仔数：8尾程度
寿命：不明

分布範囲

世界中の熱帯・亜熱帯海域。

飼育

飼育されたことがない。

オキコビトザメ

オキコビトザメは全長わずか23～28cm、ペリーカラスザメとともにサメの中でも最小の種類である。背側は濃い灰色で、腹側は色が薄く、鰭《ひれ》の先は白くなっている。大きな特徴は、暗い所で光る腹部である。捕食者《ほしょくしゃ》たちは明るい海水面を背景に、エサの黒い陰《かげ》を探すのだが、オキコビトザメは腹部を発光で明るくして、背景に溶け込み目立たなくしているのだと考えられている。

オキコビトザメはまた、体の割には大きな吻《ふん》、大きな眼、厚い唇、非常に小さな背鰭《せびれ》などでも識別できる。第1背鰭《せびれ》は特に小さく、体の後方に位置している。尾鰭《おびれ》は櫂《かい》に似ている。体が小さいため、オキコビトザメが人間に危害を加えることはないが、大きなナイフ状の下顎歯《かがくし》でイカやエビ、中層魚類《ちゅうそうぎょるい》などを食べる。

一日の大部分は水深約2,000mの深海にいるが、夜間には水深200m位まで浮上して獲物《えもの》を捕る。体の腹面が明るいので、捕食者《ほしょくしゃ》から身を隠すことの他に、明るい光に寄ってくる魚を捕らえるのにも役立っているようである。

この写真は、先が白い鰭《ひれ》や、ふくらんだ吻部《ふんぶ》、流線型の体形など、オキコビトザメの特徴を示している。きわめてまれなサメなので、生きている姿を見たダイバーはいないだろう。

ミナミノコギリザメ

ノコギリザメ属のサメは約８種いるが、形態《けいたい》的に、そして生態《せいたい》的に良く似ている。体はやや平べったく、ノコギリのような非常に特徴的な吻《ふん》をもつ。ミナミノコギリザメの場合、この吻部《ふんぶ》は体の４分の１以上を占め、その両側には約20本の大きい棘《とげ》と小さな棘《とげ》が交互に並んでいる。この棘《とげ》の縁は暗色で、腹面は白い。ノコギリ状の吻部《ふんぶ》の中程に長い肉質のヒゲが一対ある。眼の付近に噴水孔《ふんすいこう》があり、頭の側面には５つの鰓孔《えらあな》が開口する。背鰭《せびれ》は2基で、第2背鰭《せびれ》がやや小さく、上顎《じょうがく》には40～50本の歯がある。吻部《ふんぶ》の棘《とげ》は、誕生時には後ろ向きに倒れているが、その後この棘《とげ》は起きあがり、使えるようになる。これは誕生時に母ザメを傷つけないようにするためであろう。

ミナミノコギリザメは、小魚やエビ類、イカなどを食べる。吻部《ふんぶ》のヒゲは触覚《しょっかく》で、嗅覚《きゅうかく》なども使いながら、エサを探す。ノコギリ状の吻部《ふんぶ》を左右に振って、獲物に叩きつけたり、泥を掘り返して、泥の中のエサをかき出したりする。肉は高品質で味も良いために、漁業の対象となっており、個体群が減少しているところがある。

ノコギリザメ科には、他にノコギリザメ（*Pristiophorus japonicus*）やニシノコギリザメ（*Pristiophorus schroederi*）、ショートノーズ・ソーシャーク（*Pristiophorus nudipinnis*）がいる。南アフリカに分布するムツエラノコギリザメ（*Pliotrema warreni*）は鰓孔《えらあな》が６つあり、別属にされている。

分布域

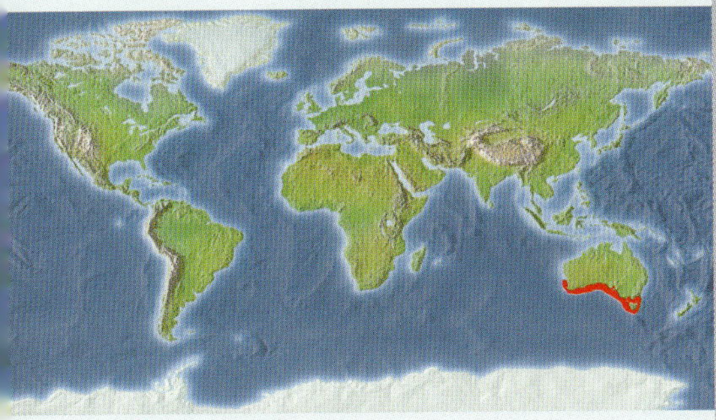

分類

門：脊索動物門
綱：軟骨魚綱
亜綱：板鰓亜綱
目：ノコギリザメ目
科：ノコギリザメ科
学名：*Pristiophorus cirratus*

主な特徴

全長：1m、時に1.4m
体重：10kgまで
生息地：主に大陸棚の砂泥底
生息水深：40～300m
色と模様：黄色と灰色、茶色の混ざった色で、鰓《えら》の部分や背鰭《せびれ》付近の背側に暗色の斑紋《はんもん》や帯《たい》状斑《じょうはん》がある
成熟全長：オス、メスともに50～75cm程度であろう
交尾時期：夏
生殖方法：卵胎生
妊娠期間：約１年
産仔数と大きさ：10尾（3～22尾）、全長30～36cm
寿命：少なくとも15年

分布範囲

オーストラリア南岸や南東インド洋や南西太平洋の島々。

飼育

飼育されることがあるが、魚が密集した水槽では難しい。

ミナミノコギリザメの英語名はロングノーズ・ソーシャークで、その意味は鼻の長いノコギリザメであるが、吻《ふん》が長く、体の３分の１から４分の１を占め、その特徴を良くあらわしている。

吻《ふん》は武器になるだけではなく、獲物の振動や電気的刺激を感知することができる。ヒゲは、接触刺激や化学物質を受容《じゅよう》する。

分布域

分類

門：脊索動物門
綱：軟骨魚綱
亜綱：板鰓亜綱
目：カスザメ目
科：カスザメ科
学名：*Squatina* sp. A

主な特徴

全長：1.4mから1.5m
体重：20kg
生息地：大陸棚上から外縁部の砂泥、小石や岩のある海底上
生息水深：100～300m
色と模様：黄褐色から濃いチョコレート色まで様々な褐色で、中央が白い小斑点や暗色の斑紋がある。腹面は白い
成熟全長：おそらく100～110cm
交尾時期：晩冬から晩夏
生殖方法：卵胎生
妊娠期間：8～12か月
産仔数と大きさ：10～15尾（最高20尾まで）、全長15～20cm
寿命：おそらく20年以上

分布範囲

北はヴィクトリア州から南はクイーンズランド州ケアンズまでの東オーストラリア。

飼育

飼育記録はほとんどない。

ヒガシオーストラリアカスザメ（新称）

本種を含むカスザメ属のサメは、サメよりむしろエイ類に似ている。体は平べったく、胸鰭《むなびれ》と腹鰭《はらびれ》は大きな翼のよう横に張り出している（それゆえ、エンジェルシャークという英名がついた）。丸くて幅広の吻《ふん》には、先に縁飾《ふちかざ》りのついたヒゲがある。眼は噴水孔《ふんすいこう》より小さく、両眼の間は凹んでいて、眼の上縁に肥大《ひだい》した鱗《うろこ》がある。体の後部は一般的なサメに近く、腹鰭《はらびれ》と尾鰭《おびれ》の間に背鰭《せびれ》が2基あり、第1背鰭《せびれ》がわずかに大きい。

カスザメ属は底生性《ていせいせい》で、獲物《えもの》を待ち伏せして襲《おそ》う。体を砂や泥、海藻の中に埋め、眼と頭の上だけを出し、獲物が通りかかると突然飛び出して捕《つか》まえてしまう。両顎《りょうあご》には小さな鋭い歯があり、口を開けると顎《あご》が突き出し、バネ仕掛けのワナのように口を閉じる。エサは海底や中層に生息する魚類で、自分より小さいサメ、ガンギエイやアカエイ類、カレイ類、コウイカ、タコ、カニ・エビなどである。

カスザメ属のサメは世界中に分布し、15種が知られ、アフリカカスザメ（新称、*Squatina africana*）やカリブカスザメ（*Squatina dumeril*）、カスザメ（*Squatina japonica*、このグループの中では最も大きく、2mに達する）、カリフォルニアカスザメ（*Squatina californica*）、ホンカスザメ（*Squatina squatina*）などがいる。

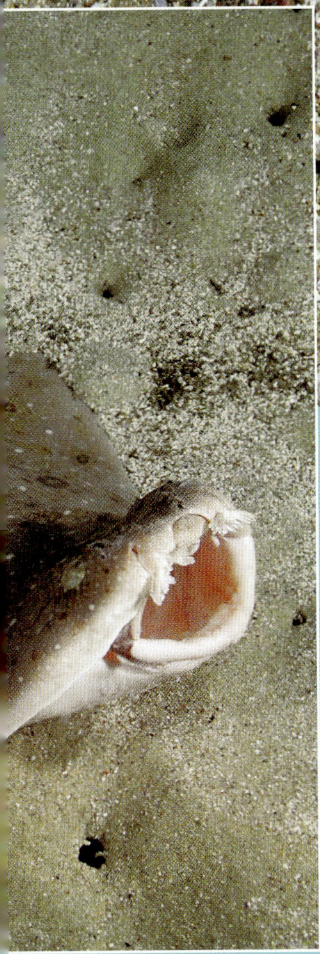

(上)ヒガシオーストラリアカスザメは泥の海底に生息するが、体色が褐色のために、敵や獲物《えもの》から隠れるのに役立つ。

(左)ヒガシオーストラリアカスザメは、獲物《えもの》(小さなサメ、魚、エビなど)が気づかずに近くを通り過ぎるのを、体を泥の中に隠して待ち伏せる。獲物が近くに来ると、急に飛び出して、鋭い歯で捕らえてしまう。

ウバザメ

分布域

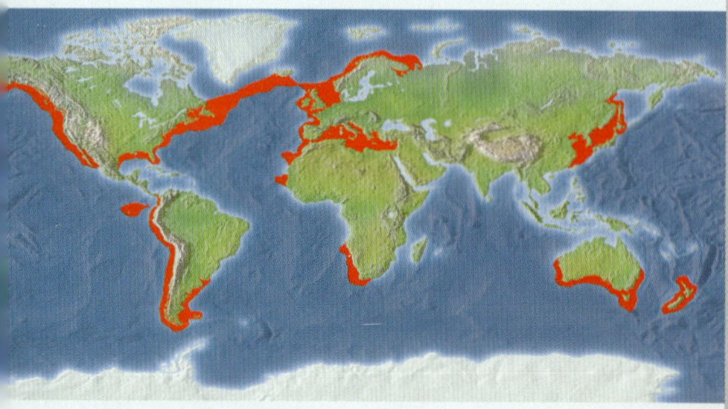

分類

門：脊索動物門

綱：軟骨魚綱

亜綱：板鰓亜綱

目：ネズミザメ目

科：ウバザメ科

学名：*Cetorhinus maximus*

主な特徴

全長：8 ～10m、まれに12m

体重：1,000kg、時に5,000kgを超えるものもいるが、体重の4分の1ほどは肝臓である

生息地：世界の海洋の、沿岸域から外洋、まれに海底付近

生息水深：普通は100m以浅、冬には1,000mの深さまで移動する

色と模様：非常に多様で、体背面は暗青色、灰色もしくは褐色で、腹面は白っぽい。個体により、鰭《ひれ》や体側に不明瞭な斑紋《はんもん》や縞模様をもつことがある

成熟全長：不明、おそらくオスは5m、メスは7m

交尾時期：不明

生殖方法：卵胎生

妊娠期間：不明、おそらく12 ～16か月

産仔数と大きさ：6尾（記録が非常に少ない）、全長1.5 ～3m

寿命：不明、おそらく50年以上

分布範囲

入り江や沿岸から外洋まで、水温7 ～15℃の世界中の温帯海域。

飼育

生存例はない。

ジンベエザメに次ぐ、世界で２番目に大きな魚として有名で、夏、大群になってエサのプランクトンを追っている姿が多くの海で見られる。体は幅があり頑丈で、体の中ほど、胸鰭《むなびれ》と腹鰭《はらびれ》の中間に三角形をした高い第１背鰭《せびれ》、尾鰭《おびれ》付近に小さな第２背鰭《せびれ》、その下に臀鰭《しりびれ》があり、体は尾柄《びへい》に向かって細くなっている。尾鰭《おびれ》は三日月型で、その下葉《かよう》は上葉《じょうよう》とほぼ同大である。

口は幅1mにもなり、エサを食べる時は口を大きく開く。口の上には大きな円錐《えんすい》形の吻《ふん》が突き出している。ウバザメは口を開けてゆっくりと前進すると、自然に水が口の中に入り、鰓耙《さいは》の間を通って鰓孔《えらあな》から出て行く。鰓孔《えらあな》はとても大きく、上下に頭を取り囲み、左右の鰓孔《えらあな》がほぼつながっている。かつては、エサが少なくなる冬期は鰓耙《さいは》が抜け落ち、海底で冬眠すると考えられていたが、現在では、ウバザメは周年《しゅうねん》活動していて、冬は深海性のプランクトンを食べに潜り、鰓耙《さいは》は定期的に抜け落ち再生することが判明している。

エレファント・シャーク（ゾウザメ）などという名前でも知られ、エサを食べていない時も、体を横にしたり、ひっくり返りながら、水面付近ををゆっくりと泳いでいることがある。その巨体やゆっくりした行動とは裏腹《うらはら》に、ジャンプして水面から飛び出すこともある。

ウバザメはホホジロザメと間違われることがあるが、巨大な口と長い鰓孔《えらあな》をもつので、区別できる。

このような姿をしているウバザメがよく目撃される。口を開けて泳ぎながら、水を飲み込み、プランクトンや魚などを漉《こ》しとって、水だけを排出する。

アオザメ

流線形《りゅうせんけい》で紡錘形《ぼうすいけい》のアオザメは、最速のサメであり、硬骨魚類《こうこつぎょるい》まで含めても最速の魚の一つである。2,000km以上を40日以下で泳いだ記録がある。また、釣《つ》られると、抵抗して水面から6m以上も飛び上がることで有名である。

英語名ショートフィン・マコの「マコ」とは、ニュージーランドのマオリ族の言葉でサメを意味する。とがった吻《ふん》、大きな黒い眼、胸鰭《むなびれ》と腹鰭《はらびれ》の中間にある第1背鰭《せびれ》、比較的小さい胸鰭《むなびれ》、尾鰭《おびれ》付近にある小さな第2背鰭《せびれ》と臀鰭《しりびれ》などが特徴である。尾鰭《おびれ》は三日月形で、その下葉《かよう》は上葉《じょうよう》と同じくらい長く、尾柄部《びへいぶ》の側面には目立つ隆起《りゅうき》がある。

歯は細長く、先端は鋭く尖《とが》り、その縁辺《えんぺん》はギザギザがなくなめらかだ。歯は上下顎《じょうかがく》にそれぞれ約30列あり、口を閉じても下顎歯《かがくし》はよく見える。エサは主に魚類で、サメ、マグロ、カツオ、カジキなどであるが、イカや、時にラッコ、イルカ類、小型のアザラシなどの海産《かいさん》哺乳類《ほにゅうるい》や、ウミガメを食べることもある。

同属のバケアオザメ（*Isurus paucus*）は、アオザメと比べて胸鰭《むなびれ》が長い。

分布域

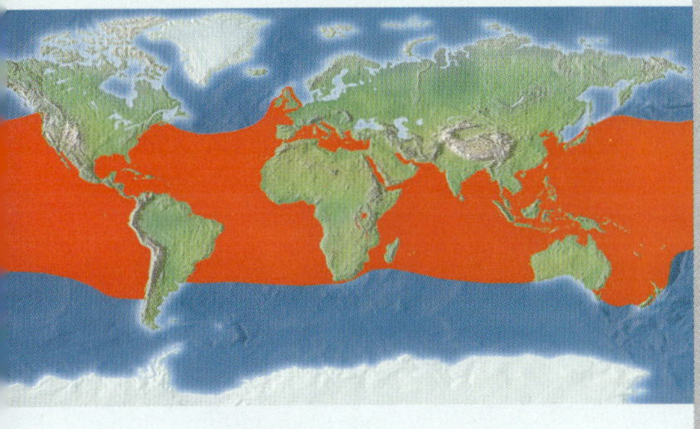

分類

門：脊索動物門
綱：軟骨魚綱
亜綱：板鰓亜綱
目：ネズミザメ目
科：ネズミザメ科
学名：*Isurus oxyrinchus*

主な特徴

全長：2.4～3m、時に3.4mを超える
体重：150kg、まれに500kgを超える
生息地：沿岸や沖合域、外洋などほとんどの海洋、16～21℃くらいの水温を好み、回遊する
生息水深：水温やエサにより、海表面から水深800m近くまで
色と模様：体の背面はメタリック・ブルーで、体腹面は白。口の周囲も白い（バケアオザメは薄黒い）。体色は年齢とともに濃くなっていくようだ
成熟全長：オスは2m、メスは2.4～3m
交尾時期：不定
生殖方法：卵胎生
妊娠期間：15～18か月
産仔数と大きさ：主に8～10尾（4～20尾）、全長71cm、子宮内で子ザメが未成熟卵を食べ成長する
寿命：不明、おそらく20年かそれ以上

分布範囲

世界中の熱帯および温帯海域、北はイギリスや日本を含む北太平洋まで、南は南アメリカ、アフリカ、ニュージーランドの南端まで。

飼育

飼育には不適。

アオザメの歯は細長くて、その縁辺《えんぺん》はなめらかである。口を閉じていても、長い歯が見える。

力強い体で、アオザメは非常に速く泳ぐことができる。釣り針にかかると勢い余って船の甲板に飛び込んでくることもある。

ホホジロザメ

英語名ではホワイト・デス(白い死神)やマンイーター(人食いザメ)とも言われ、地球上で最も有名なサメの一つである。しかしその割には、ライフサイクルなどはあまり知られていない。

ホホジロザメは筋肉質の体、とがった吻《ふん》、黒い眼、三角形のやや後ろに傾いた高い第1背鰭《せびれ》、体のかなり後方にある小さな第2背鰭《せびれ》、第2背鰭《せびれ》と対在《たいざい》する小さな臀鰭《しりびれ》、鎌《かま》のような大きな胸鰭《むなびれ》、尾柄隆起《びへいりゅうき》、上下葉《じょうかよう》がほぼ同大の三日月形の尾鰭《おびれ》をもっている。

上顎《じょうがく》には大きな三角形で、縁にギザギザのある歯が20～30列並び、獲物《えもの》にかみついた時は頭を左右に振って、この歯で獲物をかみ切る。一方、下顎歯《かがくし》は、上顎歯《じょうがくし》とほぼ同数で、歯の縁にはギザギザがあるが、上顎歯《じょうがくし》より細長い。一般的に大きな獲物、例えばマグロ、エイ、小型のサメなどの魚類、アザラシ、アシカ、イルカ、小形クジラなどの海産《かいさん》哺乳類《ほにゅうるい》、水鳥、ウミガメなどを食べる。幼魚は小形の魚やイカ類などを食べる。大きなクジラの死肉をあさることもある。

ホホジロザメは、多くのクジラ類が良くやる「スパイホッピング」という行動を見せる。これは、体を垂直にして水面上に頭を上げ、恐らく、周囲を見まわす行動であるが、サメがこのような行動をするのは珍しい。長距離の回遊《かいゆう》をし、ある個体は南アフリカからオーストラリアへ行って戻り、9か月足らずで約18,000kmを移動した。

分布域

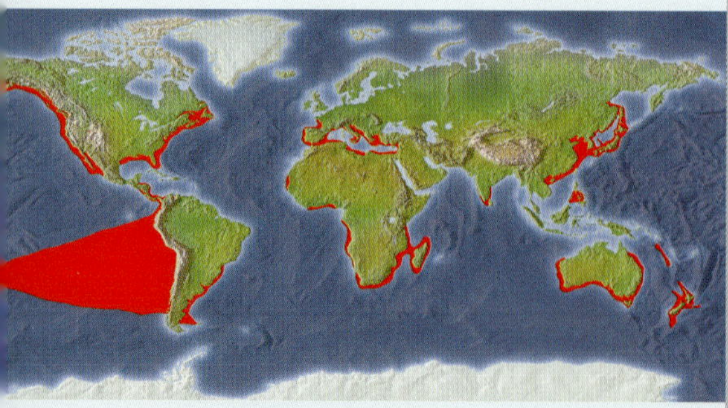

分類

門:脊索動物門
綱:軟骨魚綱
亜綱:板鰓亜綱
目:ネズミザメ目
科:ネズミザメ科
学名:*Carcharodon carcharias*

主な特徴

全長:4.8～6m、まれに6.4m。実際よりも大きく報告されることがある
体重:通常1,000kgまで、まれに2,000kg以上
生息地:浅瀬や内湾から外洋まであらゆる海に生息するが、多くは沿岸域に生息し、波打ち際まで来ることもある
生息水深:通常は海表面から250mまでだが、水深1,200mの記録もある。普段は海面や海底付近を泳いでいる
色と模様:体背面は灰色、灰褐色、青銅色などで、腹面は淡色や白。その境目は吻部《ふんぶ》から体側下側にある
成熟全長:オスは3.4～4m、メスは4.6m
交尾時期:不定、通常は夏
生殖方法:卵胎生
妊娠期間:10～12か月
産仔数と大きさ:最高40尾までの胎児が子宮内で共食いをした後、全長1～1.4mの幼魚が2～10尾
寿命:不明、おそらく40年以上

分布範囲

世界中の亜熱帯から寒帯の海、一般に水温12～24℃の海に分布するが、顕著な回遊をする。

飼育

数か月の飼育の記録がある。

(上)ホホジロザメの体は背面が黒く、腹面が白い。このために下から見たりすると、明るい背景にサメの体が溶けこんで、よく見えなくなる(カウンターシェイディング)。
(右)近くを泳いでいる人やダイバーにとっては恐怖の瞬間。これがホホジロザメの「スパイホッピング」で、頭を水面から出し、周囲を見渡すような行動である。

ニシネズミザメ

頑丈な体をしたニシネズミザメは、最速の海産動物の一つで、水面上に完全に飛び出す数少ないサメでもある。同属のネズミザメと同じく、尾柄《びへい》に２本の隆起《りゅうき》をもっている。この隆起が、高速遊泳をするのに重要な役割を果たしているのである。

全長3.7m、体背面は暗灰色《あんかいしょく》で腹面は白く、近縁《きんえん》のホホジロザメとよく間違われるが、一つの違いは、背鰭《せびれ》の後下端が白いことである。

サメは変温動物であるが、ニシネズミザメは体温を水温より8℃も高く保つことができる。これは、鰓《えら》で冷えた血液が流れる血管が、筋肉から出た温かい血液の流れる血管の近くに位置し(奇網《きもう》という)、ここで熱交換をして、冷たい血液を温める。その後、温かくなった血液が体を循環《じゅんかん》するために、体温を高く保つことができるのである。

ニシネズミザメは人間を襲うとされているが、サバやニシンなどの小型硬骨魚類《こがたこうこつぎょるい》を食べている。長い鋭い歯で獲物《えもの》を突き刺して捕らえるが、この歯では肉を切り取ることができないので、獲物を丸のみする。

分布域

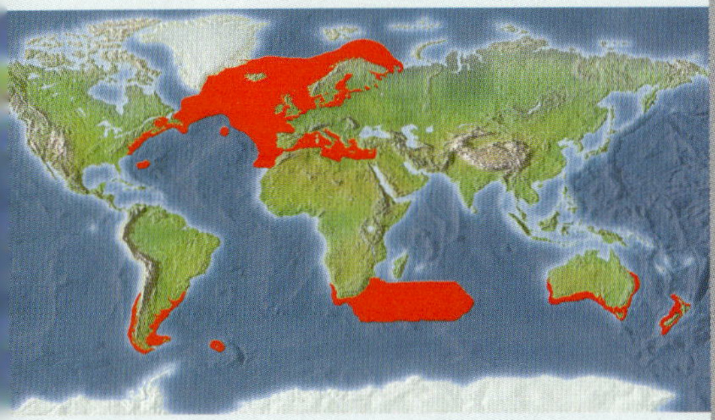

分類

門：脊索動物門
綱：軟骨魚綱
亜綱：板鰓亜綱
目：ネズミザメ目
科：ネズミザメ科
学名：*Lamna nasus*

主な特徴

全長：3.7m以下
体重：250kg以下
生息地：冷水海域（16℃以下）の大陸棚上や沿岸域
生息水深：水深360m位まで
色と模様：背面は暗灰色か青灰色、腹面は白色
成熟全長：オスは1.7m、メスは2.1m
交尾時期：晩夏もしくは初秋
生殖方法：卵胎生
妊娠期間：８～９か月
産仔数と大きさ：通常４尾（２～６尾）、全長61～91cm
寿命：推定40年以上

分布範囲

北はアイスランドやノルウェー北部までの北大西洋、南半球の冷水海域。

飼育

飼育にはあまり適していない。

鋭い歯をもつため、凶暴《きょうぼう》で危険な捕食者《ほしょくしゃ》であると思われがちだが、ニシネズミザメが食べるのは、主にサバやニシンのような小型の硬骨魚《こうこつぎょ》で、たいてい丸のみする。

ミツクリザメ

英語名のゴブリン・シャークは、ヨーロッパの民間伝承などで邪悪で醜《みにく》い存在として描かれることの多い小人の妖精、ゴブリンからきている。ミツクリザメは日本ではテングザメと呼ばれることがあるが、これは日本の天狗の長い鼻が、このサメの長くとがった吻《ふん》に酷似《こくじ》していることからついたものである。非常に奇妙な外見をしており、いつもは大きな顎《あご》を引っ込めているが、エサを食べる時には顎《あご》を大きく飛び出させる。ミツクリザメの長い吻《ふん》には特別な電気センサーがあり、これでほとんど光の届かない深海を泳ぎ回っている。ミツクリザメは赤桃色《あかももいろ》をしている点でも珍しいが、これは半透明の皮《ひ》膚《ふ》の下にたくさんの小さな血管が走っているからである。皮膚《ひふ》は弱いために、傷つきやすい。鰭《ひれ》は小さくて丸い。

ミツクリザメが発見されるのはまれで、研究に用いられたのは45尾にすぎない。それゆえ、ミツクリザメには今なお未知の部分が多い。体重の25パーセントにもなる大きな肝臓《かんぞう》は、最大の謎の一つである。さらに、その奇妙な外見と希少《きしょう》さから、ミツクリザメの標本《ひょうほん》は非常に貴重であり、顎骨《あごほね》に何万円もの価値があるという。

分布域

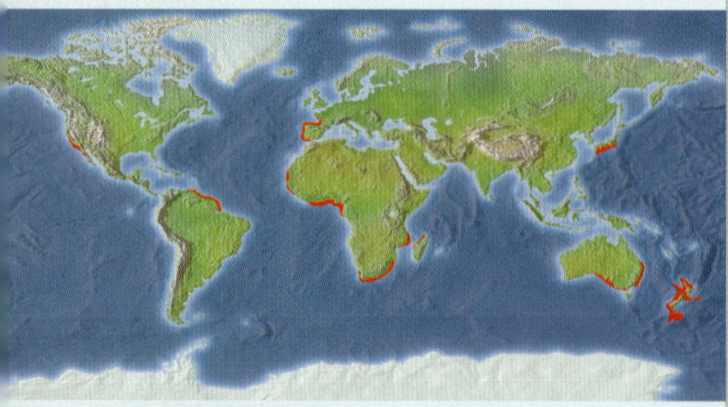

分類

門：脊索動物門
綱：軟骨魚綱
亜綱：板鰓亜綱
目：ネズミザメ目
科：ミツクリザメ科
学名：*Mitsukurina owstoni*

主な特徴

全長：3.7mまで
体重：まれに200kgを超える
生息地：深海性で、通常は海底もしくは海底付近に生息するが、中層にも浮上する
生息水深：200～1,300m
色と模様：通常体は桃色から赤褐色で、腹面は淡色である
成熟全長：オス、メスともに2.3mくらいと思われる
交尾時期：不明
生殖方法：卵胎生であろう
妊娠期間：不明（妊娠中のミツクリザメはまだ発見されていない）
産仔数と大きさ：不明
寿命：不明

分布範囲

捕獲例が少なく、その場所も離れているが、これまでに東西太平洋、東西大西洋、アフリカ西部と南部海域、オーストラリアなどで記録されている。

飼育

2007年に東京湾で捕獲されたミツクリザメは、展示と研究のため東京都葛西臨海水族園に運ばれたが、2日後に死亡した。この他に飼育された例はない。

獲物《えもの》を捕らえる時に大きく突き出る顎《あご》をもつミツクリザメは、非常に特徴的なサメである。

分布域

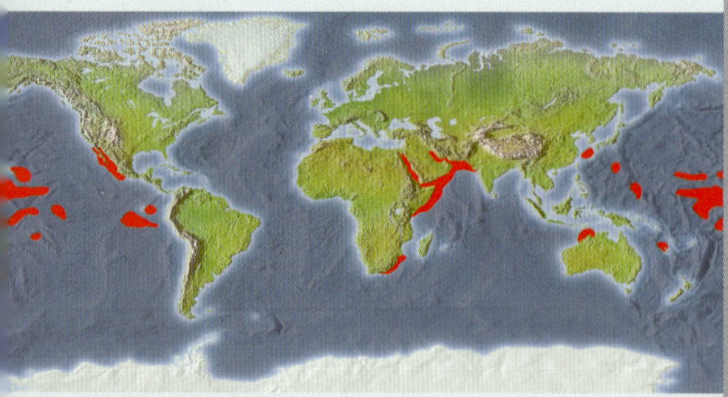

分類

門:脊索動物門

綱:軟骨魚綱

亜綱:板鰓亜綱

目:ネズミザメ目

科:オナガザメ科

学名:*Alopias vulpinus*

主な特徴

全長:5.5mまで

体重:400kg、まれにそれ以上

生息地:外洋を好むが、獲物を追って沿岸に来ることもある

生息水深:水面から水深400m以上まで

色と模様:体背面は光沢のある褐色から青、もしくは灰色で、腹面は淡色から白い。

成熟全長:オスは2.7m、メスは3m

交尾時期:夏

生殖方法:卵胎生

妊娠期間:8～10か月

産仔数と大きさ:子宮内で共食いをし、全長1.2～1.5mの幼魚が4～6尾

寿命:おそらく25年以上、50年の可能性もある

分布範囲

世界中の冷水から温水域、熱帯水域では少ない。夏には繁殖のため、高緯度海域へ移動する。

飼育

小形のマオナガは飼育されたことがある。

マオナガ

尾鰭《おびれ》の上葉《じょうよう》がきわめて長く、下葉《かよう》は短い。尾鰭《おびれ》は体全体の半分ほどの長さがあり、尾鰭《おびれ》の皮膚《ひふ》は硬くて強い。尾鰭《おびれ》の先端には小さな切れ込みがあり、その先端部は三角形状である。吻《ふん》は短くて鈍く、頭部は小さく、胸鰭《むなびれ》は長くて鎌形《かまがた》である。第2背鰭《せびれ》と臀鰭《しりびれ》は小さく、第2背鰭《せびれ》は臀鰭《しりびれ》のすぐ前にある。

マオナガの歯は小さくてやや湾曲《わんきょく》し、上下顎歯《じょうかがくし》はほとんど同形、その切縁《せつえん》はなめらかで非常に鋭い。エサは主に群れをなす魚で、ミズウオやアミキリ、ニシン類、サバ類などの他、イカやタコ、甲殻類《こうかくるい》も食べる。マオナガが尾を使って魚を集団にし、そこに尾鰭《おびれ》を叩きつけて、怪我をさせたり、気絶させるという多くの報告がある。2尾以上が協力して魚の群れを集めている様子も目撃されている。海鳥を尾鰭《おびれ》で叩いて捕ることもあるらしい。

マオナガは季節回遊《きせつかいゆう》をし、春に熱帯海域から水温の低い海域に移動し、夏に繁殖《はんしょく》をして、秋に熱帯海域に戻ってくる。ハチワレ(*Alopias superciliosus*)はマオナガに似ているが、深海性で、大きい眼をしているため、英語ではビッグアイ・スレッシャー(眼の大きなオナガザメ)と呼ばれる(和名のハチワレは、頭部背面の「八」の字上の深い溝に由来する)。オナガザメ属3種の中で一番小さいのはニタリ(*Alopias pelagicus*)である。

(上)オナガザメの大きな眼は、暗い海中で役立つ。
(右)このオナガザメは美しい光沢のある紫灰色の皮膚であるが、色は灰褐色から青までさまざまである。オナガザメ類の体腹面は、色が淡いか白色である。

シロワニ

口裂《こうれつ》は長く、眼の後方にまで達する。第1背鰭《せびれ》は中くらいの大きさで、胸鰭《むなびれ》よりも腹鰭《はらびれ》の近くに位置し、第2背鰭《せびれ》は第1背鰭《せびれ》よりもわずかに小さい。胸鰭《むなびれ》は大きな三角形状である。尾鰭《おびれ》は強く上下不相称《ふそうしょう》で、上葉《じょうよう》は長く伸びているが、下葉《かよう》は小さな三角形状で、直前の臀鰭《しりびれ》と形がよく似ている。

シロワニの歯は釘《くぎ》のように細長く、それぞれの顎《あご》に、3～5本くらいの歯が40～50列並んでいる。歯の縁はなめらかで、歯の主尖頭《しゅせんとう》の左右の基部《きぶ》に小さな側突起《そくとっき》がある。歯が細いため、乱杭歯《らんくいば》のように見える。この歯は、夜行性のシロワニが様々な硬骨魚《こうこつぎょ》、つまりカレイ類、ニシン類、フエダイ類、メルルーサ類、ハタ類などや、小型のサメやエイ類、イカ、カニやエビなどの甲殻類《こうかくるい》など、比較的小さな獲物《えもの》を捕るのに適している。

シロワニは数尾で協力して獲物《えもの》をとり囲み、群れを小さく固めてから、群れに突進して、上手に獲物を捕らえる様子が目撃されている。また、シロワニには水面で空気を飲んだり吐《は》いたりして浮力《ふりょく》を調整する変わった習性があり、このことであまりエネルギーを消費せずに、一定の深さに留まっていることができる。

分布域

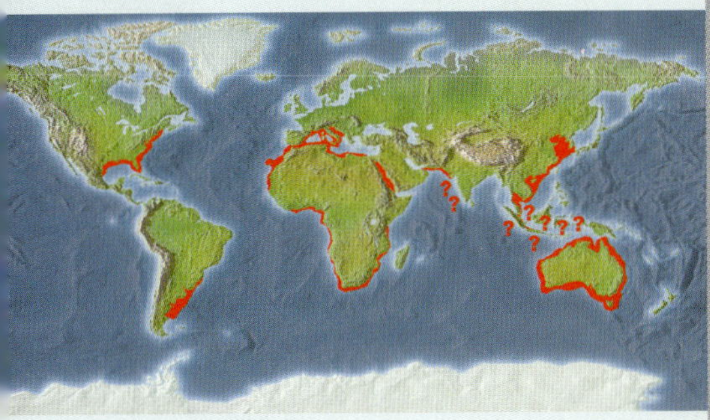

分類

門：脊索動物門

綱：軟骨魚綱

亜綱：板鰓亜綱

目：ネズミザメ目

科：オオワニザメ科

学名：*Carcharias taurus*

主な特徴

全長：2～3m、時に3.2m

体重：160kg以下

生息地：沿岸水域や浅瀬、砂、小石、岩礁地帯。時に波打ち際近くまで来る。冬は深みへ移動する

生息水深：通常は150m以浅、200m以深まで潜ることもある

色と模様：体背面は灰色、茶色がかった色、緑色を帯びた色、あるいは青銅色で、体の腹側に向かって少しずつ色が薄くなる。体側には赤から褐色の斑点があるが、この斑点は年齢とともに減っていく

成熟全長：オスは1.8～2.1m、メスは2.1～2.3m

交尾時期：冬と春

生殖方法：卵胎生

妊娠期間：不明、6か月から12か月という様々な報告あり

産仔数と大きさ：子宮内で共食いをし、通常全長1mの幼魚が2尾

寿命：飼育下で16年

分布範囲

世界中の温帯および熱帯海域、春に高緯度海域に移動し、秋に赤道海域に戻る。

飼育

歯が鋭く、口を開けたまま泳ぐので、見た目が恐ろしいことと、浅瀬に生息することから、シロワニは水族館の大型のサメとして、一番多く展示されている。

シロワニの口は長く、その後部は眼より後にある。

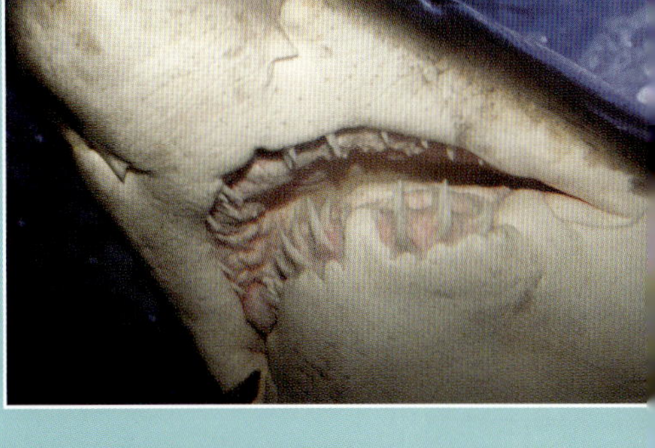

歯と歯が離れているため、シロワニは、英語名ではラッグドトゥースト・シャーク（ガサガザの歯をしたサメ）、スポッティド・ラグトゥース（まだら模様がありガサガサの歯のサメ）などという。

分布域

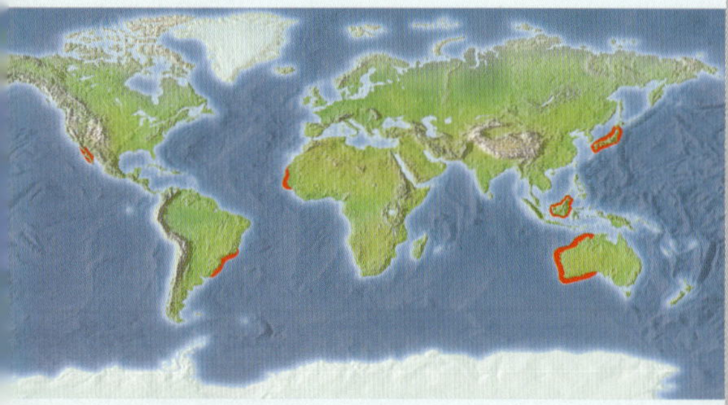

分類

門：脊索動物門
綱：軟骨魚綱
亜綱：板鰓亜綱
目：ネズミザメ目
科：メガマウスザメ科
学名：*Megachasma pelagios*

主な特徴

全長：5.5m以下、それ以上の可能性もある
体重：1,200kg以下
生息地：熱帯から温帯の沖合、まれに沿岸に来る
生息水深：昼間は200m付近に留まり、夜間は水面近くまで浮上する
色と模様：体背面は灰褐色から黒っぽく、腹側にいくにしたがって色が淡くなる。胸鰭《むなびれ》などの鰭先《ひれさき》は白い。上唇に白い帯状線《たいじょうせん》がある。
成熟全長：おそらくオスは4m、メスは5m
交尾時期：不明
生殖方法：不明
妊娠期間：不明
産仔数と大きさ：不明
寿命：不明

分布範囲

主に太平洋北西部で発見および捕獲されているが、現在までの情報から、世界中の熱帯および温帯海域に生息するものと思われる。

飼育

飼育されたことがない。

メガマウスザメ

1976年に発見され、平均で年1回くらいしか見つかっていない。大型でやわらかい体をしたメガマウスザメは、特別に魅力的なサメである。その巨体の皮膚《ひふ》や筋肉はやわらかくて、しまりがない。吻端《ふんたん》が丸く、幅広で長い頭部の前端に口があり(普通、サメの口は頭の下にある)、額は丸く、眼が口の後端部付近にあり、眼の後側に微小《びしょう》な噴水孔《ふんすいこう》がある。大きな胸鰭《むなびれ》はクジラの鰭《ひれ》に似て、小さい腹鰭《はらびれ》と対照的である。小さめで低い第1背《せ》鰭《びれ》は胸鰭《むなびれ》の後ろにあり、第2背鰭《せびれ》は第1背鰭《せびれ》よりもずっと小さく、尾鰭《おびれ》付近にある。その腹方《ふくほう》にはさらに小さい臀鰭《しりびれ》がある。尾鰭《おびれ》の上葉《じょうよう》は非常に長く、一見オナガザメを思わせるが、オナガザメの尾鰭《おびれ》ほどは長くない。

小さなかぎ形の歯が数100本あり、上顎各側《じょうがくかくそく》には50列、下顎各側《かがくかくそく》には75列ほどが並んでいる。口の内部は銀色っぽくて光を反射するようだが、唇や口が発光するのか否《いな》かは論争となっている。

濾過食性《ろかしょくせい》（フィルター・フィーダー）の3種のサメの一つであり（他の2種はジンベエザメとウバザメ。158ページを参照）、メガマウスザメは大きな口を開け、顎《あご》を突き出してオキアミなどのプランクトン類や、クラゲのような体のやわらかい動物を食べる。昼間は水深120～170メートル付近の中層にいるが、夜間は水深20メートルくらいまで浮上する。

大きな丸い口と幅広の吻《ふん》のため、メガマウスザメは時おり、若いシャチと間違われることがある。

ネムリブカ

ネムリブカは中くらいのサメで、通常体色は灰色もしくは灰褐色で、体腹面《たいふくめん》は淡いか白色である。第１背鰭《せびれ》と尾鰭上葉《おびれじょうよう》の先端にある白い斑点《はんてん》が特徴で、個体により第２背《せ》鰭《びれ》などに見られる場合もある。第２背鰭《せびれ》は比較的大きく、ツマジロやヨゴレとはこれで見分けることができる。幅が広くて短い吻《ふん》なども特徴的で、歯の縁はなめらかである。丈夫な皮膚《ひふ》と比較的しなやかな鰭《ひれ》をもっているので、狭く鋭いサンゴの間を巧みに泳ぎ回ることができる。

ネムリブカは生息しているサンゴ礁の中心部をめったに離れることはなく、他のメジロザメ類とはうまく棲《す》み分けている。昼間は洞穴や岩の割れ目で、時に群れをなして、休んでいる。気に入った隠れ場所に、何か月も毎日戻ってくることがよくある。海底に静止していても、水を飲み込んで呼吸ができる。夜間は活動的になり、ウナギ類、ブダイ類、スズメダイ類、モンガラカワハギ類、ヒメジ類、イットウダイ類などの魚類や、カニやエビ類、タコ類など、さまざまな獲物《えもの》を捕食する。サンゴの割れ目やすき間を驚くほど俊敏《しゅんびん》に、そしてエネルギッシュに動きまわり、時には仲間や別の種類のサメと共同して獲物を狙うことがある。

一般にネムリブカは攻撃的ではなく、同じ種類の他のサメたちと共存し、ナワバリやエサをめぐって争うようなことはめったにない。人間が近づくと逃げるが、窮地《きゅうち》に追い込まれたり、繰り返し嫌がらせを受けたりすると、かみつくこともある。

分布域

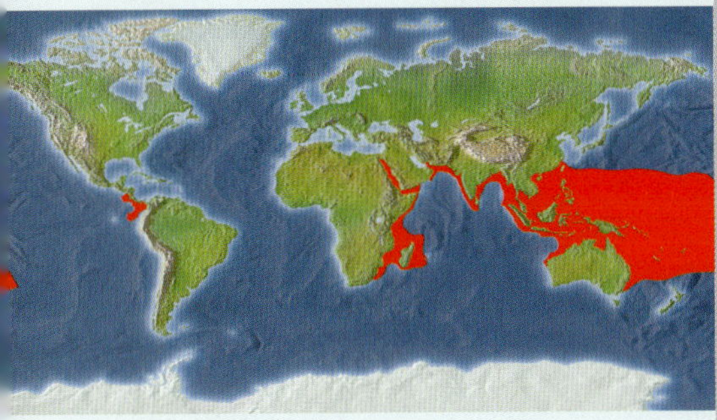

分類

門：脊索動物門
綱：軟骨魚綱
亜綱：板鰓亜綱
目：メジロザメ目
科：メジロザメ科
学名：*Triaenodon obesus*

主な特徴

全長：1.4 ～ 1.5m、まれに2m以上
体重：20kg、まれに25kg以上
生息地：主にサンゴ礁の上や周辺
生息水深：通常10 ～ 40m、まれに300m位まで
色と模様：体背面は灰色、灰褐色、又は褐色で、体腹面は色が淡い。背鰭《せびれ》、臀鰭《しりびれ》、尾鰭《おびれ》は色がより暗色で、第１背鰭《せびれ》と尾鰭上葉《おびれじょうよう》の先端が白い
成熟時期：５年
交尾時期：秋～冬
生殖方法：胎生
妊娠期間：５か月以上
産仔数と大きさ：1 ～ 5尾で、全長50 ～ 60cm
寿命：20年以上

分布範囲

太平洋やインド洋の熱帯および亜熱帯海域、特にサンゴ礁周辺。

飼育

おとなしい性格のため、ネムリブカは水族館で比較的おなじみで、研究用としても海洋研究室の水槽などで飼育されている。

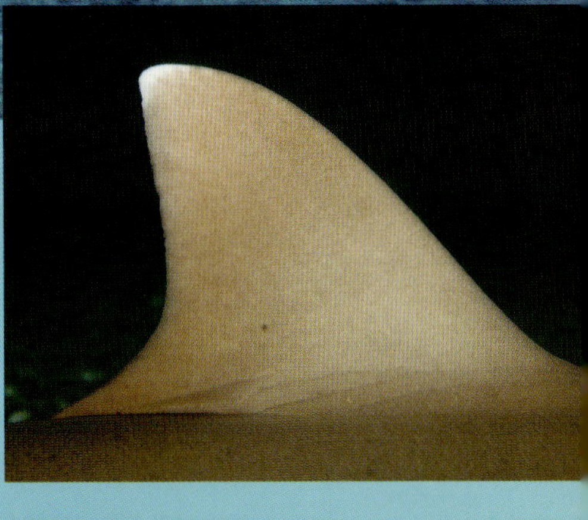

(上)濃い灰色の体をしているので、特徴的な白い斑点がよく目立つ。
(右)時に、黄色っぽい個体も見られる。

分布域

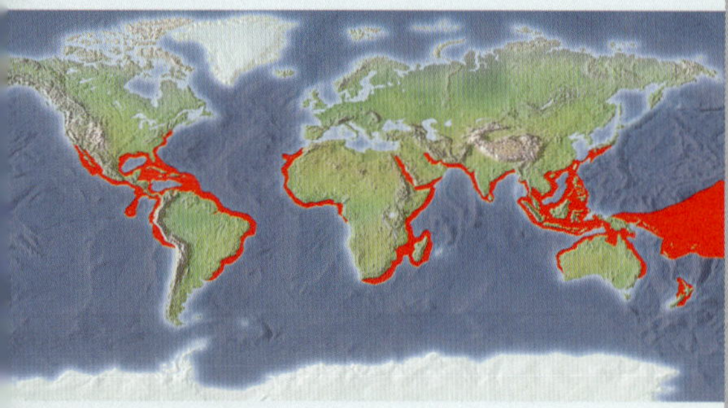

分類

門：脊索動物門

綱：軟骨魚綱

亜綱：板鰓亜綱

目：メジロザメ目

科：メジロザメ科

学名：*Galeocerdo cuvier*

主な特徴

全長：3 ～ 3.7m、時おり5m以上のものも

体重：600kg以下

生息地：港や入り江、河口などの沿岸から、沖合の岩礁や外洋など、多くの場所で見かけられる

生息水深：昼間は300m位までで、夜は沿岸や浅瀬に移動する

色と模様：灰緑色または灰青色で、体背面ほど黒っぽく、体腹面はクリーム色もしくは明るい灰色、あるいはくすんだ黄色など

成熟全長：オスは2.4m、メスは3m

交尾時期：春

生殖方法：卵胎生

妊娠期間：12か月以上

産仔数と大きさ：20 ～ 50尾、全長50～75cm

寿命：25年以上

分布範囲

世界中の熱帯および亜熱帯海域に分布するが、夏期に、または暖流に乗って、温帯海域にも来遊する。

飼育

数多くの水族館がイタチザメを飼育した経験があり、3～4年飼育した例もある。

イタチザメ

全長1.8mくらいまでの若いイタチザメには、薄い地色に黒っぽい斑点が集まって、斑《はん》紋《もん》または縞模様《しまもよう》がある。このことからタイガー・シャークという英語名が由来した。他にもレオパード・シャーク（“ヒョウ”ザメ）やスポッティド・シャーク（“ブチ”ザメ）などとも呼ばれるが、模様は年齢とともに消えていく傾向がある。イタチザメは大きな頭と、短くて太く丸い吻《ふん》をもち、雄鶏《おんどり》のトサカのような形の歯は非常にギザギザで鋭く、しかも深い切込みが入っている。第１背鰭《せびれ》は第２背鰭《せびれ》よりも大きい。

イタチザメは主に単独行動をする。一見あまり素早そうには見えないが、ほんの数秒で時速30km以上のスピードを出すことができる。しかし、この速度を長く保つことはできない。ほとんどの時間、エサを求めて一日70kmくらいの距離をゆっくりと泳ぎ、主に夜にエサを捕る。

イタチザメは食べられるものなら何でも食べ、時には食べられないような物まで食べてしまうことで有名である。魚や甲殻類《こうかくるい》、イカ、タコなどの他に、カメやウミヘビのような爬虫類、あらゆる種類の海鳥、アザラシ、イルカ、クジラといった哺乳類《ほにゅうるい》まで食べる。自分より小さなサメ（同じイタチザメの子どもも含めて）なども積極的に襲《おそ》う。エサは生きていても、死んでいても問題ではない。あるイタチザメからは、ビンや木のかたまり、石炭やイモの袋、衣類、車のタイヤ、太鼓など、全く食べられない物まで出てきた。イタチザメは非常に危険な種類で、人間を襲った数ではおそらくホホジロザメに次いで２番である。

イタチザメは通常、単独で獲物《えもの》を捕る。海の中をゆっくりと泳ぎながら、何か興味を引くものを見つけると、あっという間に猛烈なスピードを出すことができる。

イタチザメの縞《しま》模様は若魚時代には明瞭であるが、年を取るにつれて消えていく傾向がある。この成魚のイタチザメには縞《しま》模様が見える。

オオメジロザメ

地味な灰色の体と、幅の広い平べったい吻《ふん》をもつオオメジロザメは、長さの割に横幅があり、がっしりとした体をしていて、攻撃的で何をしでかすか分からないことで知られている。これらの特徴が牡牛《おうし》に似ているため、英語ではブル・シャークと呼ばれる。

オオメジロザメは、海水でも、川や湖の淡水《たんすい》でも生息できる数少ないサメである。アマゾン川を4,000kmもさかのぼった所でも記録がある。サメの血液中には海水と同じ濃度のミネラルが含まれているため、海水よりもこの濃度が低い淡水中を泳ぐと、大部分のサメは濃度バランスが崩《くず》れ、やがて病気になり死んでしまう。しかし、淡水《たんすい》に生息するオオメジロザメは水をたくさん取り込むことで、血液の濃度を外部の水に合わせて調節し、適応することができる。そして淡水に適応したオオメジロザメは、海水に生息するものに比べて20倍もの尿《にょう》を放出する。

オオメジロザメは浅瀬に来て、単独で獲物《えもの》を狙う。インドのガンジス川や南アフリカのナタール沿岸で人を襲ったこともある。体が大きくて凶暴なため、怖いもの知らずであるが、ワニや自分より大きなサメの餌食《えじき》になることもある。

分布域

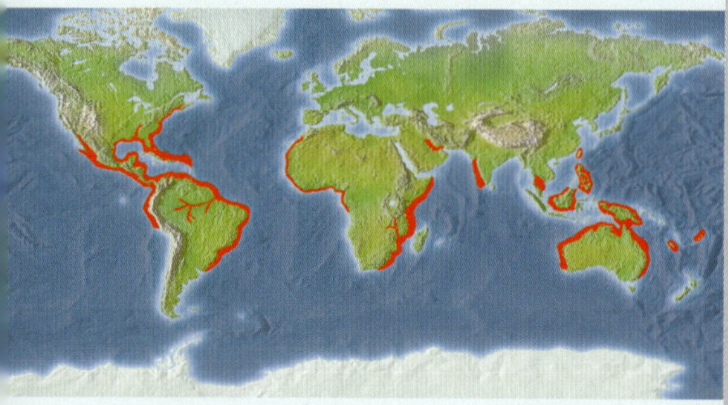

分類

門：脊索動物門
綱：軟骨魚綱
亜綱：板鰓亜綱
目：メジロザメ目
科：メジロザメ科
学名：*Carcharhinus leucas*

主な特徴

全長：オスは2m、メスは3.5m
体重：オスは100kg、メスは300kgまで
生息地：熱帯の沿岸水域、および海水・淡水の川と湖
生息水深：通常30m以浅、150mまで
成熟全長：オスは1.6m、メスは2m
交尾時期：夏
生殖方法：胎生
妊娠期間：1年
産仔数と大きさ：最大13尾、全長約60cm
寿命：32年以下

分布範囲

南北アメリカの太平洋および大西洋沿岸、サハラ以南のアフリカ沿岸、インドや東南アジア、オーストラリアの沿岸、アマゾン川やミシシッピ川など。

飼育

オオメジロザメは強健で、長い飼育（最長25年まで）に耐えられる。

オオメジロザメのがっしりした体と幅広の吻《ふん》、何をしでかすか分からない気性が牡牛を思わせるため、英語ではブル・シャークと呼ばれる。

ヨゴレ

ヨゴレは、ほとんど全ての鰭《ひれ》の先が広く白いことで識別できる。また、胸鰭《むなびれ》は翼のように長く、胸鰭《むなびれ》や第1背鰭《せびれ》の先端が丸いことも大きな特徴である。体の色は青銅色、褐色、灰青色の中間色で、生まれた場所により色が違う。

昔、英語でサメをシー・ドッグ（“海の犬たち”）と呼んだことがあったが、この名前は、ヨゴレが──時には一団となって──犬のように船を追う習性《しゅうせい》から由来したとも考えられている。ヨゴレの行動は遊び好きで恥ずかしがりやの子犬に似ていて、慎重に船に近づきながらも、危険な兆候《ちょうこう》があれば逃げられるよう、安全な距離を保っている。この行動はおそらく、彼らの好物であるマグロやイカの群れを追う本能から生じたものだろう。

しかし船を追うこの習性が原因で、恐ろしい本性を発揮させることがある。1945年、アメリカ海軍のインディアナポリス号が敵の潜水艦の魚雷で攻撃された時、海上に逃《のが》れた乗組員の多くが群れをなしたヨゴレに襲《おそ》われ、食べられてしまったと専門家は考えている。他にも難破船や墜落機に対して似たような攻撃をしていることが、20世紀に数多く報告されている。これら全てがヨゴレによるものではないとしても、死者の数は数千にもなり、この時期についてはホホジロザメによる犠牲者よりもかなり多い。

しかし、人々の注目は別の点でヨゴレの方に向き、彼らの生息数は次第に減ってきている。大きな鰭《ひれ》が、人気のある広東料理、フカヒレスープの材料となっているのだ。また、有用魚類《ゆうようぎょるい》をエサとしているため、漁業関係者とも利害を巡っての激しい争いに直面している。1960年代後半には、最も数の多い海の大型動物の一種と考えられていたが、研究によると、1992年から2000年の間に大西洋の西部海域では、その数が70%も減少したことが明らかになっている。今では、IUCN（国際自然保護連合）が定めた絶滅の恐れのある生物種のリスト（レッドリスト）の中で、“VULNERABLE”（絶滅危惧II類）とされている（212ページを参照）。

分布域

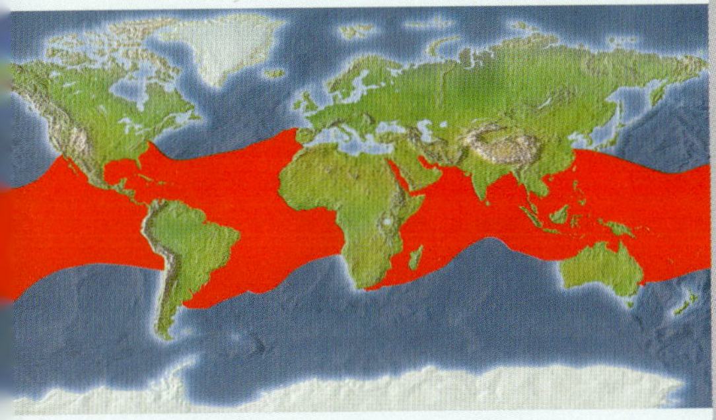

分類

門：脊索動物門
綱：軟骨魚綱
亜綱：板鰓亜綱
目：メジロザメ目
科：メジロザメ科
学名：*Carcharhinus longimanus*

主な特徴

全長：約3m、時に4.3m
体重：170kg以下
生息地：水温20～28℃の外洋表層域
生息水深：150mまで
色と模様：体背面は灰色、灰褐色、褐色、腹面は白。第1背鰭《せびれ》、胸鰭《むなびれ》、尾鰭上下葉《おびれじょうかよう》などの先端は白い
成熟全長：オスは1.8m、メスは2.1m
交尾時期：北西大西洋や南西インド洋では初夏、太平洋では周年
生殖方法：胎生
妊娠期間：1年
産仔数と大きさ：1～15尾、全長60cm
寿命：オスは12年、メスは16年

分布範囲

水温20～28℃の世界の海洋の外洋表層域。

飼育

攻撃的な性格のため、水槽は単独か、一緒に入れる相手を厳選する必要がある。

ヨゴレの色は褐色から灰青色までさまざまである。しかし、鰭先《ひれさき》は広範囲が白い。

ニシレモンザメ

ニシレモンザメは体背面が金褐色《きんかっしょく》で、腹面が白っぽい色をしている。また、大きなほぼ同大の第１背鰭《せびれ》と第２背鰭《せびれ》や、幅広の平べったい頭をもつことも特徴である。視力はあまり良くないが、吻部《ふんぶ》には敏感な磁気センサーがあり、エサなどを探すのに用いられている。

ニシレモンザメは、他のサメ類と違って、溶存酸素量《ようぞんさんそりょう》が非常に少ない浅瀬でも生息できるため、ラテンアメリカやカリブ海のマングローブ、岩礁、河口などにも生息している。ニシレモンザメは、普段はわざわざ沖に出るようなことはないが、最近の研究によると、交尾のために数百kmも移動することが確認されている。アメリカのフロリダも彼らの繁殖地《はんしょくち》の一つである。

ニシレモンザメは非常に大きくなるが(全長3.6mにまで成長する)、人間や他の哺乳《ほにゅう》類《るい》にはあまり危害《きがい》を加えず、甲殻類《こうかくるい》や硬骨魚類《こうこつぎょるい》、サメ類を好んで食べる。1580年以来、人間を襲った例が22件報告されているが、死者は出ていない。

ちなみに、このサメは飼育下でも環境に良く適応するため、研究者によく利用されている。他のサメ類、例えばホホジロザメは、飼育下ではエサを食べないのだ。このため、ニシレモンザメの行動や生態は、サメ類の中でも最も詳しく調べられている。例として、マイアミ大学のサミュエル・グルーバー博士は1960年代後半から、飼育しているニシレモンザメを用いて研究を続けている。

分布域

分類

門：脊索動物門
綱：軟骨魚綱
亜綱：板鰓亜綱
目：メジロザメ目
科：メジロザメ科
学名：*Negaprion brevirostris*

主な特徴

全長：一般に2.4～3m。3.6mの個体も一度記録されている
体重：180kgまで
生息地：岩礁や入り江、マングローブの生える沼地など、熱帯の浅海
生息水深：100m以浅
色と模様：体背面は黄色や褐色、オリーブ色、灰色、あるいはこれらの組み合わせの色合いで、腹面は白かクリーム色。目立った模様はない
成熟全長：オスは2.1m、メスは2.4m
交尾時期：春
生殖方法：胎生
妊娠期間：10～12か月
一度に生まれる幼魚の数：4～17尾、全長58～66cm
寿命：不明

分布範囲

アメリカ大陸の太平洋、カリブ海、大西洋の熱帯沿岸域、および西アフリカ。

飼育

ニシレモンザメは他の種に比べて飼育に強いため、広く飼育され、行動や生態が最も良く知られているサメの一つである。

ニシレモンザメは溶存酸素量《ようぞんさんそりょう》がきわめて低い浅瀬に適応しているため、岩礁や入り江、マングローブ地帯で生き延びることができる。

金褐色の体と幅広で平べったい頭は、ニシレモンザメの特徴である。視力が弱いが、磁気センサーでそれを補っている。

ヨシキリザメ

濃い藍《あいいろ》色の背から脇腹のマリンブルー、こんな青い色をした体と丸い眼で、すぐに識別できるのがヨシキリザメだ。体は細長く、全長3.7～4mに達する。流線形《りゅうせんけい》の体形と長い胸鰭《むなびれ》のおかげで、獲物《えもの》を狙う時には高速で泳ぐことができる。

ヨシキリザメはイカ類、タコ類、エビ·カニ類など、そしてタラ類やサバ類などの魚を食べる。しかし小さな魚の他にも、チャンスさえあれば自分より大きな動物も攻撃する。ヨシキリザメの胃から、アザラシやクジラの肉が見つかったこともある。体が大きいので深刻な脅威《きょうい》を与えるような捕食者はいないが(人間を除く)、サナダムシなどの寄生虫には苦しめられている。

ヨシキリザメの交尾は迫力がある。オスはメスの背中や鰭《ひれ》を激しくかむような行動をする。そのため、メスの皮膚《ひふ》はオスの少なくとも2倍の厚さがあり、交尾の時に深い傷を負うことがないようになっている。それでもメスは交尾の時にひどい傷を負うので、傷の有無でヨシキリザメのオスとメスを見分けることができる。交尾の後、メスのヨシキリザメは、排卵《はいらん》の時期まで、オスの精子を数か月間、時には数年間も体内に貯《たくわ》えておくことができる。ヨシキリザメは非常に多産で、記録によると、一度に135尾の子どもをもっていたこともある。

分布域

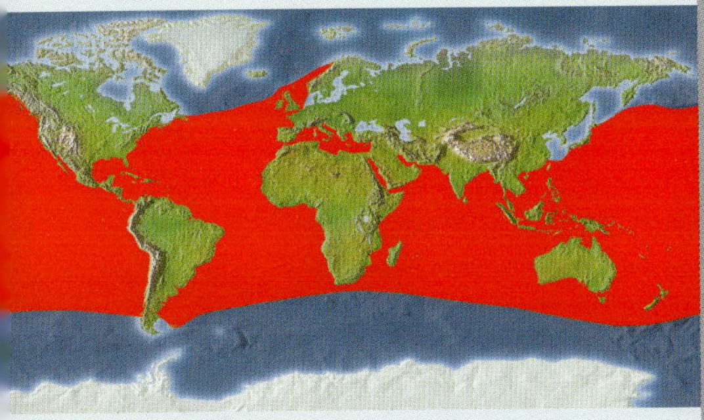

分類

門:脊索動物門
綱:軟骨魚綱
亜綱:板鰓亜綱
目:メジロザメ目
科:メジロザメ科
学名:*Prionace glauca*

主な特徴

全長:4mまで
体重:通常130～180kg
生息地:温帯および熱帯の沖合海域
生息水深:表層域を泳ぐこともあるが、水深330mくらいまで
色と模様:体背面は濃い藍色、体側は鮮やかな青で、腹面は白
成熟全長:オスは1.8m、メスは2.1m
交尾時期:夏
生殖方法:胎生
妊娠期間:9～12か月
産仔数と大きさ:25～50尾(4～135尾の範囲)、全長38～43cm
寿命:20年以上

分布範囲

南極大陸以外の全ての大陸の沖合から外洋域。

飼育

一般的に数か月以上の飼育には適していない。

ヨシキリザメの長い胸鰭《むなびれ》(写真上と左)は、獲物を捕らえる時など猛スピードで泳ぐ際に、体を安定させ、泳ぎをコントロールするために役に立つ。

ヒラシュモクザメ

シュモクザメ類は、その頭部がハンマーのように横に広がり飛び出しているので、すぐに見分けられる。しかし、シュモクザメ科８種を見分けるのは難しい。成熟したヒラシュモクザメ(一番大きな種)は、その頭部の張り出しの前縁《ぜんえん》が比較的直線状で、その中央が浅くＶ字型に凹んでいる。アカシュモクザメとシロシュモクザメでは頭部の張り出しの前縁《ぜんえん》が丸く湾曲《わんきょく》し、扇形で、前縁《ぜんえん》の中央部分にはアカシュモクザメでは凹みがあるが、シロシュモクザメでは凹みがなくなめらかである。

シュモクザメ類の体は、第１背鰭《せびれ》は高くて後ろに傾いており、第２背鰭《せびれ》と臀鰭《しりびれ》は小さく、後縁《こうえん》がＶ字型に切れ込んでいる。胸鰭《むなびれ》や腹鰭《はらびれ》は鎌《かま》形で、後縁《こうえん》がくぼんでいる。歯は三角形で、切縁《せつえん》は鋸歯状《きょしじょう》。上顎歯《じょうがくし》の方が下顎歯《かがくし》よりも幅広い。上下顎《じょうかがく》に25列程の歯が並ぶ。

ヒラシュモクザメは強力な捕食者《ほしょくしゃ》で、ナマズ類、アジ類、ハタ類、イサキ類、カレイ類などの魚類の他に、イカやタコ、ロブスターのような甲殻類《こうかくるい》をも食べる。好物はアカエイ類で、尾鰭《おびれ》の毒針までも食べてしまう。他のサメ類もエサにし、共食いもする。人間を襲《おそ》う数少ないサメの一つだが、めったに攻撃的にならないので、噂《うわさ》ほど凶暴ではない。

分布域

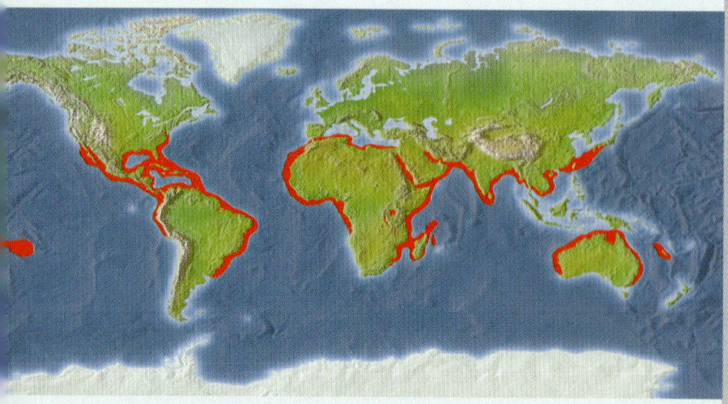

分類

門：脊索動物門
綱：軟骨魚綱
亜綱：板鰓亜綱
目：メジロザメ目
科：シュモクザメ科
学名：*Sphyrna mokarran*

主な特徴

全長：5m、時に6m
体重：250kg、まれに360kgを超える
生息地：主に沖合海域であるが、沿岸、岩礁や河口域にも生息する。エサを追って岸近くに来ることもある
生息水深：水深100mまで、時に水深300mまで
色と模様：体背面は灰色や褐色、黄緑色で、腹面は白、特に目立つ斑紋などはない
成熟全長：オスは2.1～2.4m、メスは2.4～2.7m
交尾時期：春～夏
生殖方法：胎生
妊娠期間：11か月
産仔数と大きさ：20～40尾(6～55尾の範囲)、全長61～71cm
寿命：不明、おそらく30年ほど

分布範囲

世界中の熱帯から温帯海域。夏には高緯度海域に移動し、冬になると熱帯に戻る。

飼育

飼育下で生存した例もあるが、飼育されているシュモクザメ類としては、アカシュモクザメなどが一般的である。

シュモクザメ類は頭部の側方への張り出しや、高い背鰭《せびれ》をもつことで知られている。

シュモクザメの種類は、頭の形で識別できる。ヒラシュモクザメ(左)は頭の前縁《ぜんえん》が比較的直線的であるが、アカシュモクザメ(上)の前縁は丸く、その中央に凹みがある。シロシュモクザメ(右)は、前縁中央に凹みがない。

アメリカナヌカザメ

分布域

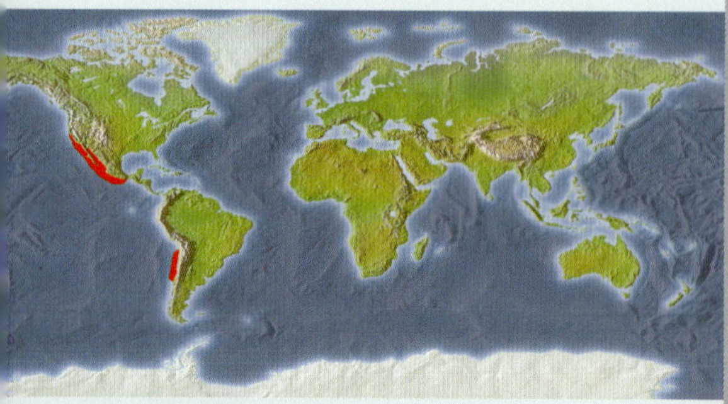

分類

門：脊索動物門
綱：軟骨魚綱
亜綱：板鰓亜綱
目：メジロザメ目
科：トラザメ科
学名：*Cephaloscyllium ventriosum*

主な特徴

全長：0.9m、時に1m
体重：4.5～9kg、まれに11kg以上
生息地：沿岸域や大陸棚、陸棚上部斜面、特に海藻が密生している場所。
生息水深：ごく浅い場所から水深480mまで、通常50m以浅
色と模様：全体的には地色は黄褐色であるが、明色から暗色まで様々で、暗色の斑紋や鞍状《あんじょう》斑《はん》、明色の点状斑などが体や鰭《ひれ》にある。腹側は薄色であるが斑点や模様がある
成熟全長：70～76cm
交尾時期：不明
生殖方法：卵生
孵化までの期間：7～11か月、水温による
産卵数：一度に2個、孵化時の全長は13～15cm
寿命：不明、おそらく8年以上

分布範囲

東部太平洋の亜熱帯海域、主に中央カリフォルニアやメキシコ、チリ、おそらくペルー。

飼育

しばしば水族館などで見られる。

ナヌカザメの英語名スウェル・シャーク（“膨《ふく》らむ”サメ）は、自分を大きくするために、水を飲み込んで（もしくは水面で空気を飲み込んで）体を膨張《ぼうちょう》させる習性からきている。体を湾曲《わんきょく》させて、尾鰭《おびれ》をかみ、胃の噴門部《ふんもんぶ》（前方部分）に水や空気を取り込むと、胴部が2倍くらいに膨張《ぼうちょう》し、捕食者《ほしょくしゃ》を怖気《おじけ》づかせることができる。岩のすき間で膨張《ぼうちょう》すると、体を固定することができる。このため、パファー・シャーク（“プッと膨れる”サメ）やバルーン・シャーク（“風船”ザメ）とも呼ばれることがある。

ナヌカザメは大きな頭、短くて丸い吻《ふん》をもち、頭部下面にある長くて幅広の口は、ネコのような眼の後ろまで伸びている。実際、体の大きさに対する口の割合は、ナヌカザメの方がホホジロザメよりも大きくなる。第1背鰭《せびれ》は腹鰭《はらびれ》のやや後ろに位置し、上端が丸くなっている。第2背鰭《せびれ》は第1背鰭《せびれ》の約半分の大きさで、その真下にある臀鰭《しりびれ》に似ている。胸鰭《むなびれ》は幅が広く、後縁《こうえん》は直線状である。尾鰭上葉《おびれじょうよう》はあまり上方に曲がらず、尾鰭下葉《おびれかよう》は幅が広い三角形状である。

上下顎《じょうかがく》に最大60列程度の小さな歯がある。歯は主尖頭《しゅせんとう》が長くとがっていて、その横に小さな側尖頭《そくせんとう》が2つある。ナヌカザメは海底をゆっくり泳ぎ、昼間は海藻や穴や岩の割れ目に隠れ、夜間は活動的になって、魚類、カニ・エビなどの甲殻類《こうかくるい》や死んだ動物を食べる。小さな魚の群れに突進し、食いついて飲み込む様子も目撃されている。

ナヌカザメは海底の海藻や割れ目の中に隠れている。暗色の斑点がある黄褐色の体は捕食者と獲物《えもの》の両方から身を隠す良いカモフラージュになる。

分布域

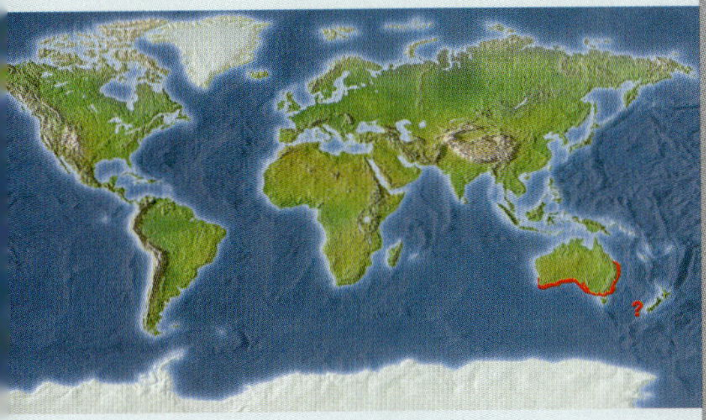

分類

門:脊索動物門
綱:軟骨魚綱
亜綱:板鰓亜綱
目:テンジクザメ目
科:オオセ科
学名:*Orectolobus maculatus*

主な特徴

全長:1.5～1.7m、時に3mを超える
体重:最大で80kgまで
生息地:浅瀬、岩場やサンゴ礁、砂底域、海藻の生えた場所から礁湖、潮だまりなど
生息水深:潮間帯域《ちょうかんたいいき》から100mくらいまで
色と模様:体全体が黄、緑、褐色、灰色などを帯びた複雑な模様に覆われ、体背面には白っぽい点の集まりや暗色の鞍状斑を白点がOリング状に取り囲む。
成熟全長:オス、メスともにおそらく70～90cm
交尾時期:おそらく冬
生殖方法:卵胎生
妊娠期間:1～2年と思われる
産仔数と大きさ:20尾(最多で37尾まで)、全長21cm
寿命:おそらく30年以上

分布範囲

東部インド洋、西オーストラリア以南から東はクイーンズランド州南部まで。

飼育

オオセ科のサメの中でも、特にアラフラオオセとカラクサオオセは、水族館や愛好家によって飼育されている。

クモハダオオセ

オオセ類オオセ属の5種のうち、クモハダオオセは最大の種で、体は幅広く扁平《へんぺい》で、眼の近くに大きな噴水孔《ふんすいこう》をもち、口は眼の前にある。鼻孔《びこう》の横に長い触鬚《しょくしゅ》があり、眼の付近の頭部側面には最大10本くらいの海藻のような形をした皮弁《ひべん》がある。この皮弁《ひべん》が海流などにより揺れ動き、複雑なカモフラージュの一部となっている。

2基の背鰭《せびれ》が体の後部にあり、胸鰭《むなびれ》と腹鰭《はらびれ》は幅広い。尾鰭《おびれ》は小さくて短く、特に下葉《かよう》は小さい。水深1m内外の浅瀬にも入り込み、体背面を水面上に出して、浅い場所を移動していることもある。獲物《えもの》を狙うのは主に夜で、複雑な体の模様と、口の周囲にある海藻のような飾り物などで周囲に溶けこんでいるために、何も知らずに通り過ぎる獲物《えもの》を、突然飛びついて捕らえてしまう。エサは伊勢エビやカニ類、タコや、カレイ類、カサゴ類など海底に生息する魚類である。両顎《りょうあご》の上には細くて鋭い牙のような歯がたくさんあり、両顎《りょうあご》を大きく前に突き出し、強い吸引力で口の中に吸い込んだ獲物をしっかりと捕らえてしまう。

オオセ属には他に、アラフラオオセ(*Orectolobus dasypogon*:現在は*Eucrossorhinus*属に入れられている)、オオセ(*Orectolobus japonicus*)、カラクサオオセ(*Orectolobus ornatus*)、マルヒゲオオセ(*Orectolobus wardi*)がいる。

鼻孔《びこう》周辺から伸びる長い触鬚《しょくしゅ》と頭部側面の皮弁《ひべん》が水の中で揺れて海藻のように見える──きわめて効果的なカモフラージュである。

コモリザメ

コモリザメは大型で、あまり泳ぎ回らないサメであり、普段は海底上で静止している。体色は暗い灰褐色で、皮膚《ひふ》は他のサメよりもなめらかである。コモリザメの幼魚には体に淡褐色の斑点があるが、成長に伴《ともな》って消失する。コモリザメは鼻孔《びこう》近くにヒゲがあり、このヒゲでエサを探したり、海底の状態を探っている。

コモリザメが最も活動的になるのは夜で、単独でロブスターやエビ、イカなどの獲物《えもの》を狙う。獲物を狙う時は、大きな喉頭部《こうとうぶ》を広げ、水と一緒に獲物を吸い込む。海藻やサンゴを食べることでも知られている。

コモリザメは、昼間は数十尾の集団でたむろしていることが多い。主な生息地は岩礁やサンゴ礁、砂地で、それぞれ気に入った岩棚や割れ目があり、夜の狩りが終わると同じ場所に戻っていく。

コモリザメは、怒らせない限りは攻撃してこないのだが、おとなしい性質のために、向こう見ずなダイバーや遊泳者が、上に乗ろうとしたり、間違って踏みつけたりすることがある。そんな場合にはサメに反撃され、ひどくかみつかれて、怪我をさせられることもある。歯は小さいが、一度かみつかれると顎《あご》の力が非常に強いので、逃れるのは非常に難しい。

分布域

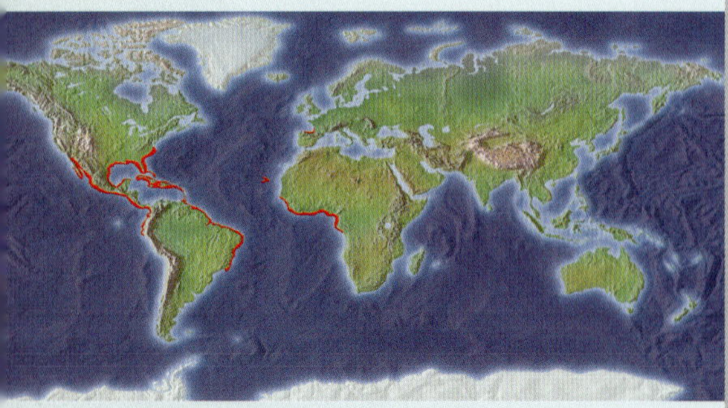

分類

門：脊索動物門
綱：軟骨魚綱
亜綱：板鰓亜綱
目：テンジクザメ目
科：コモリザメ科
学名：*Ginglymostoma cirratum*

主な特徴

全長：4.3mまで
体重：110kgまで
生息地：熱帯および亜熱帯の岸寄りの海域、主に岩礁やサンゴ礁、砂底、マングローブの生える沼地など
生息水深：1～12m
色と模様：一般的に灰色から暗褐色、腹面はくすんだ白
成熟全長：オスは2.1m、メスは2.3m
交尾時期：6月か7月
生殖方法：卵胎生
妊娠期間：6か月
産仔数と大きさ：20～30尾、全長25～30cm
寿命：25年程度

分布範囲

カリフォルニア周辺およびメキシコからペルーに至る太平洋東部、アメリカ合衆国ロードアイランド州からブラジルに至る大西洋西部、アフリカ西海岸、おそらくヨーロッパにも生息している。

飼育

おとなしく、水槽で確実に生きるので、熟練したアマチュアでも飼育することができるが、すぐに大きくなって水槽に収まらなくなる。

コモリザメはよく海底のすぐ上を泳ぎ、獲物《えもの》を見つけると急降下して、アカエイやホヤのような色々な獲物を砂や土と一緒に吸い込んでしまう。

2本の細いヒゲが鼻孔《びこう》の横にあり、触覚《しょっかく》、水流、水圧、血や体液などに含まれる化学物質を感知する。

ジンベエザメ

世界一大きなサメ、そして世界一大きな魚でもあるジンベエザメは、その巨体とパワーにもかかわらず、のんびりした平和な濾過食《ろかしょく》動物(フィルター・フィーダー)で、危害を加えられない限り、ダイバーや船をほとんど気にかけない。

ジンベエザメは幅の広い平らな頭を持ち、口は体の前端《ぜんたん》、つまり吻《ふん》の前にあり、口の幅は1.5mもある。小さな歯が数百本あるが、エサを食べるのには使われない。眼は小さく、その直後に噴水孔《ふんすいこう》がある。第1背鰭《せびれ》は高い二等辺三角形状で、体の中央より少し後ろにある。第2背鰭《せびれ》は第1背鰭《せびれ》の約半分の高さで、やや小さめの臀鰭《しりびれ》の真上にある。鰓孔《えらあな》は大きく、5個あるが、その最後、または最後から2番目の鰓孔《えらあな》は、大きな胸鰭《むなびれ》の基底上《きていじょう》にある。3本の隆起線《りゅうきせん》が体背側面全体にある。尾鰭《おびれ》は非常に高く、草刈《くさか》り鎌《がま》状で、その上葉《じょうよう》は、下葉《かよう》のほぼ2倍の高さがある。

ジンベエザメはエサが豊富な海域に集まることはあるが、それ以外は単独行動をする。水を吸い込んで、鰓耙《さいは》でエサを漉《こ》しとる。エサを食べる時には、前に向かって泳ぐ必要はなく、静止状態でも、頭を上にして立ち泳ぎしていても、エサを食べることができる。エサはオキアミなど小さな動物性プランクトンや、小さな魚、イカ、クラゲなどである。

ジンベエザメは海で一番大きな魚だが、危害を受けない限り、通常はダイバーや船をほとんど気にしない。このジンベエザメ(右)は大きな口で大量の水を取り込み、鰓耙《さいは》でプランクトンを濾過《ろか》し、摂餌《せつじ》をしている。

分布域

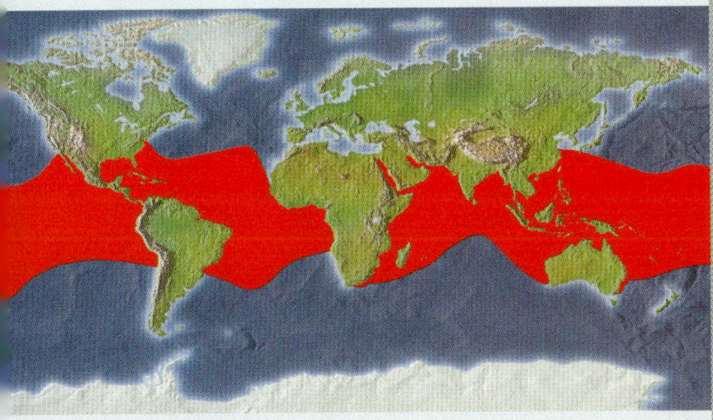

分類

門:脊索動物門
綱:軟骨魚綱
亜綱:板鰓亜綱
目:テンジクザメ目
科:ジンベエザメ科
学名:*Rhincodon typus*

主な特徴

全長:10～11m、時に12mを超える
体重:9t、まれに20t以上
生息地:主に外洋に生息するが、エサを食べるために群れで沿岸域などに近づく。河口域などに入ることもある
生息水深:表層から水深700mまで
色と模様:体背側面の地色は灰色、緑味や青味をおびた色で、腹面は白色。体背側面にはクリーム色、黄色、灰色などの斑点と縞がチェス盤模様に配列し、頭部には斑点がある。
成熟全長:不明、恐らく8～9m、年齢は30歳くらい
交尾時期:不明
生殖方法:卵胎生
妊娠期間:不明
産仔数と大きさ:300尾、51～66cm
寿命:不明、おそらく60年以上で、100年を越えるという推測もある

生息範囲

水温が20～30℃の世界の熱帯・温帯海域。

飼育

現在10尾以上の個体が、主に日本(大阪、鹿児島、沖縄)やアメリカ(ジョージア州アトランタ)などで飼育されている。

サメの生物学《せいぶつがく》

サメをただの原始的な殺《ころ》し屋《や》だと思ったら大間違いである──過酷《かこく》な海の環境でもうまく生きていけるよう、非常に良く適応《てきおう》した複雑《ふくざつ》な生物なのだ。

サメには心臓《しんぞう》、肝臓《かんぞう》、胃腸《いちょう》、筋肉《きんにく》、腎臓《じんぞう》、血液《けつえき》、脳《のう》、神経《しんけい》などがある。また、硬骨《こうこつ》はないが、軟骨性《なんこつせい》の骨格《こっかく》がある。

サメの皮膚《ひふ》と鱗《うろこ》

サメにとって、皮膚《ひふ》は単なる装飾的《そうしょくてき》な覆《おお》いというだけではない。体の保護《ほご》、カモフラージュ、感覚、運動などにも重要な役割を果たしているのだ。

(上)キクザメの皮歯《ひし》はとても大きく、シャツのボタンほどもあり、曲がった鋭い棘《とげ》が生えている。しかし体の場所によって、皮歯《ひし》の大きさや形は様々である。

サメの皮膚《ひふ》は、人間を含む他の脊椎動物《せきついどうぶつ》と同じく、外側の表皮《ひょうひ》と内側の真皮《しんぴ》という2層からなる。真皮《しんぴ》は結合《けつごう》組織《そしき》、筋肉繊維《きんにくせんい》、知覚神経細胞《ちかくしんけいさいぼう》、毛細血管《もうさいけっかん》で構成されている。その上を覆う表皮《ひょうひ》は、真皮由来《しんぴゆらい》の死んだ細胞《さいぼう》からなり、その外側の細胞は剥《は》がれ落ちる。大型種のサメの多くは、皮膚《ひふ》が人間の指よりも厚く、例えばジンベエザメの皮膚は15cmもの厚さがある。

鱗《うろこ》——皮歯《ひし》

サメの皮膚《ひふ》を覆《おお》っている皮歯《ひし》は、歯とよく似た小さい鱗《うろこ》で、サメの仲間に特有のものである。この皮歯は、楯《じゅん》鱗《りん》とも呼ばれるが、硬骨魚類《こうこつぎょるい》の鱗《うろこ》とは異なり、サメの歯、もっと広げれば全ての脊椎動物《せきついどうぶつ》の歯と、構造《こうぞう》がとてもよく似ている。

皮歯《ひし》は、真皮中《しんぴちゅう》にある骨質《こつしつ》の基底板《きていばん》に支えられ、尖《とが》った先端部分が表皮《ひょうひ》を突き抜け、皮膚《ひふ》の外側に出ている。内側には歯髄腔《しずいこう》があり、ここに神経と血管が達している。歯髄腔《しずいこう》の外側は、自然界で最も硬《かた》い物質の一つである象牙質《ぞうげしつ》でできており、その外側はさらに硬い物質であるエナメル質で覆《おお》われている。皮歯《ひし》はいったん成長しきると大きさは変わらず、最終的には歯と同じように抜け落ち、生えかわる。

皮歯《ひし》はサメの種によって、形や大きさがかなり異なる。キクザメには、シャツのボタンほどの大きさのこぶのような皮歯《ひし》があり、それぞれの中央に、先の鋭い曲がった棘状《とげじょう》の突起《とっき》がある。しかし、一般にサメの皮歯《ひし》は微小《びしょう》である。

一個体のサメでも、体の場所によって皮歯《ひし》の形は異なる。体の腹側の皮歯《ひし》は他の部位のものより平たく、盾《たて》のような形をしており、サメが海底で休んだり、エサを食べたりする時に皮膚《ひふ》を守る鎧《よろい》の役割を果たしている。

より速《はや》く

顕微鏡《けんびきょう》で見ると、サメの脇腹《わきばら》の典型的な鱗《うろこ》は、高速船についている小さな水中翼《すいちゅうよく》や、スポーツカーのスポイラーと少し似ている。ある物体が液体の中を進む時、様々な向きの渦《うず》や乱流《らんりゅう》を生じる。すると物体は速度が落ち、余計《よけい》なエネルギーを消費することになる。サメの皮歯《ひし》は、この問題を極力抑《きょくりょくおさ》えるよう、水の流れを調整し、よりスムーズに進める形になっているのである。ここ数年、スポーツ用品やダイビング用品のメーカーは、サメの鱗《うろこ》を模倣《もほう》した、抵抗を減らす小さな突起《とっき》のついた水着の実験をしてきた。このような水着を着用するとより速く泳げるようになる。

サメの皮膚《ひふ》

　サメの鱗《うろこ》は皮歯《ひし》と呼ばれ、歯《は》と同じ構造をもつ。皮歯《ひし》は種により様々な機能を果たす。キクザメの皮歯《ひし》はこぶ状で棘《とげ》があり、保護や防御の役割を果たしている。キール状（竜骨状《りゅうこつじょう》）の隆起《りゅうき》があるジンベエザメの重なり合った皮歯《ひし》や、何本かの隆起線《りゅうきせん》があるメジロザメの皮歯《ひし》には、水の抵抗を減らす働《はたら》きがある。

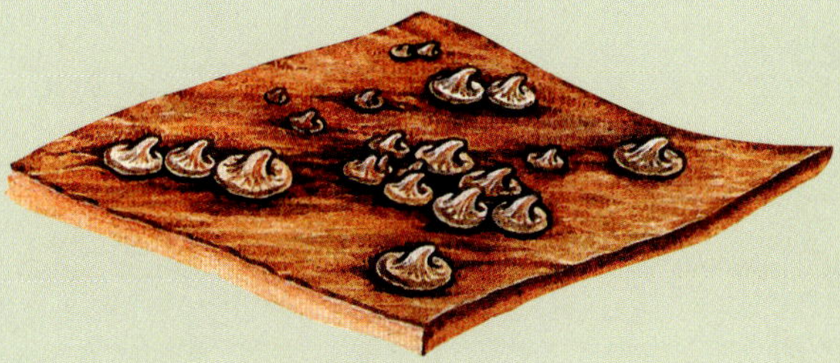

キクザメの皮歯《ひし》

キクザメの皮歯《ひし》

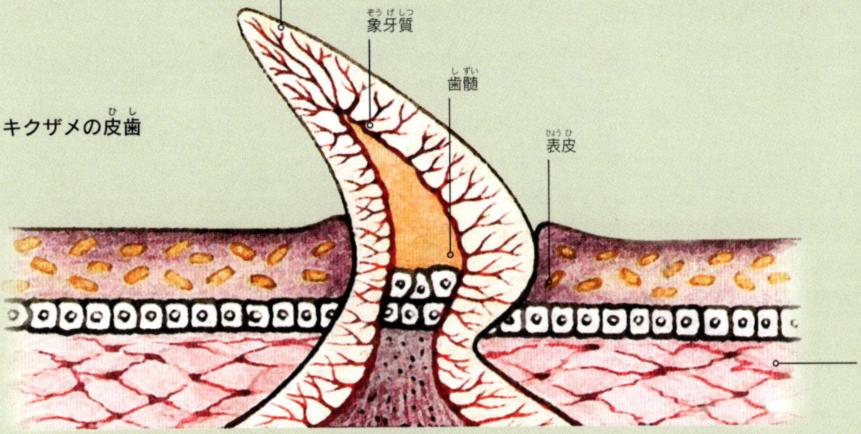

メジロザメの鱗《うろこ》
（上から）

メジロザメの鱗《うろこ》
（後ろから）

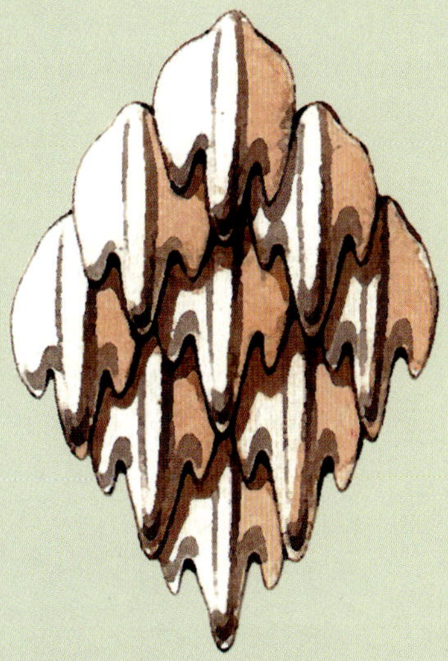

ジンベエザメの鱗《うろこ》
（上から）

ジンベエザメの鱗《うろこ》
（後ろから）

サメの骨格《こっかく》と筋肉《きんにく》

サメの体は全身がやわらかな軟骨《なんこつ》の骨格《こっかく》で支持されている。この軟骨は真珠《しんじゅ》のような光沢《こうたく》があり、半透明で、軽くて、わずかに弾力性があり、柔軟《じゅうなん》である。

軟骨《なんこつ》はサメ特有のものではなく、同じ軟骨魚綱《なんこつぎょこう》に属するガンギエイ、アカエイ、ギンザメの仲間も軟骨性《なんこつせい》の骨格をもっている。しかし、他の脊椎動物《せきついどうぶつ》の大半は、骨格の一部に軟骨があるにすぎない。軟骨《なんこつ》は、様々な塩類《えんるい》や、ミネラルの基質《きしつ》に含まれるコラーゲンやエラスチンといったタンパク質の繊維《せんい》から構成されている。

軟骨《なんこつ》は時に石灰化《せっかいか》され、カルシウム結晶《けっしょう》のために軟骨が硬《かた》く頑丈になる。石灰化はサメの脊椎骨《せきついこつ》の中や、顎《あご》、歯、鰓《えら》を支える軟骨、そして皮歯《ひし》などに見られる。

関節《かんせつ》

骨と骨が接する関節《かんせつ》の表面には特別になめらかな軟骨《なんこつ》があり、これで骨がすり減るのを防いでいる。骨と骨の間には滑液包《かつえきほう》という、液体の入った衝撃《しょうげき》を吸収する袋《ふくろ》があり、クッションの役目と摩擦《まさつ》を抑《おさ》える働きをしている。関節は、丈夫で弾力性《だんりょくせい》に富《と》む革紐《かわひも》のような靭帯《じんたい》によって、しっかりと支えられており、可動範囲《かどうはんい》には一定の限度がある。このようなサメの関節様式《かんせつようしき》は、他の脊椎動物《せきついどうぶつ》と同じである。

脊柱《せきちゅう》を構成する各脊椎骨《せきついこつ》は、その前後の脊椎骨《せきついこつ》と関節《かんせつ》している。サメの顎《あご》と鰓《えら》を支える鰓弓《さいきゅう》の関節は、他の部位よりもさらに柔軟であるため、口や鰓《えら》を大きく開くことができる。鰭《ひれ》の輻射軟骨《ふくしゃなんこつ》や肩帯《けんたい》、腰帯《ようたい》の間にはたくさんの小さな関節があるが、これによって、複雑で多様な動きが可能になる。

サメの背骨は、他の部位の普通の軟骨《なんこつ》とは違い、石灰化《せっかいか》した硬《かた》い軟骨でできている。この椎骨《ついこつ》はツノザメの一種のもので、同心円状《どうしんえんじょう》の成長《せいちょう》輪《りん》が見やすいように染《そ》めてある。

筋肉《きんにく》

サメの基本的な筋肉組織《きんにくそしき》も他の脊椎動物《せきついどうぶつ》と同様で、3種類に大別《たいべつ》される。

- 休むことなく動き続ける心臓筋《しんぞうきん》。
- 内臓筋《ないぞうきん》、すなわち消化器官《しょうかきかん》、排泄器官《はいせつきかん》、生殖器官《せいしょくきかん》、血管《けっかん》などの筋肉。この筋肉はこのような器官の内容物を押し進めたりする。
- 骨格を動かす骨格筋《こっかくきん》。サメの体の中で最も大きな骨格筋は、脊柱《せきちゅう》に沿《そ》って両側についていて、この筋肉の片側が縮《ちぢ》むと、反対側の筋肉が緩《ゆる》み、脊柱《せきちゅう》が曲がる仕組みになっている。このように脊柱を左右交互《さゆうこうご》に曲げることで、サメの泳ぐ動作が生み出されるのである（100ページを参照）。

2つの骨格筋《こっかくきん》

サメには2種類の骨格筋《こっかくきん》がある。

- およそ10分の1が、体の側面に沿《そ》って皮膚《ひふ》のすぐ下を走る細長い赤筋《せききん》である。血液が豊富に供給されるため、赤筋は疲労することなく長時間働くことができる。主に、通常の遊泳時の小さくなめらかな動作に関与《かんよ》する。
- 残りは白筋《はっきん》で、赤筋《せききん》に比べて血液の供給が乏《とぼ》しく、獲物《えもの》を追いかける時など、瞬時《しゅんじ》に大きな力を出すために使われる。攻撃中のサメが突然に向きを変え泳ぎ去ってしまうのは、白筋《はっきん》が疲労《ひろう》したからということもあるだろう。

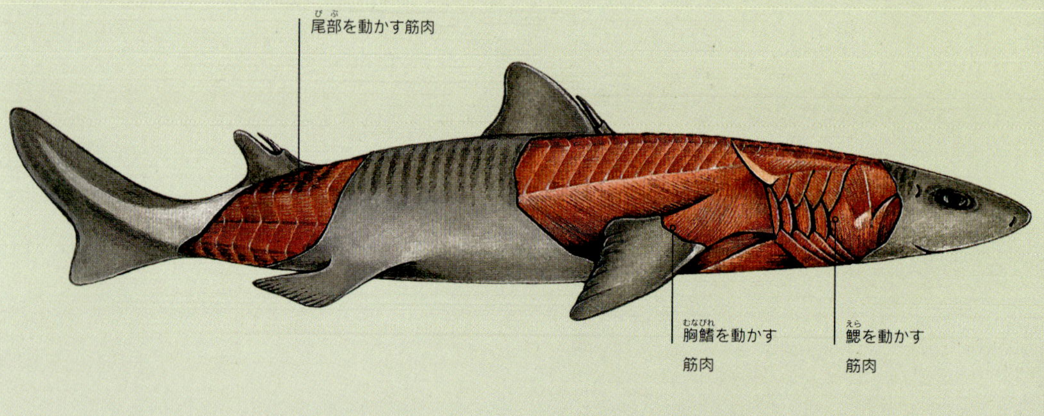

サメの軟骨性骨格《なんこつせいこっかく》

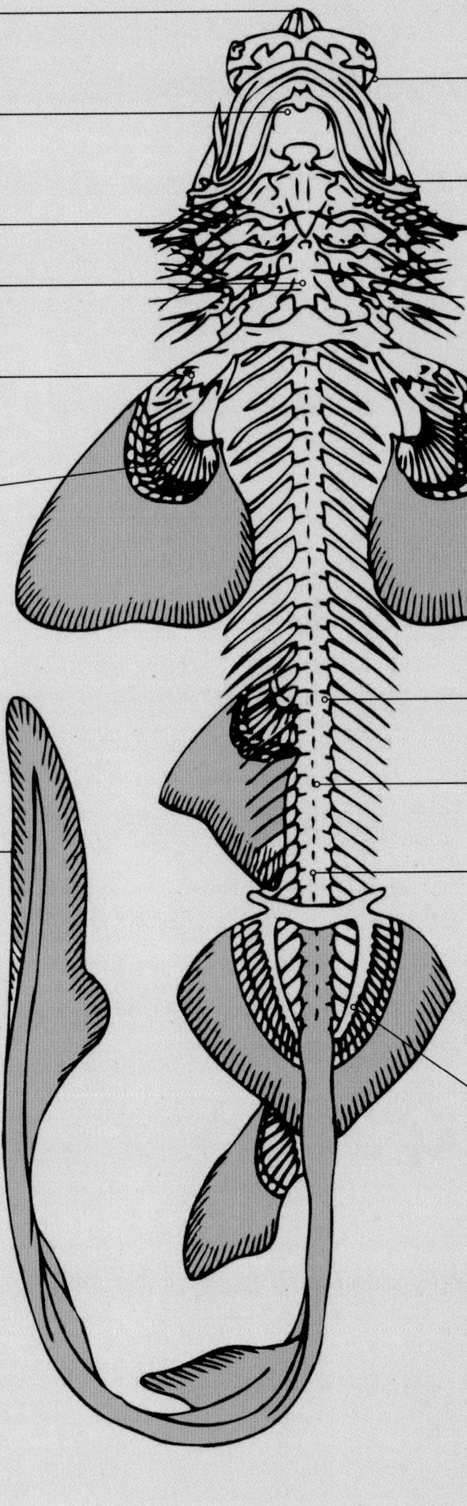
吻部《ふんぶ》を支持する吻軟骨《ふんなんこつ》
頭蓋骨《ずがいこつ》──ひとかたまりの軟骨で、基本的に脳を収納する
鰓弓《さいきゅう》はそれぞれ5種類の軟骨で支持される
頭蓋骨の後端《こうたん》には第1脊椎骨《せきついこつ》との関節がある
胸鰭《むなびれ》の輻射軟骨《ふくしゃなんこつ》は胸鰭《むなびれ》の付け根にある3つの担鰭軟骨《たんきなんこつ》に関節し、担鰭軟骨《たんきなんこつ》は肩帯《けんたい》に関節している
鰭《ひれ》自体は、輻射軟骨《ふくしゃなんこつ》と角質鰭条《かくしつきじょう》に支持されている
尾鰭《おびれ》は、尾鰭上葉《おびれじょうよう》に達する脊柱《せきちゅう》の終端部《しゅうたんぶ》と角質鰭条《かくしつきじょう》により支持されている
鼻殻《びかく》
上顎軟骨《じょうがくなんこつ》は下顎軟骨《かがくなんこつ》と関節し、両者は舌顎軟骨《ぜつがくなんこつ》を介《かい》して、眼窩直後《がんかちょくご》、耳殻《じかく》付近で頭蓋骨《ずがいこつ》と関節する
脊柱《せきちゅう》は、数多くの脊椎骨《せきついこつ》から構成される体の支柱で、その中を脊髄神経《せきずいしんけい》が通っている
各脊椎骨《せきついこつ》の主要な部分は椎体《ついたい》で、原始的な脊索《せきさく》の周囲を取り囲んでいる
脊椎骨《せきついこつ》は腹椎骨《ふくついこつ》と尾椎骨《びついこつ》に分けられ、これらには3つの突起《とっき》がある。腹椎骨《ふくついこつ》には椎体《ついたい》背面の神経弓門《しんけいきゅうもん》の上に神経突起《しんけいとっき》が、腹側面には1対の横《おう》突起《とっき》がある。一方、尾椎骨《びついこつ》には神経突《しんけいとっ》起《き》のほかに、椎体《ついたい》腹面の血道弓門《けつどうきゅうもん》の下に神経突起《しんけいとっき》がある。これらの突起は体の支持の他に、体側筋《たいそくきん》を固定する役割も果たしている
オスの腹鰭《はらびれ》には「交尾器《こうびき》」を支える棒状の軟骨《なんこつ》が発達する

水中《すいちゅう》での呼吸《こきゅう》

サメ──そして他の全ての動物──は、食物からエネルギーを取り出すために酸素《さんそ》を用いている。

サメは、他の水生動物《すいせいどうぶつ》と同様に、水中に溶けている酸素《さんそ》に依存《いぞん》しており、鰓《えら》から酸素を取りこんでいる。水は口から入り、鰓《えら》を通って、鰓孔《えらあな》から出る。

鰓《えら》の構造《こうぞう》

大部分のサメを含むほとんどの魚類は、5対《つい》の鰓《えら》をもっている。この鰓《えら》は、口腔壁《こうくうへき》に沿って並ぶ鰓弓《さいきゅう》によって支えられており、サメ類の場合には鰓弓《さいきゅう》は軟骨性《なんこつせい》である。この鰓弓《さいきゅう》には、鳥の羽根状に何百もの鰓弁《さいべん》が前後2列に並んでいる。さらに各鰓弁《さいべん》には、微小《びしょう》で葉状《ようじょう》の無数の二次鰓弁《にじさいべん》がある。このような鰓《えら》の構造のために、鰓《えら》の表面積《ひょうめんせき》はきわめて大きくなり、それだけ多くの酸素《さんそ》を吸収できるようになっている。

鰓《えら》の働《はたら》き

二次鰓弁《にじさいべん》の上皮《じょうひ》は非常に薄く、その下に毛細血管《もうさいけっかん》が密《みつ》に分布している。この毛細血管壁《もうさいけっかんへき》は非常に薄いため、血管中《けっかんちゅう》の血液《けつえき》と外の水とは、ほとんど接している状態にある。酸素《さんそ》は、濃度《のうど》が高い水から、濃度の低い血中へと浸透《しんとう》あるいは拡散《かくさん》する。体内の老廃物《ろうはいぶつ》である二酸化炭素は、逆に血中《けっちゅう》から水中へと排出《はいしゅつ》される。このシステムの効率は、向流原理《こうりゅうげんり》によって向上する。つまり、水は鰓《えら》の表面を前から後ろへと流れ、血液は鰓《えら》の中を後ろから前へと流れる。このことにより、酸素濃度《さんそのうど》は常に水中で高く、血中で低い状態になり、酸素の取り込みが促進《そくしん》されるのである。

一定《いってい》の流量《りゅうりょう》

呼吸《こきゅう》をするためには、鰓《えら》に絶《た》えず新しい水を送る必要がある。サメによっては、筋肉の力だけで口内に水を吸い込み、口を閉じて筋肉をしぼって水を鰓《えら》に送り、鰓孔《えらあな》から水を出す。泳いで前進すると口に水が入りやすくなるが、外洋の遊泳性《ゆうえいせい》のサメは常に泳いでおり、この前進運動によってほぼ全ての呼吸水《こきゅうすい》を取りこんでいる。

オオセ類のような底生性《ていせいせい》のサメは、常に泳いでいるわけではない。また、底生性のサメは、海底の泥《どろ》などを口から吸いこんで鰓《えら》が詰まってしまう恐れがある。そのため彼らは、エイ類と同じように、眼の直後にある噴《ふん》水孔《すいこう》から呼吸水《こきゅうすい》を取り入れ、鰓孔《えらあな》から吐き出すという、ちょっと変わった呼吸法《こきゅうほう》をもっている。底生性《ていせいせい》のネコザメ類は、1対目の鰓孔《えらあな》から水を取りこんで、後の4対の鰓孔《えらあな》から出すようなこともする。

（左）ポートジャクソンネコザメのような底生性《ていせいせい》のサメは、海底から泥や砂で鰓《えら》がふさがれ、窒息《ちっそく》してしまう可能性がある。しかし、いろいろな方法でこの危険を回避している。

(上)現生《げんせい》のサメの多くは、5対の鰓孔《えらあな》をもっている。しかしこの写真のエビスザメのような、原始的と言われているサメには、6対以上の鰓孔《えらあな》がある。

できるだけ多《おお》くの酸素《さんそ》を

- 新鮮な空気には、およそ21%の気体酸素《きたいさんそ》が含まれる。
- 人間の肺《はい》は、この酸素《さんそ》のおよそ4分の1を取りこむことができる。
- 冷たい海表面水《かいひょうめんすい》には、最高で4%の溶存酸素《ようぞんさんそ》が含まれる。しかし暖海《だんかい》や深海の水では、溶存酸素量《ようぞんさんそりょう》が0.025%以下にまで減少する。
- 魚類の鰓《えら》は、この溶存酸素《ようぞんさんそ》の5分の4ほどを取りこむことができる。

サメの血液《けつえき》

血液《けつえき》は素晴らしい。酸素《さんそ》や、消化した食物からの栄養や、体内の様々な反応を調整するホルモンや、病気と闘《たたか》う抗体《こうたい》などなど、生命に欠かせない多くの物質を、体中に行きわたらせてくれる。また、体の老廃物《ろうはいぶつ》や、体内の反応などにより生じた不要な物質を集めて除去《じょきょ》する働きもする。

サメの血液は、脊椎動物《せきついどうぶつ》の典型的な血液と同じである。血漿《けっしょう》は淡黄色《たんおうしょく》で、血漿中には微小《びしょう》な細胞《さいぼう》が浮遊《ふゆう》している。血漿《けっしょう》は、体内の数多くの化学物質《かがくぶっしつ》、塩類、栄養素、ホルモン、老廃物《ろうはいぶつ》を含む水溶液《すいようえき》である。その中には、主に２種類の血球《けっきゅう》がある。一つは赤血球《せっけっきゅう》で、赤色のヘモグロビンを含み、酸素《さんそ》と強力に結びつく。たった１滴の血液中に、何百万もの赤血球が存在する。赤血球はサメの鰓《えら》で酸素を取りこみ、体中の組織に酸素を輸送している。もう一つの血球は白血球《はっけっきゅう》で、免疫《めんえき》システムの一環《いっかん》として、病気や感染《かんせん》から体を守る働きをする。

ホルモンとリンパ

サメの内分泌《ないぶんぴつ》システムは、体中にある多くの分泌腺《ぶんぴつせん》からなる。これらの分泌腺《ぶんぴつせん》としては、脳の下垂体《かすいたい》、胸腺《きょうせん》、頸部《けいぶ》の甲状腺《こうじょうせん》と副甲状腺《ふくこうじょうせん》、腎臓《じんぞう》の副腎《ふくじん》、卵巣《らんそう》や精巣《せいそう》としての生殖腺《せいしょくせん》などがある。これらの腺《せん》からは、化学伝達物質《かがくでんたつぶっしつ》のホルモンが分泌《ぶんぴつ》され、ホルモンは血液に含まれて全身を循環《じゅんかん》し、エネルギー代謝《たいしゃ》、老廃物《ろうはいぶつ》の除去、成長、性成熟《せいせいじゅく》などに関与《かんよ》している。

もう一つ体内物質の移動に重要なものが、リンパ液《えき》である。リンパ液は、全身の組織中の体液《たいえき》、血管《けっかん》から「漏《も》れ」出る血液、そして細胞《さいぼう》からの滲出液《しんしゅつえき》からなる。リンパ液は微細《びさい》な網《あみ》の目状の通路や管《くだ》の中を、主にサメの筋肉運動《きんにくうんどう》の作用によってゆっくりと流れていく。その後、リンパ液は太いリンパ管《かん》に集まり、最終的には静脈《じょうみゃく》へ戻される。リンパ液は栄養素を体中に配送し、老廃物《ろうはいぶつ》を回収し、感染と闘《たたか》って血液の働きを助けているのである。

「温血《おんけつ》」のサメ

魚類《ぎょるい》は基本的に冷血動物《れいけつどうぶつ》である。より正確には変温《へんおん》動物《どうぶつ》あるいは外温動物《がいおんどうぶつ》と言い、彼らの体温は周囲の水温とほぼ同じなのである。しかし、ネズミザメ類には「温血《おんけつ》」動物のサメがいる。ホホジロザメ、アオザメ、ネズミザメ、オナガザメなどだ。彼らの体は部分的に、周囲の水温より11℃以上高くなることがある。この熱は筋肉活動や組織内の生化《せいか》学反応《がくはんのう》によって生じ、奇網《きもう》とよばれる毛細血管網《もうさいけっかんもう》によって熱が保《たも》たれる。ここで温められた血液は遊泳《ゆうえい》のための筋肉、消化器官《しょうかきかん》、脳などに送られる。筋肉の温度が10℃上昇すると、3倍もの力で泳ぐことも可能になる。したがって、これらのサメは周辺の低体温《ていたいおん》の動物よりもはるかに動きが活発で、速く泳ぐことができるのだ。しかし、より多くのエネルギーを消費するため、余計に多くのエサを食べなければならない。

(左)冷血《れいけつ》のヨシキリザメがオキアミの群れをエサにしている。

アオザメ（上）とホホジロザメ（左）は「温血《おんけつ》」動物で、海水温よりも体温を高くすることできる。しかし、これには不利な点もある——この温かい体温を維持《いじ》するには、より多くのエサを必要とするのだ。

心臓《しんぞう》とその他《ほか》の器官《きかん》

サメの心臓《しんぞう》は循環系《じゅんかんけい》におけるポンプの役割を果たす。サメは、他の脊椎動物《せきついどうぶつ》とは少し心臓の構造が異なる。血液《けつえき》は心臓から鰓《えら》へと送られ、鰓《えら》で酸素《さんそ》を取りこみ、循環《じゅんかん》して全身に酸素を送り届け、その後、心臓に戻ってくる。

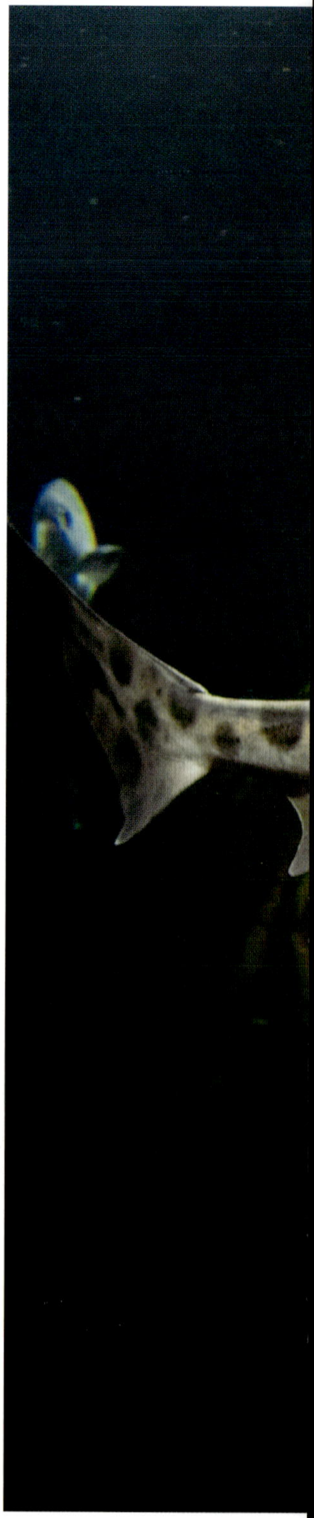

心臓《しんぞう》から

サメの心臓《しんぞう》はほぼ左右の胸鰭始部間《むなびれしぶかん》にある。心臓は大動脈《だいどうみゃく》の壁が厚くなり、折り重なるように4つの小部屋に分化《ぶんか》し、発達したものである。心臓壁《しんぞうへき》は強靭《きょうじん》な筋肉でできており、リズミカルに収縮《しゅうしゅく》して血液《けつえき》を押し流す。中の弁《べん》は、血液を規則的に常に一定方向に流す役割を果たしている。

サメの心臓《しんぞう》から体各部へと血液を運ぶ血管は動脈《どうみゃく》である。動脈の壁は厚く筋肉質で、心拍《しんぱく》ごとに、加圧《かあつ》されて勢いよく押し出される血液で膨《ふく》らみ、脈動《みゃくどう》する。心臓の前にある腹大動脈《ふくだいどうみゃく》は、低酸素《ていさんそ》の血液を心臓から鰓《えら》へ運ぶ役割を果たすが、腹大動脈は途中で左右の各鰓弓《さいきゅう》へ向かって対《つい》をなして枝状《えだじょう》の血管を出す。この枝分かれした血管はその後、鰓弁《さいべん》の中で壁の薄い毛細血管《もうさいけっかん》へと分かれていく。水の中の酸素は、薄い毛細血管壁《もうさいけっかんへき》を通り抜け、血液中に取り込まれる。

全身《ぜんしん》へ

鰓《えら》の毛細血管《もうさいけっかん》は、鰓《えら》から出ると結合《けつごう》して太くなり、最終的には背大動脈《はいだいどうみゃく》となる。この背大動脈がより細い動脈に枝分かれし、動脈がさらに分枝《ぶんし》して、毛細血管となり、血液が全身に運ばれる。体各部の毛細血管の壁も非常に薄いため、酸素《さんそ》や栄養素やその他の物質は血液から組織の中へと移っていく。逆に、組織でできた老廃物《ろうはいぶつ》などは、組織から血液中へと入ってくる。

組織を出た毛細血管は再び結合《けつごう》して、より太い血管や洞《どう》になる。血液は毛細血管系《もうさいけっかんけい》を通過しているので、高い圧力《あつりょく》と脈拍《みゃくはく》はすでになく、静脈《じょうみゃく》となっている。このため静脈壁《じょうみゃくへき》は、動脈とは違い、薄くてやわらかい。

静脈《じょうみゃく》を通って戻ってきた血液は、心臓の第1の部屋である静脈洞《じょうみゃくどう》へ到達する。その後第2の部屋である心房《しんぼう》へと進み、続いて第3の部屋の、厚い心筋《しんきん》で囲まれた心室《しんしつ》へと流れていく。その先には、中に弁《べん》がある心臓球《しんぞうきゅう》という第4の部屋があり、心室《しんしつ》からそこに強い力で血液が送り込まれる。その後、血液は腹大動脈《ふくだいどうみゃく》へと進んでいくのである。

送《おく》り出《だ》して吸《す》い込《こ》む

サメ類の心臓《しんぞう》は、圧力《あつりょく》ポンプと吸引《きゅういん》ポンプ両方の働きを担《にな》っている。心臓の拍動《はくどう》と拍動の合間に、心臓は静脈《じょうみゃく》から血液を吸いこむ。このことは、心臓が囲心腔《いしんこう》というかなり硬い、箱のような小部屋に収納されているからこそ起きる現象《げんしょう》だ。

心臓が収縮《しゅうしゅく》し小さくなると、囲心腔壁《いしんこうへき》は内側に引っ張られる。人が頬《ほほ》の内側を吸った状態を想像したらよいだろう。このことで囲心腔《いしんこう》の内側が陰圧《いんあつ》になり、静脈《じょうみゃく》から血液が心臓いっぱいに流れこんでくるのである。

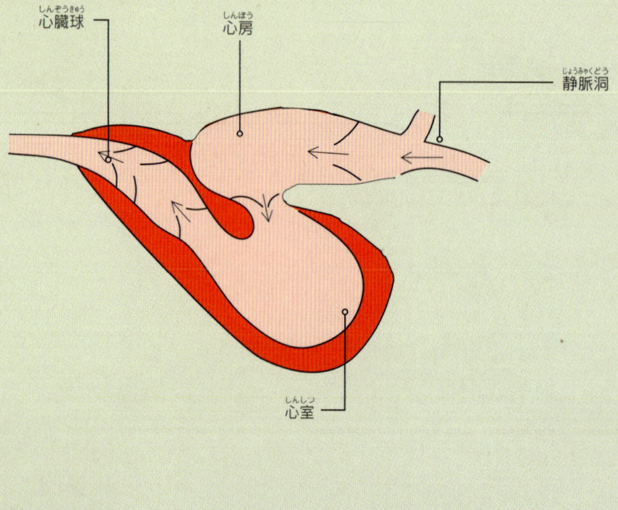

(左)サメの心臓は血管壁《けっかんへき》が厚くなり、折り重なって4つの小部屋に分かれたものである。それぞれの小部屋、その中でも特に第3番目の小部屋は、血液が全身を安定して確実に流れるような機能を果たしている。

このカリフォルニアドチザメ（上）やオロシザメ（左）など、全てのサメ類は、鰓《えら》から酸素《さんそ》を血液中に取りこみ、血液を全身に送って酸素を送りとどける。

腎臓《じんぞう》と老廃物《ろうはいぶつ》

血液《けつえき》によって組織から集められた副産物《ふくさんぶつ》や老廃物《ろうはいぶつ》のほとんどは、主な排泄器官《はいせつきかん》である腎臓《じんぞう》で濾過《ろか》される。腎臓では、過剰《かじょう》な水分や、不要のミネラル類や塩類を含んだ尿《にょう》が生成《せいせい》される。

サメの腎臓《じんぞう》は細長く、腹腔《ふっこう》の中、脊柱《せきちゅう》の両側にある。サメの腎臓は人間と同様で、多くの微細《びさい》な管（尿細管《にょうさいかん》）からなり、毛細血管《もうさいけっかん》と複雑にからみ合っている。尿細管《にょうさいかん》と毛細血管《もうさいけっかん》双方の非常に薄い壁は、塩類と水分の排出《はいしゅつ》を調節するようになっている。サメの尿細管《にょうさいかん》は、脊椎動物《せきついどうぶつ》の中で最も大きく、人間の腎臓《じんぞう》の尿細管よりも大きい。

必要《ひつよう》なものと不要《ふよう》なもの

尿細管《にょうさいかん》では、血液から取り出された水分と溶けこんだ物質が処理され、尿素《にょうそ》や過剰な水分などの不要な老廃物《ろうはいぶつ》は尿《にょう》として尿細管に残る。必要な物質は再吸収《さいきゅうしゅう》され、体に残る。尿細管《にょうさいかん》は結合して尿管《にょうかん》になり、尿《にょう》は膀胱《ぼうこう》の役目をする尿洞《にょうどう》に運ばれ、総排出腔《そうはいしゅつこう》から体外に排泄《はいせつ》される。

海水《かいすい》の問題《もんだい》

海水は塩分濃度《えんぶんのうど》が比較的高い。それと同じように、サメの体液《たいえき》にも塩分が含まれている。この双方の塩分濃度が違っていると、浸透圧《しんとうあつ》に関わる問題が生じてくる。濃度が違う液体《えきたい》が接すると、濃度を均一《きんいつ》にしようとする力が働くのだ。この作用を浸透圧調節《しんとうあつちょうせつ》と言う。

海水魚《かいすいぎょ》は、体液《たいえき》や組織の塩分濃度《えんぶんのうど》が周りの海水よりも低いのが普通である。そのため水分が体から出ていき、それを補《おぎな》うために魚は大量の海水を飲まなければならないことになる。しかしサメは、それとは別の解決策《かいけつさく》をとっている。血中にきわめて高い濃度の尿素《にょうそ》を保持《ほじ》することにより、周囲の海水と同じか、やや高めの浸透圧《しんとうあつ》を保っているのだ。彼らは尿素の悪影響をやわらげるため、TMAO（トリメチルアミンオキサイド）という物質ももっている。その結果、サメは体の大きさの割にはごく少量の尿《にょう》しか出さない。人間と人間サイズのサメを比べてみると、人間がサメのおそらく10倍くらい多くの尿を出しているだろう。

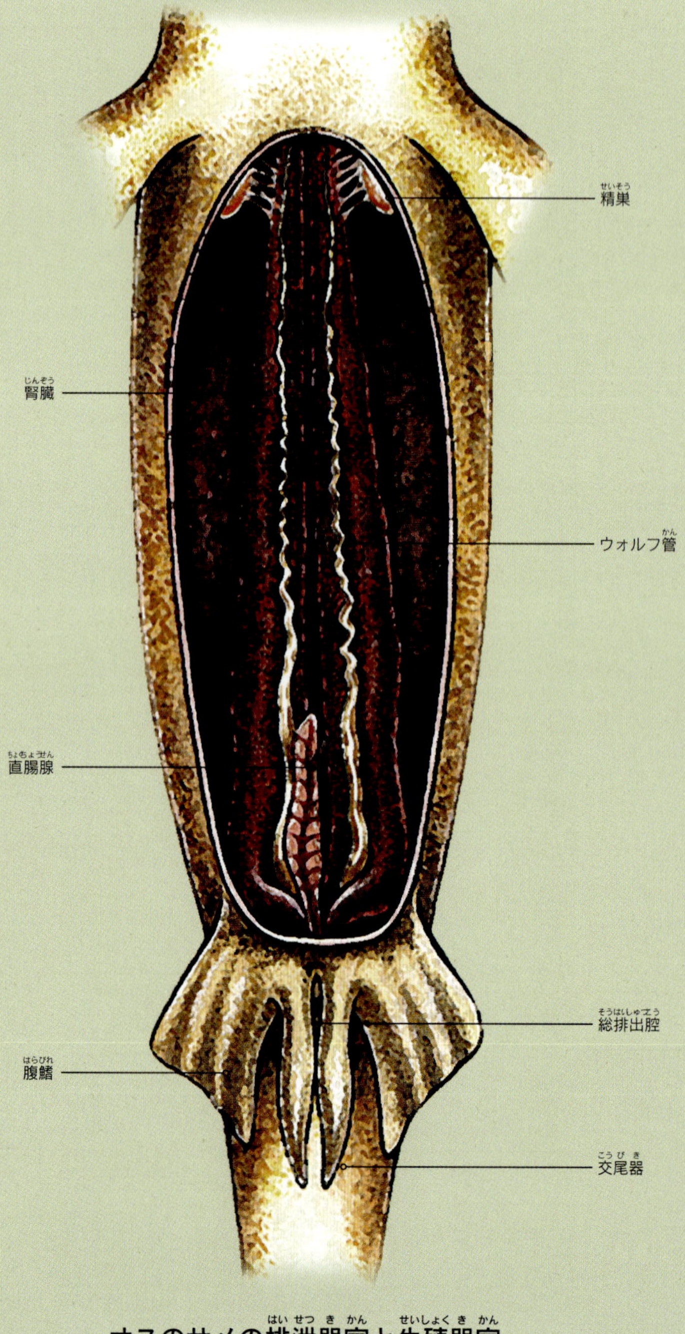

オスのサメの排泄器官《はいせつきかん》と生殖器官《せいしょくきかん》

このメスのカスザメの腹鰭《はらびれ》の間にある孔《あな》は、総排出腔《そうはいしゅつこう》と呼ばれている。総排出腔《そうはいしゅつこう》には腸管《ちょうかん》、輸尿管《ゆにょうかん》、そして輸卵管《ゆらんかん》(子宮《しきゅう》)が通じていて、糞《ふん》、尿《にょう》、子供がここから体外に出される。

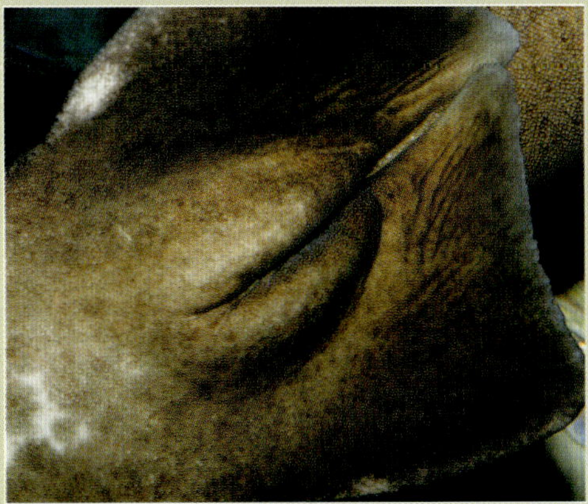

その他《ほか》の老廃物処理《ろうはいぶつしょり》システム

サメには尿以外《にょういがい》に以下のようなシステムがある。

- 不要な塩類《えんるい》とミネラルの一部は、鰓《えら》から二酸化炭素《にさんかたんそ》とともに水中へ排出《はいしゅつ》される。
- 直腸腺《ちょくちょうせん》では余分な塩類が集められ、糞《ふん》とともに排出《はいしゅつ》される。
- 肝臓《かんぞう》では古くなった血液細胞《けつえきさいぼう》などを分解《ぶんかい》し、消化液《しょうかえき》と混ぜあわせて胆汁《たんじゅう》と呼ばれる黄色い液体を作る。胆汁《たんじゅう》は胆嚢《たんのう》にたくわえられ、消化管《しょうかかん》へと送りこまれて消化を助け、最終的には糞《ふん》とともに排出される。
- 消化管《しょうかかん》で消化されなかったものは糞《ふん》となる。

サメの脳《のう》

サメの脳《のう》は全身の制御《せいぎょ》と調整《ちょうせい》を担《にな》う中核《ちゅうかく》である。脳と、脳から出て脊柱内《せきちゅうない》を走る脊髄《せきずい》神経《しんけい》とで中枢神経系《ちゅうすうしんけいけい》を構成する。

中枢神経系《ちゅうすうしんけいけい》と全身の筋肉·器官の間で情報を伝達《でんたつ》する、糸状《いとじょう》の神経網《しんけいもう》が末梢神経系《まっしょうしんけいけい》である。情報は、神経信号と呼ばれるコード化された微弱《びじゃく》な電気パルスとして伝達される。

各神経は何百何千という神経繊維《しんけいせんい》または軸索《じくさく》という、細長いミクロの「ワイヤー」からできている。これらはニューロンと呼ばれる神経細胞《しんけいさいぼう》の一部で、サメの全身の感覚器官《かんかくきかん》から脊髄《せきずい》と脳に神経信号を運ぶものを感覚ニューロンと言う。伝達《でんたつ》された情報は脳内で処理され、それに応じて、神経信号が運動ニューロンにより様々な筋肉や器官に送られて、サメは動いたり反応したりするのである。

(上)海底で休んでいるこのオオテンジクザメの脳は、おそらく不《ふ》活発《かっぱつ》な状態にあり、脳幹《のうかん》が基本的な機能を動かしているだけだろう。嗅覚《きゅうかく》を使って海底に埋《う》まっている貝を探す時には、前脳《ぜんのう》の嗅葉《きゅうよう》が非常に活発になる。

脳《のう》の各部《かくぶ》

サメの脳は部分的に空洞《くうどう》で、液体で満たされた脳室《のうしつ》があり、3部位からなる。

- 前脳《ぜんのう》は、部分的に嗅葉《きゅうよう》と呼ばれる大きな膨出部《ぼうしゅつぶ》で構成され、嗅覚器官《きゅうかくきかん》からの情報を処理する。大脳《だいのう》と呼ばれる前脳部《ぜんのうぶ》は、主にこの匂《にお》いの情報の処理などの他に、「思《し》考《こう》」に関与《かんよ》する。特に、鳥類《ちょうるい》と哺乳類《ほにゅうるい》においては、大脳は知能と学習を司《つかさど》る部位《ぶい》であり、人間の場合、脳体積《のうたいせき》の10分の9を占めている。
- 中脳《ちゅうのう》は、眼からの信号を受ける視葉《しよう》があり、視覚《しかく》に関《かん》与《よ》する。また、中脳は知覚情報《ちかくじょうほう》の大半を統合《とうごう》する部位でもあり、ここから運動神経を通して筋肉へと指示が送られ、サメの動きがコントロールされているのである。
- 後脳《こうのう》は、サメを含む全ての魚類で、比較的大きな部位《ぶい》である。皺《しわ》のある最上部は小脳《しょうのう》で、筋肉の動きを調整する。高速の本能的な反応には、扁桃体《へんとうたい》が関与する。脳幹《のうかん》は、心拍《しんぱく》、血圧《けつあつ》、消化《しょうか》、排泄《はいせつ》などの基本的な生活機能《せいかつきのう》を、飛行機の自動操縦のようにコントロールする部位で、後方で脊髄《せきずい》へとつながっている。

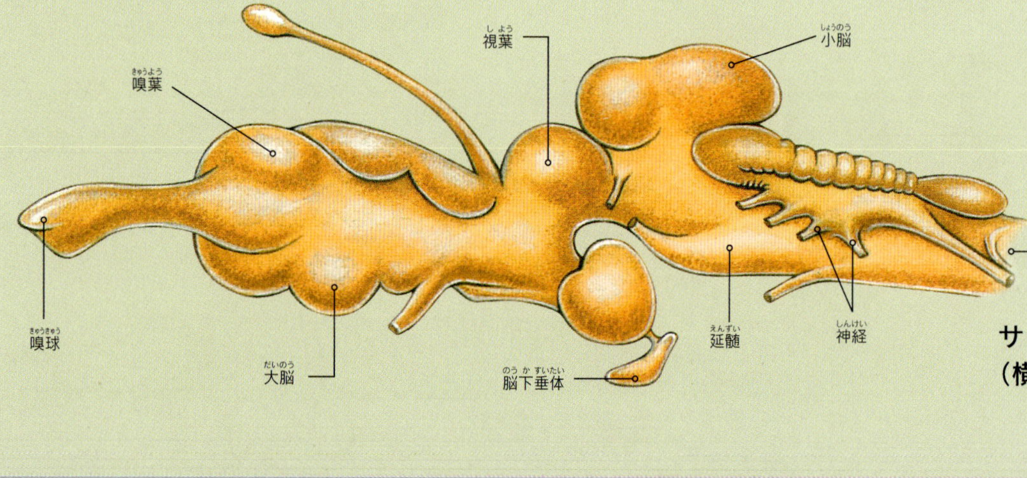

サメの脳《のう》
(横から見た図)

(上)このオオテンジクザメは2人のダイバーが近づいてくるのを見て、泳いで離れていくところだ。眼から脳《のう》に送られた視覚《しかく》信号《しんごう》は、中脳《ちゅうのう》の視葉《しよう》で処理される。オオテンジクザメは眼が小さいので、おそらく視力《しりょく》は弱いはずである。

脳《のう》と体《からだ》の大《おお》きさの比率《ひりつ》

動物の脳《のう》と体の重さの関係は、「知能《ちのう》」の程度を表すとよく言われている。

- 全長4.6mのホホジロザメの脳は長さ60cmほどで、脳と体の重量比《じゅうりょうひ》は約1:10,000である。
- 他のサメや、特にエイではこの比率がもっと高く、1:1,000～1,500で、この値は鳥や哺乳類《ほにゅうるい》の一部と同じである。
- 一般的に、サメは他の魚類よりも、体の割には脳が大きい。
- 人間では、脳:体の比率は1:50である。

サメの脳は、「超感覚《ちょうかんかく》」からの情報分析《じょうほうぶんせき》に関与《かんよ》しており、嗅葉《きゅうよう》や視葉《しよう》などは相対的に大きく、小脳《しょうのう》など、学習や適応に関わる部位は比較的小さい。

優《すぐ》れた嗅覚《きゅうかく》

海は、水の中に溶《と》けこんだ匂《にお》いに満ちている。サメにとって匂いがどれほど重要であるかは、脳《のう》を見れば明らかである。匂いに関与《かんよ》する脳の嗅葉部《きゅうようぶ》は、脳の総重量《そうじゅうりょう》の5分の1をも占めるのだ。

匂《にお》いを感知《かんち》する場所《ばしょ》

サメが匂《にお》いを感知する嗅覚器官《きゅうかくきかん》は、吻《ふん》の前部にある1対の鼻腔《びこう》である。鼻腔《びこう》の開口部《かいこうぶ》がサメの鼻孔《びこう》にあたる。サメの鼻腔《びこう》は袋状《ふくろじょう》で、嗅覚《きゅうかく》にのみ使われ、呼吸《こきゅう》には使われない。

鼻腔《びこう》は、サメが泳ぐと自然に水が流れ込み、皺《しわ》のある嗅房《きゅうぼう》の表面を流れ、そのまま流れ出るような形をしている。鼻腔内《びこうない》の皺《しわ》のある嗅房《きゅうぼう》は微少《びしょう》な嗅覚細胞《きゅうかくさいぼう》で覆《おお》われており、水中の匂《にお》いを運ぶ物質を感知する。嗅覚細胞《きゅうかくさいぼう》からは、嗅球《きゅうきゅう》に信号が送られ、嗅球《きゅうきゅう》や嗅索《きゅうさく》で匂《にお》いの情報が整理され、嗅葉《きゅうよう》に信号が伝わっていく。

サメの脳
（上から見た図）

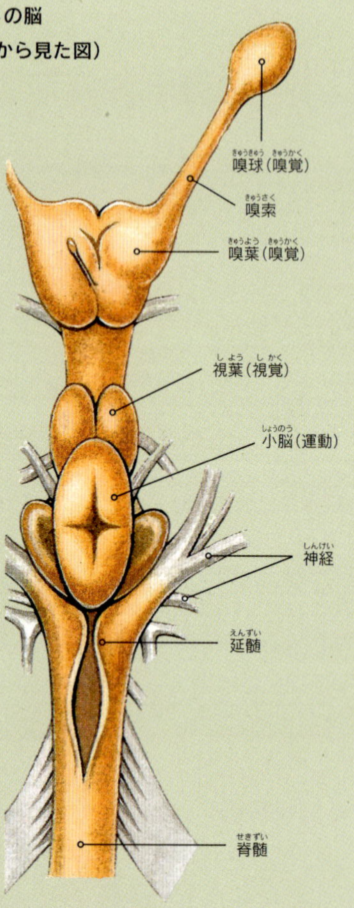

サメはどんな匂《にお》いを嗅《か》ぐことができるのか？

サメは捕食者《ほしょくしゃ》や獲物《えもの》から出る匂《にお》い（血液《けつえき》や体液《たいえき》）や、同《どう》種《しゅ》の仲間から出る匂い（フェロモンと呼ばれるコミュニケーションのための化学物質《かがくぶっしつ》）など、限られた物質の匂《にお》いしか嗅《か》ぐことができないが、その分、このような物質に対しては非常に敏感《びんかん》である。サメは、負傷《ふしょう》したり、弱った動物の体液や分泌物《ぶんぴつぶつ》に強く反応することが、実験で確かめられている。健康で負傷していない動物には、それほど強くは反応しないのである。

血液《けつえき》はこれらの物質の中でも最上位《さいじょうい》のもので、100万分の1以下の濃度《のうど》でもサメが反応《はんのう》する――小さなプールに茶さじ1杯ほどの量である。けれども、サメが16km以上も離れた所から獲物《えもの》に向かって寸分《すんぶん》の狂《くる》いもなく泳いでくるという話は、さすがに誇張《こちょう》だろう。

サメは、泳いでいく間に強さを増してくる匂《にお》いをたどって、目的地に到達する。匂いの流れの中をジグザグに泳ぎ、頭を左右に振りながら、左右の鼻孔《びこう》でとらえた匂いの強さを比べ、匂いの強い方へと向かうのだ。また、匂いを感知してからその潮《しお》の流れに乗《の》り、側線器官《そくせんきかん》を使ってその源《みなもと》へ向かうという可能性もある。

（右）サメに頭と体をかまれたこのカリフォルニアアシカは、海岸に上がったのでもう安全である。水中にいると、傷口から出る血液や体液によって、襲《おそ》ってきたサメに見つかりやすく、他のサメもすぐに引き寄せてしまうだろう。

(上)釣り針にかかったこのマグロは、すぐにサメを引き寄せることだろう。サメは、水中の血液の匂《にお》いの他に、マグロがもがく水の振動《しんどう》に引きつけられて近寄ってくる。たまに、体が半分しか残っていない魚を釣り上げることがあるが、それは魚がサメに食いちぎられたからだ。

味覚《みかく》

サメの口腔《こうくう》には、微小《びしょう》な味蕾《みらい》が散在《さんざい》している。各《かく》味蕾《みらい》は、表面に狭《せま》い開口部《かいこうぶ》のある小さな丸い洞窟《どうくつ》のような形になっている。その内側には紡錘形《ぼうすいけい》の味覚《みかく》細胞《さいぼう》があり、水中に溶けこんでいる化学物質《かがくぶっしつ》に反応する。この細胞が信号を脳《のう》に送るが、苦味、甘味、塩味などいくつかの基本的な味しか分からない。海底に棲《す》むサメには、海底を「味わう」ための味蕾《みらい》をそなえた触鬚《しょくしゅ》をもつものもいる。

サメの視《し》覚《かく》

サメの眼《め》は、人間を含む大半の脊椎動物《せきついどうぶつ》の眼と同じで、眼球《がんきゅう》はゼリー状物質で満たされ、頭蓋骨《ずがいこつ》の眼窩内《がんかない》に収納されている。

眼球《がんきゅう》の前部には、角膜《かくまく》という透明な「窓」がある。光はここから入り、虹彩《こうさい》というリング状の筋肉に囲まれた瞳《どう》孔《こう》を通過し、球形《きゅうけい》の硬《かた》いレンズ、眼球内《がんきゅうない》のガラス体を通り抜け、眼球後方内側の網膜《もうまく》に突きあたる。

レンズは筋肉によって前後に動かされ、遠くや近くの物体に焦点《しょうてん》を合わせる。虹彩《こうさい》の筋肉は自動的に収縮《しゅうしゅく》し、明るければ瞳孔《どうこう》を小さくして、敏感な網膜《もうまく》に光が当たりすぎないよう保護《ほご》している。サメの種類によって瞳孔《どうこう》の形が異なり、瞳孔《どうこう》が細長い種や、小さい穴状になった種もいる。

桿体《かんたい》と錐体《すいたい》

大部分のサメの網膜《もうまく》には、微小《びしょう》な光受容細胞《ひかりじゅようさいぼう》の一つである桿体《かんたい》が何百万もある。この細胞は明るさのレベルに敏感で、視神経《ししんけい》を通して信号パターンを脳の視葉《しよう》へと送る。桿体《かんたい》は色を認識《にんしき》できない。最近の研究では、多くのサメ、特に透明度の高い海域に生息するサメなどには、色を感知《かんち》する錐体《すいたい》と呼ばれる光受容細胞《ひかりじゅようさいぼう》があることが判明した。しかし、彼らが人間と同じように色を感知しているかどうかは不明である。

網膜《もうまく》の後側には、銀色の色素《しきそ》を含むタペータムという細胞の層がある。タペータムは、網膜《もうまく》を通過した光を再び網膜に反射する鏡のように働き、光の感度を高めている。そのために、サメの眼は、暗がりではネコの眼のように光って見えるのである。またサメの眼には、脊椎動物《せきついどうぶつ》の中では特異《とくい》な別の仕掛《しか》けもある。非常に明るい光を浴びると、タペータムが色素の濃い細胞で覆《おお》われるのだ。この細胞はサングラスのようにタペータムからの反射光を軽減《けいげん》して、敏感な網膜《もうまく》を保護《ほご》する働きをする。

側面《そくめん》についた眼《め》

ほとんどのサメは、眼が頭の側面《そくめん》にあり、前方というより外側を向いている。このような眼でも周囲を見わたせるが、左右の眼の視界《しかい》に重複《ちょうふく》する部分がないので、人間が前方を向いている眼によって両眼視《りょうがんし》するようには、うまく距離を判断できない。

うす暗い中深海《ちゅうしんかい》に棲《す》むサメは、より多くの光を取りこむために大きな眼をしている。ハチワレの眼は人間のこぶし大である。南アフリカに生息しているトラザメ科の仲間は、捕らえられた時に尾部《びぶ》を折り曲げて眼を覆《おお》うことから、シャイ・シャーク（恥ずかしがりやのサメ）という名前が与えられている。

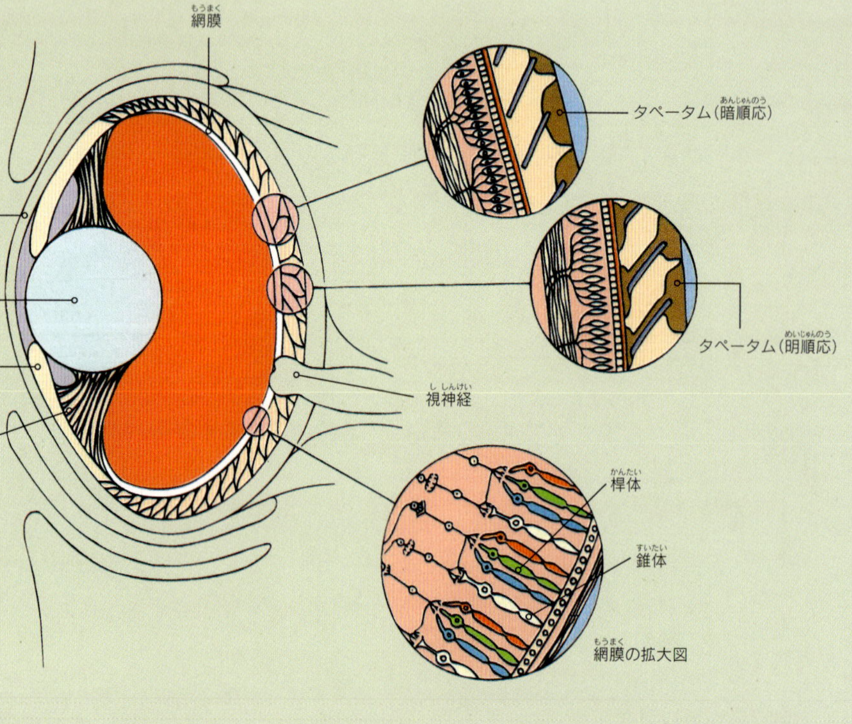

サメの眼の構造

（上）アオザメは眼がかなり大きく、主に視覚《しかく》によって狩りをする。透明度の高い外洋では、アオザメは獲物《えもの》の魚やイカを少し離れた場所から見つけて、急接近する。アオザメはおそらく最速のサメだろう。

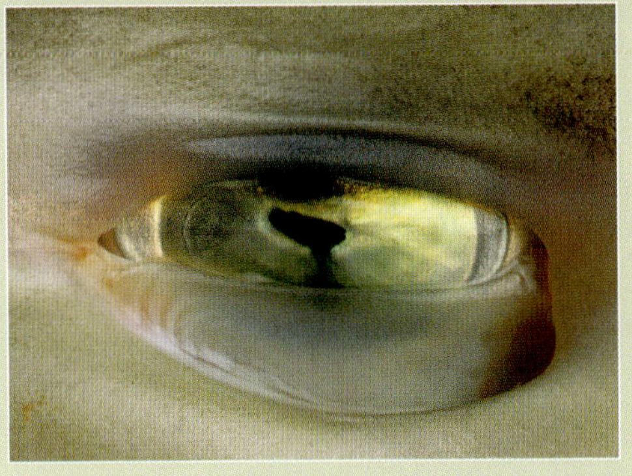

まぶたが3つ？

　サメは上下にまぶたがあり、眼球《がんきゅう》を保護《ほご》する役割を果たしている。しかし両まぶたは接触《せっしょく》することはない。しかし、メジロザメ類などには第3のまぶたである瞬膜《しゅんまく》があり、膜《まく》を引き上げて眼を保護する。この瞬膜《しゅんまく》は相手にかみつく瞬間などに閉じる。また、瞬膜《しゅんまく》のないサメは、かみつく時、眼球《がんきゅう》を上に回転させて、眼球の下側の繊維質《せんいしつ》の部分をむき出しにするため、眼が白く見える。

海《うみ》の音《おと》

海には音があふれている──潮流《ちょうりゅう》の音、魚やイカなどの動物が泳ぐ音、海面や海岸の波しぶきの音、クジラの歌声、アザラシの鳴き声、それに、近年増えている船のエンジン音や、プロペラが水を撹拌《かくはん》する音などだ。

サメは、耳と側線《そくせん》（90ページ参照）という2種類の感覚器官《かんかくきかん》によって音を感知《かんち》する。

海中では、音と振動《しんどう》は水圧《すいあつ》の波動《はどう》として進む。サメの耳と側線《そくせん》ではともに、感覚有毛細胞《かんかくゆうもうさいぼう》と呼ばれる微小《びしょう》なセンサーを使って、その波動《はどう》が感知される。外部の水圧と水の動きによって、有毛細胞《ゆうもうさいぼう》に生《は》えている微小な感覚毛《かんかくもう》がなびき、毛が曲がると有毛細胞《ゆうもうさいぼう》を刺激して、脳に信号が送られるのである。

サメの耳《みみ》

サメの耳は、眼の後方の後頭部《こうとうぶ》にある2つの小さい孔《あな》で、この孔《あな》は細い管によって、頭蓋骨《ずがいこつ》の外後部《がいこうぶ》にある内耳《ないじ》へとつながっている。内耳《ないじ》は、体液《たいえき》に満たされた腔《くう》で、迷路《めいろ》と呼ばれる何本かの連続した管で構成され、迷路も体液で満たされている。迷路の内側には有毛細胞《ゆうもうさいぼう》のかたまりがあり、有毛細胞の感覚毛《かんかくもう》は近くにある小さな石《せき》状《じょう》の耳石《じせき》の動きによって刺激される。

サメの筋肉は海水とほぼ同密度《どうみつど》である。したがって、音の圧力波《あつりょくは》と振動《しんどう》は外からの細い管を通るのではなく、サメの頭部をそのまま通過して内耳《ないじ》へ達する。つまり、サメの頭は音響学的《おんきょうがくてき》には何の障害《しょうがい》にもならないのである。圧力波《あつりょくは》は、内耳《ないじ》にある高密度《こうみつど》の耳石《じせき》にあたり、耳石《じせき》が動いて有毛細胞《ゆうもうさいぼう》を刺激し、神経信号《しんけいしんごう》を生じさせるのである。

サメが、人間が普段聞いているのと同じような音量《おんりょう》（大小）や周波数《しゅうはすう》（高低）の音を聞いているかどうかは疑《うたが》わしい。オオメジロザメは、20～1,000Hz（サイクル毎秒）の周波数の音に反応する。これは雷《かみなり》のとどろくような低音から、高音の人の声ぐらいまでの音域《おんいき》にあたる。サメの聴覚《ちょうかく》は、低い周波数に対する方が威力《いりょく》を発揮《はっき》しやすい。特に、怪我《けが》を負って弱った動物から発生する不規則な低周波《ていしゅうは》には敏感だ。こういった圧力波《あつりょくは》は、200m以上離れた場所でも感知できる。

（右）海中で最も大きい音には、ザトウクジラの立てる音がある。複雑な「歌」を用いて遠距離間でコミュニケーションを取りあうのだ。このような巨大な動物は、大半のサメに対してほとんど恐れを抱かないが、サメの方は、体の弱った子クジラの鳴き声に引きつけられることがある。

（右上）ジョンソン・シーリンクなどの潜水調査艇《せんすいちょうさてい》は、サメが探知《たんち》しやすい音と振動を発生してしまう。そのためサメが異常な音に驚いてしまい、カグラザメなどの深海ザメ調査が困難になる。

サメの内耳《ないじ》

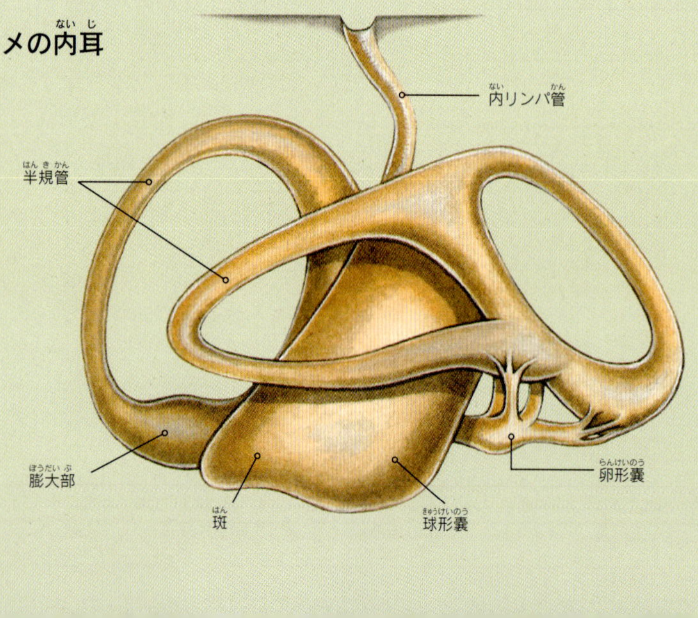

バランス感覚《かんかく》

サメ内耳《ないじ》の迷路《めいろ》の上部は、体のバランスをとるための部位である。この部位は卵形嚢《らんけいのう》という小室《しょうしつ》と、C字形をした3つの半規管《はんきかん》から構成されており、各半規管《かくはんきかん》は他の2つに対して直角《ちょっかく》に配置されている。これらの内側には感覚有毛細胞《かんかくゆうもうさいぼう》があり、サメが動く時、耳石《じせき》がほんの一瞬だけ遅れて動く。その揺《ゆ》れによって、接している有毛細胞《ゆうもうさいぼう》の感覚毛《かんかくもう》が動かされ、信号が有毛細胞《ゆうもうさいぼう》から脳に送られる。この情報が、体内の自己受容感覚《じこじゅようかんかく》と結びつくのである（自己受容感覚《じこじゅようかんかく》については91ページを参照）。

遠《とお》くの触覚《しょっかく》

人間には、魚類《ぎょるい》の側線《そくせん》に相当《そうとう》する感覚はない。側線《そくせん》は、その名の通り、サメの体側《たいそく》に沿《そ》って線状《せんじょう》に走る感覚器官《かんかくきかん》で、頭部付近では３本以上の側線《そくせん》に枝分かれしている。側《そく》線《せん》は皮膚《ひふ》のすぐ下にあるトンネル状の１本の細い管であり、皮膚《ひふ》に開いたたくさんの孔《あな》と、微小《びしょう》な管によってつながっている。

側線管《そくせんかん》の内部には、何百もの感丘《かんきゅう》が並んでいる。感《かん》丘《きゅう》とは、感覚有毛細胞《かんかくゆうもうさいぼう》（88ページを参照）の集まりである。各感丘《かくかんきゅう》に集まった感覚毛《かんかくもう》の先端は、ゼリー状のクプラと呼ばれる帽子形《ぼうしけい》の構造に埋《う》もれているか、側《そく》線管《せんかん》の水の中に突き出している。サメが泳ぐと、外部の水が皮膚《ひふ》に沿《そ》って流れるため、側線管内《そくせんかんない》の水にも流れを生じる。この流れがクプラと毛を押して揺《ゆ》らし、有毛細胞《ゆうもうさいぼう》が刺激され、脳に信号が送られる。

触《さわ》った感触《かんしょく》

人間の皮膚《ひふ》は、軽い接触《せっしょく》、強い圧迫《あっぱく》、わずかな温度変化、表面の粗密度《そみつど》、湿乾《しつかん》、硬軟《こうなん》などを感じ取ることができる。サメの触覚《しょっかく》はおそらく、それほど繊細《せんさい》ではないだろう。他の動物や物体との身体的接触《しんたいてきせっしょく》はそれほど多くないだろう。しかし、サメの皮膚《ひふ》でも、ある程度の接触、大きめの温度変化、水中の有害化学物質《ゆうがいかがくぶっしつ》や腐食性化学物《ふしょくせいかがくぶっ》質《しつ》、肉体的損傷《にくたいてきそんしょう》などを感じ取ることができる。これらは、皮膚《ひふ》に達している自由神経終末《じゆうしんけいしゅうまつ》と呼ばれる知覚神経《ちかくしんけい》の末端《まったん》で感知される。口と両顎《りょうあご》と歯には繊細《せんさい》な触覚《しょっかく》があるため、多くのサメは物を口に入れて、その物を詳しく知ろうとする。

側線《そくせん》

サメの側線《そくせん》は、周囲の潮流《ちょうりゅう》の変化や、水中音《すいちゅうおん》が発する圧力波《あつりょくは》に反応する。側線管《そくせんかん》内部の何千もの感覚有毛細胞《かんかくゆうもうさいぼう》からは、そこで捕らえた無数の信号が刻々《こくこく》と脳に送られている。そのためサメは周囲の状況に敏感で、小波や渦《うず》、水中の動きや振動《しんどう》について、たくさんの情報を得ている（サメの側線《そくせん》に最も近い人間の知覚《ちかく》は、外にいる時に顔や皮膚《ひふ》で風を感じる感覚であろう）。

側線管《そくせんかん》の内部

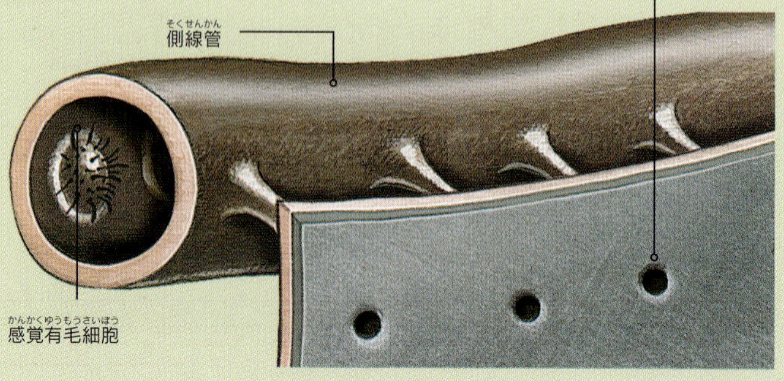

(上)サメの皮膚《ひふ》は人間ほど敏感ではないが、このオグロメジロザメはダイバーに触《さわ》られていることを確かに感じ取っているだろう。研究者の中には、船に寄ってきたホホジロザメの吻《ふん》をなでて、サメたちがその経験を楽しんでいるのだと言う人もいる。一般的には、海にいる野生動物には触《ふ》れるべきではない。

体内感覚《たいないかんかく》

他の動物と同様、サメにとっても自分の体内の内臓《ないぞう》諸器官《しょきかん》の状態や、その中での物事の進行状況を知ることは必要である。例えば、満腹になったから食べるのをやめようとか、尿《にょう》を排出《はいしゅつ》すべきタイミングはいつか、といったことから、なめらかに巧《うま》く泳ぐには尾を左右どちらに動かせばよいか、といったことまで、様々なことが含まれる。そのために自己受容体《じこじゅようたい》と呼ばれる微小《びしょう》な感覚細胞《かんかくさいぼう》が、筋肉、関節、消化器系《しょうかきけい》、血管《けっかん》、その他の体内全体に散在《さんざい》しており、このような部位が曲げられたり、伸ばされたり、つぶされたりした時に、それを感知する。これはサメの位置《いち》・姿勢《しせい》に関する体内感覚《たいないかんかく》で、自己《じこ》受容性感覚《じゅようせいかんかく》と呼ばれる。

第六感《だいろっかん》

動物が筋肉を動かすと電流《でんりゅう》が流れ、電場《でんば》が生じる（人間は自分たちの心臓《しんぞう》から出るこの電流を検出《けんしゅつ》し、心電図《しんでんず》の出力波形《しゅつりょくはけい》として見ることができる）。活発に動いている筋肉から出る電気でも、陸上では離れた所へは伝わらない。空気は電気伝導性《でんきでんどうせい》が非常に低いからだ。しかし水は電気伝導性《でんきでんどうせい》が非常に高いため、サメやエイを含むいくつかの動物《どうぶつ》が、他の動物の筋肉運動により発生した微弱《びじゃく》な電気パルスを感知することができる。

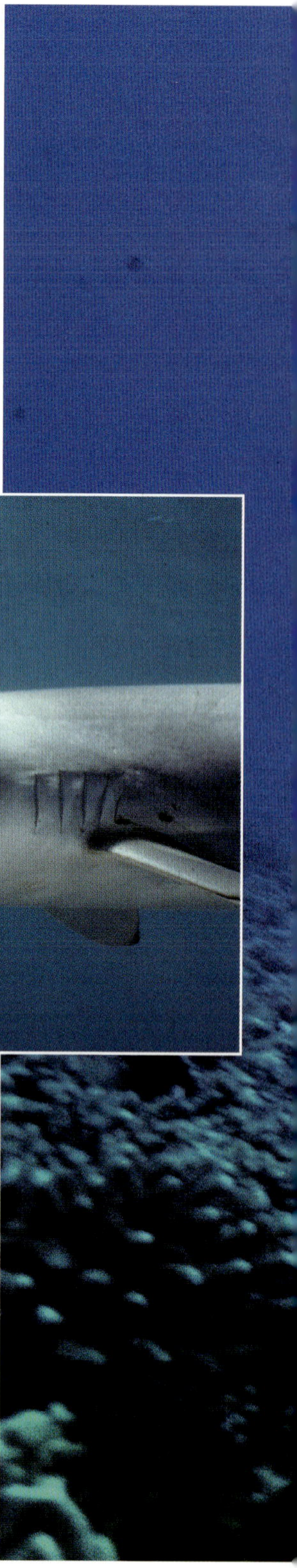

獲物《えもの》が海藻や泥の中に静かに隠れていたとしても、心臓やその他の筋肉が活動しているため、獲物《えもの》からは電気パルスが放出《ほうしゅつ》されている。

電気《でんき》センサー

サメの電気センサーは、頭部や吻《ふん》の周辺にある微小《びしょう》な孔《あな》である。それらはロレンチーニ瓶《びん》とよばれ、活発なサメには1,500以上あり、底生生活《ていせいせいかつ》をする動きの遅いサメには数百しかない。

各ロレンチーニ瓶《びん》は、ゼリーで満たされた細長い瓶状《びんじょう》の管と、皮膚《ひふ》の表面に開口《かいこう》する孔《あな》とからなる。瓶状《びんじょう》の管の底部《ていぶ》は膨《ふくら》み、側線《そくせん》の感覚有毛細胞《かんかくゆうもうさいぼう》と似た受容細胞《じゅようさいぼう》があって、水中の電気パルスにより刺激されると、神経信号を生ずる。また、水圧や水温の変化にもある程度反応する。

このヨシキリザメのロレンチーニ瓶《びん》は、主に長くとがった吻《ふん》の腹面にある。吻部《ふんぶ》には眼や鼻孔《びこう》もある。

繊細《せんさい》な感覚《かんかく》

ロレンチーニ瓶《びん》は非常に敏感だ。この瓶《びん》では、1cmにつき1千万分の1ボルトの電圧変化《でんあつへんか》を感知できる。これは、1.5ボルトの単三電池に2本のワイヤーをつなぎ、その両端を1,600km以上離して海に浸《ひた》したのと等しい。静止《せいし》しているカレイの呼吸活動《こきゅうかつどう》や心臓の拍動《はくどう》からは、その10万倍もの強い電圧《でんあつ》が出ている。中には、体内の神経信号《しんけいしんごう》が発する微弱《びじゃく》な電圧《でんあつ》を感知できるサメもいる。

また、感度《かんど》をさらに高めるために頭の形が変化したサメもいる。シュモクザメは、平たい頭を金属探知器《きんぞくたんちき》のように左右に動かして海底を探《さぐ》り、砂泥中《さでいちゅう》に隠《かく》れている獲物《えもの》からの電気信号を正確にとらえてしまう。シュモクザメの鼻孔《びこう》が他のサメよりずっと離れていることも、匂《にお》いによりその方向を見定める能力を高めることになる。

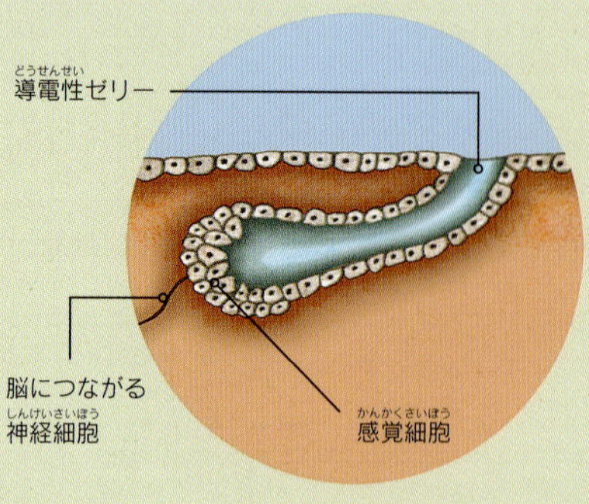

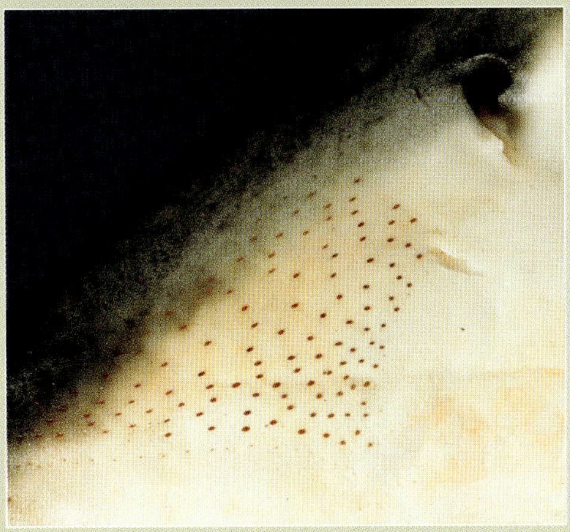

サメの錯覚《さっかく》

- サメは、水中の金属電極《きんぞくでんきょく》(棒)を攻撃することがある。金属電極は電気パルスを出すため、獲物《えもの》と間違えるのだ。
- サメは本物の獲物《えもの》を攻撃するよりも、電極《でんきょく》をかむことがある。サメが獲物に近づいた時には、視覚《しかく》や聴覚《ちょうかく》よりも、電気刺激《でんきしげき》に頼っているとも言えるだろう。
- 負傷した動物や人間からにじみ出る体液中《たいえきちゅう》の塩類とミネラルは、ある種の電気信号《でんきしんごう》を生じさせる。海難事故《かいなんじこ》の現場で、サメが、なぜ救助者《きゅうじょしゃ》には目もくれず、負傷している犠牲者《ぎせいしゃ》を攻撃し続けるのかは、このことで説明ができるかもしれない。

(上)サンゴ礁で負傷した魚類《ぎょるい》がもがいていると、ツマジロはすぐに、吻《ふん》と下顎《したあご》にあるセンサーでこのことを感知する。スピアフィッシング(魚《さかな》突《つ》き)をすると、サメの無用な注意を引いてしまい、つかまえた魚を放棄《ほうき》しなければならないことがある。

サメのボディーランゲージ

サメに遭遇《そうぐう》すると、たいていの人は一目散《いちもくさん》に逃げ出すだろう。しかし科学者の中には、サメの側《そば》にとどまり、23種ものサメの威嚇行動《いかくこうどう》を観察した人もいる。

サメに興味をもつということは、学問的な関心だけに限らない。ウォータースポーツの人気が高まり、水辺《みずべ》に住む人が増えている昨今、人間がサメと接触する機会は、以前よりも増えている。そのため専門家たちは、人々にサメのボディーランゲージによる警告サインを見極《みきわ》める能力を身につけてもらうこと、そして、それが事故防止の一助《いちじょ》となることを願っている。

これまでの調査で、ほとんどのサメに共通する警告サインがいくつかあることが分かっている。サメはリラックスしている時には、体をほぼ水平にしたまま尾鰭《おびれ》を振《ふ》って進むが、強いストレスを感じると、背を丸めて胸《むな》鰭《びれ》を下げる。このサインは多くの種で見られ、攻撃直前であることを示唆《しさ》しているが、その持続時間《じぞくじかん》は様々である。ホホジロザメの近くにいる場合には、かなり気をつけてこのことを観察した方が良いだろう。なぜならこのサインがわずか4秒程度しか続かないからだ。オグロメジロザメの場合はもっと分かりやすく、40秒ほどは続く。

長時間にわたり脇腹《わきばら》を見せたまま泳ぐ誇示行動《こじこうどう》も、サメの多くの種によく見られる――向かってきて、横に進路を外して、目標の側《そば》をゆっくりと通り過ぎる、そんな行動である。

しかし、この他のサインは、個々の種に限定されている。例えば、ツマジロが水中でその場を動かずに身震《みぶる》いし続ける行動などだ。ホホジロザメもいくつかの特有《とくゆう》なサインを見せることで知られている。歯をむき出してニッコリ笑ったような顔をしたり、突然、標的《ひょうてき》に向かい、ぎりぎりの所で急に進路を変えたりするのだ。他には、音を出すサインもある。たとえばシロワニは危険に遭遇《そうぐう》すると、尾を水中で叩きつけて、散弾銃《さんだんじゅう》の銃声《じゅうせい》のような大きい音を出す。

科学者は、多くのサメが人間が近づくと威嚇行動《いかくこうどう》を見せる一方で、エサを食べている時にはそんな動きを見せないことに注目している。これは、見つけたエサを守ろうとする時よりも、むしろサメ自身が危険を感じた時に、威嚇行動《いかくこうどう》が起きるということを示している。

(左)リラックスしているサメは体を水平にして泳ぐ。しかしサメが背中を丸めたら、サメは脅《おびやか》されていると感じているので、その場合には急いで避難《ひなん》したほうが良いだろう。

カナダにあるブリティッシュ・コロンビア大学のエイダン・マーティン氏は、サメがストレスを示すのは、サメ自身が危険にさらされていると感じた時のみで、見つけたエサが奪われそうだと感じた時ではないことを明らかにした。

(上)人なつっこい笑顔？　それとも威嚇《いかく》のポーズ？　サメのボディーランゲージの専門家でなくても、こんな表情のサメを見たら逃げた方が良いことは、もうお分かりだろう。

サメの体形《たいけい》

サメは基本的なサメ型から、体や鰭《ひれ》の形を変え、色を変化させて様々な環境《かんきょう》に適応《てきおう》している。

とがった頭と流線形《りゅうせんけい》のなめらかな体つきを見ると、ツマジロは高速で泳ぐ捕食性《ほしょくせい》のサメであることがわかる。

サメの体形《たいけい》

流線形《りゅうせんけい》のネズミザメ類やメジロザメ類は、見間違《みまちが》えようのない典型的なサメ型の体形《たいけい》をしている。基本的なサメの体形は魚雷形《ぎょらいけい》か紡錘形《ぼうすいけい》で、体の中程《なかほど》は広くて高く、尾部《びぶ》が細くなっている。

大部分のサメには背鰭《せびれ》が2基ある。また、体の腹面には2対の鰭《ひれ》が横に張り出し、その前が胸鰭《むなびれ》、後ろが腹鰭《はらびれ》である。さらに、腹鰭《はらびれ》の後方には、多くの場合小さな臀《しり》鰭《びれ》がある。体の一番後方には大きな尾鰭《おびれ》がある。

タイセイヨウマダライルカの基本的な体形は、ヨシキリザメのような高速で泳ぐサメととてもよく似ている。この構造が最も水の抵抗を受けにくいのだ。

頭《あたま》から尾《お》まで

アオザメやヨシキリザメのように高速で泳ぐサメの体の先端部《せんたんぶ》は、とがった楔形《くさびがた》をしている。これで水の抵抗を最小にしており、しかもここには眼や他の感覚器官《かんかくきかん》や口がある。頭部はわずかに平らになり、この部分が沈んでいこうとする体を維持《いじ》するための水中翼《すいちゅうよく》としても働いている。

体の後方は、尾鰭《おびれ》の付け根（尾柄《びへい》）に向けて細くなり、泳ぐ際の抵抗を減少させている。尾鰭《おびれ》の推進力を効率的に引き出すために、尾柄《びへい》は横に平たくなっていることもある。ジンベエザメやネズミザメなどに見られるように、時に尾柄部《びへいぶ》にはキール（隆起線《りゅうきせん》）がある。このキールは、水中で体を安定させ、体が回転をしてしまわないように作用する。

平《たい》らなサメ

オオセやカスザメのような底生性《ていせいせい》のサメには、高速で泳ぐ力も流線形《りゅうせんけい》の体も必要ない。それよりも、カモフラージュをすることが重要なのである。頭と体は広く平らで、大きな丸みのある鰭《ひれ》が、側方《そくほう》に張り出している。背鰭《せびれ》は尾鰭《おびれ》の近くにあり、臀鰭《しりびれ》も小さいか無く、尾鰭《おびれ》もそれほど大きくない。

模倣《もほう》したデザイン

人間は、水の中を移動する手段を考え、サメやイルカや硬骨魚類《こうこつぎょるい》などの海の動物と、基本的に同じ形にたどりついた。潜水艦《せんすいかん》や船や魚雷《ぎょらい》は典型的なサメの体に似ていて、中央が太くて両端が細い。この形はエネルギー効率を最大にし、抵抗を最小にするのである。

（左）潜水艦《せんすいかん》は、サメや他の高速で泳ぐ魚のように全体的にスリムな形をしている。潜水艦の「鰭《ひれ》」の位置はサメと同じで、後方に垂直な翼が2つ、水平の翼が2つあり、さらに側面にも水平舵《すいへいだ》がつき、船体の進行方向や潜水を制御《せいぎょ》している。

体形《たいけい》とサイズ

高速遊泳性《こうそくゆうえいせい》のサメ（例：右のヨシキリザメ）と底生性《ていせいせい》のサメという、両極端なサメの他にも、いろいろな形のサメがいる。海底付近に棲《す》むトラザメやホシザメ類は体が細長く、ヘビのような形をしている。海藻の間をぬうように泳ぐ彼らの体は細長く、1対の広くて丸い胸鰭《むなびれ》や、小さな背鰭《せびれ》をもっている。彼らの頭部は大きく、吻《ふん》は丸みをおびている。

オンデンザメのような深海性《しんかいせい》のサメは、非常に高い水圧に適応《てきおう》するため、やわらかい体をしている。

サメの動き《うご》

サメが楽々《らくらく》と優雅《ゆうが》に泳ぐ姿は、水の中を移動する困難《こんなん》さを全く感じさせない。しかし、水の中を歩いたり泳いだりしたことのある人なら、高密度《こうみつど》の水中を押し進むのがどれほど重労働か、理解できるだろう。

ほぼ無重力《むじゅうりょく》

水中に棲《す》むことの利点の一つは、支えと浮力《ふりょく》が得られることだ。水は高密度《こうみつど》で、重力の効果をやわらげる。陸の動物は直立《ちょくりつ》の姿勢を保ち、走ったり跳ねたりするたびに重力に逆らわなければならないが、サメや他の水中動物はそれほどエネルギーを必要としない。さらにサメは、上昇気流《じょうしょうきりゅう》の中を舞い上がる鳥のように、湧昇流《ゆうしょうりゅう》を使って海底から浮上《ふじょう》することもできる。

水は濃厚《のうこう》で粘性《ねんせい》が高い。我われの周囲にある空気の千倍以上も重く、高密度である。押しのけられることに強く反発し、その動きに対抗してくる。これが抵抗《ていこう》である。この抗力《こうりょく》は、水中を進む全ての物体にしつこくついて回る。

S字《じ》のうねり

サメはこれらの問題を克服《こくふく》するだけでなく、むしろ有効に利用している。サメの流線形《りゅうせんけい》の体は、前進する推力《すいりょく》によって生ずる抵抗と抗力を最小に抑《おさ》えることができる。これは、サメが体と尾を振るようにする動きによる。サメは、泳ぐ時には体を横にうねらせ、S字のカーブを描く。それにより、周りの水を押すと、水は同じ力で押し返してくるため、横に揺れる動きは相殺《そうさい》され、後方への力が水を後ろへ押し、水がサメの体を前進させるというわけである。

泳《およ》ぐための筋肉《きんにく》

サメが泳ぐために使う主な筋肉《きんにく》は、体側《たいそく》にジグザグ模《も》様《よう》に配列している筋節《きんせつ》から構成されている。各筋節《かくきんせつ》の筋繊維《きんせんい》の端は筋節中隔《きんせつちゅうかく》という筋膜《きんまく》につながり、さらにそれが骨につながっている。筋節《きんせつ》の数は脊柱《せきちゅう》の脊椎骨《せきついこつ》数と同じであるが、筋節《きんせつ》がジグザグ型のために、その効果はいくつかの脊椎骨《せきついこつ》に及ぶ。この事で筋肉はより効果的に作用することができる。

各筋節《きんせつ》は脊椎骨《せきついこつ》に2点で固着している。各筋節が収《しゅう》縮《しゅく》すると、2点が引き寄せられて近づき、全体として脊柱《せきちゅう》は波状《なみじょう》に曲がる。体の前から後まで並んでいる筋節《きんせつ》は、一つ前の筋節が収縮すると次の筋節が収縮を始め、後ろが縮《ちぢ》みはじめると前の筋節が緩《ゆる》みはじめる。この連続が波のようなカーブを作り出し、この波がサメの頭部《とうぶ》から尾部《びぶ》まで続いていく。

このカーブの大きさは、波がサメの体を進むにつれて大きくなる。徐々《じょじょ》に水を押す力が増大し、最後は尾鰭《おびれ》で水を力強く押し出す。この時尾鰭《おびれ》は水中でらせん状《じょう》の8の字を描《えが》くように動くが、これは1本の櫓《ろ》で舟を進ませる時に、櫓《ろ》がらせん状《じょう》に8の字を描《えが》くのと同じようなものである。

(下)体をリズミカルに横に折り曲げ、S字状に体を左右に揺《ゆ》らす、典型的なサメの泳法《えいほう》。頭部と尾鰭《おびれ》が最も大きく左右に動き、胸鰭《むなびれ》のある胸部付近の動きが最も少ない。下のトラザメの遊泳図《ゆうえいず》では、S字カーブが大きくなりながら尾鰭《おびれ》に近づく様子を表している。

(上)ヨシキリザメはしなやかな軟骨性《なんこつせい》の背骨をもち、素早く体をねじったり曲げたりすることができる。強力な尾鰭《おびれ》は、サメが体をくねらせることで、強い推進力《すいしんりょく》を生み出すことができる。硬い鰭《ひれ》は体に安定性《あんていせい》と操縦性《そうじゅうせい》を与えるが、あまり精密《せいみつ》な泳ぎはできない。

足《あし》としての鰭《ひれ》

トラフザメは、ほとんどの時間を海底で休んで過ごす。トラフザメは活発なサメと同じように泳ぐが、体高《たいこう》と全長の比がホホジロザメやマグロと違って理想的な状態ではないため、泳ぎの効率は非常によくない。トラフザメの尾鰭上葉《おびれじょうよう》は下葉《かよう》よりもかなり発達しているが、これは底生性《ていせいせい》のサメの特徴である。トラフザメの胸鰭《むなびれ》は強く、獲物《えもの》を探す時などは、鰭《えら》を立てて体を支えるのに使う。

鰭《ひれ》

硬骨魚類《こうこつぎょるい》は、鰭《ひれ》を広げたり、曲げたり、傾《かたむ》けたりすることができる。しかし、サメにはこのような融通性《ゆうづうせい》はない。特に背鰭《せびれ》は比較的硬《かた》く、形や角度を変えることができない。このようなことから、サメが泳ぐ際には、体の方向転換《ほうこうてんかん》などで細かなコントロールをすることが難しくなる。

尾鰭《おびれ》

尾鰭《おびれ》は上葉《じょうよう》と下葉《かよう》で構成されており、皮膚《ひふ》と尾鰭骨格《おびれこっかく》で支えられている。脊柱《せきちゅう》は上葉《じょうよう》内をつらぬいて、全体として異尾《いび》という特殊な尾鰭《おびれ》になっている。硬骨魚類《こうこつぎょるい》の場合は、脊柱《せきちゅう》は尾鰭《おびれ》の前で終わり、上葉と下葉が同じ形をしている正尾《せいび》になっている。サメの尾鰭《おびれ》は硬骨魚類の尾鰭《おびれ》とは全く違っているのである。

尾鰭《おびれ》の上葉《じょうよう》が上がっている種類では、脊柱《せきちゅう》が上葉起部《じょうようきぶ》で急に上へ曲がる。また、上葉がほとんどまっすぐな種類では、脊柱《せきちゅう》はほぼまっすぐである。ホホジロザメ、アオザメ、ネズミザメなどの尾鰭《おびれ》は上葉と下葉が外見上はほぼ対称《たいしょう》で、硬骨魚類《こうこつぎょるい》の正尾《せいび》に似ているが、中の構造は異尾型《いびがた》である。

背鰭《せびれ》

水の抗力《こうりょく》を減らすために、メカジキやマグロなど高速で泳ぐ硬骨魚類《こうこつぎょるい》は、背鰭《せびれ》を体にくっつけて折りたたむことができるが、サメは背鰭《せびれ》を折りたたむことができない。そのかわり、サメは背鰭《せびれ》によって生じた渦《うず》を回転軸《かいてんじく》として、体を押し進めるのに利用する。種によっては、背鰭《せびれ》によって作られた渦は、サメが体をうねらせて前進すると、ちょうど第２背鰭《せびれ》の位置にきて、第２背鰭《せびれ》でもう一度渦を押す。サメが、さらにもう一度体をうねらせ前進をすると、今度は尾鰭《おびれ》がその位置に来て、もう一度その渦を利用する形になる。

対鰭《ついき》

ほとんどのサメの胸鰭《むなびれ》と腹鰭《はらびれ》は、前方が上を向くように、わずかに角度がついている。そのため、前進するサメの体は前方が上がるので、沈み込みそうになる体と異尾《いび》の力に対抗することになる。104ページで述べるように、サメはこれらの鰭《ひれ》をある程度動かして、水中での上下運動をコントロールすることができる。底生性《ていせいせい》のエポーレット・シャークやネコザメは、胸鰭《むなびれ》を使って海底を這《は》いまわることができるように進化した。

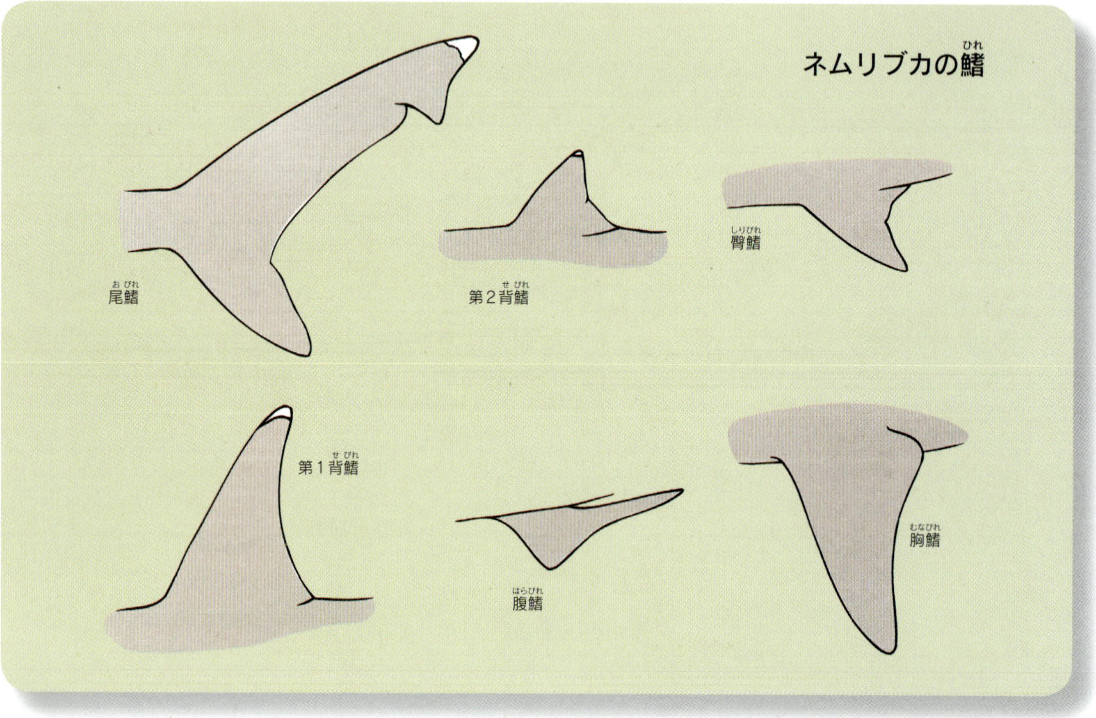

(左)ネムリブカの高い背鰭《せびれ》は背中のほぼ中央についており、尾鰭《おびれ》を横に強く振る力とバランスをとり、体を安定させる。ボートの竜骨《りゅうこつ》を逆につけたようなものである。

(上)クロトガリザメの尾は、上葉《じょうよう》が下葉《かよう》よりも長い典型的なサメ型をしている。力強く推進力《すいしんりょく》を出すだけでなく、体を上昇させ、沈むのを防いでいる。アオザメのように高速遊泳《こうそくゆうえい》をするサメの尾鰭《おびれ》は、上葉と下葉がほぼ同大である。

極端《きょくたん》な尾鰭《おびれ》

ホホジロザメの尾鰭《おびれ》(左)の上葉《じょうよう》と下葉《かよう》はほぼ同じ大きさだが、オナガザメの尾鰭《おびれ》は上下葉《じょうかよう》の長さが極端に違う異尾《いび》である。上葉は下葉よりもかなり長く、尾鰭《おびれ》以外の体よりも長い。

沈《しず》むか泳《およ》ぐか

かつては、サメは生きるためには泳ぎ続けている必要がある、と考えられていた。確かにサメは海底から浮き上がっているためには、泳いでいなければならない。しかし、全てのサメが海底から離れた生活をしているわけではない。

サメの体組織《たいそしき》は、水よりもわずかに密度が高く重いため、そのままだとサメは自然にゆっくり沈んでしまう。この不都合を解消するため、サメは浮力《ふりょく》を得るいくつかの手段をもちあわせている。その一つは軟骨《なんこつ》でできた骨格《こっかく》で、同量の硬骨《こうこつ》よりも軽い。もう一つは、体積《たいせき》の5分の1ほどを占める、大きくて脂《あぶら》がある肝臓《かんぞう》で、スクアレンという油を含んでいる（24ページを参照）。スクアレンは比重《ひじゅう》が0.86なのに対し、海水は1.026で、サメの体の他の部分は1.1である（真水《まみず》の比重は1.0）が、油が水に浮くように、サメの脂《あぶら》を含んだ肝臓は、体を浮かせる手助けをしている。ジンベエザメとウバザメは最適な摂餌《せつじ》場所《ばしょ》が水面近くなので、特に大きな肝臓《かんぞう》をもっている。

鰾《うきぶくろ》がない

硬骨魚類《こうこつぎょるい》は鰾《うきぶくろ》で浮力《ふりょく》をコントロールしている。鰾《うきぶくろ》とは消化管《しょうかかん》が袋状《ふくろじょう》に膨出《ぼうしゅつ》したもので、鰾《うきぶくろ》には血液を通じてガスを送り込んだり、取り出したりすることができる。ガスが多ければ比重《ひじゅう》も軽くなるので、魚は軽くなり、体が浮く。こうして硬骨魚類は水平に泳いだり、水中で止まることができるのである。

サメはこのような鰾《うきぶくろ》をもっていないため、微妙《びみょう》な浮力調整《ふりょくちょうせい》はできない。それと関連して、上葉《じょうよう》が下葉《かよう》より大きいサメの異尾《いび》（102ページを参照）を動かすと、頭部が下に向いてしまうという問題がある。

沈《しず》むのを防《ふせ》ぐには

体が沈んでいくのを防ぐには、胸鰭《むなびれ》の働《はたら》きが大きい。胸鰭《むなびれ》は、水中翼《すいちゅうよく》のようにわずかに上を向き、しかも鰭《ひれ》の上面はカーブがつき、下面は平らになっていて翼《つばさ》のような形をし、上昇力《じょうしょうりょく》を生み出す。サメは胸鰭《むなびれ》を傾けて角度を変えたり、ある程度曲げたりカーブさせることができるので、上昇力《じょうしょうりょく》を調節することができる。楔形《くさびがた》の吻部《ふんぶ》も、頭部を上げる作用をしている。片方の胸鰭《むなびれ》をほんの少し下げると、上昇力が減少するため、サメの体はそちらの方向に向きを変えていく。サメの舵《かじ》取りの仕組みの一つである。

しかし、これらの流体力学的《りゅうたいりきがくてき》な効果は、サメが泳いでいる間のみ働《はたら》き、泳ぐのをやめると、サメは沈んでいく。

クロマグロ（左）とウバザメ（上）はどちらも長距離を移動するため、沈むのを防ぐよりも、泳ぐためにエネルギーを保存しなければならない。硬骨魚類《こうこつぎょるい》のマグロには鰾《うきぶくろ》があるが、ウバザメには脂《あぶら》の入った巨大な肝臓《かんぞう》があり、これで浮力《ふりょく》を保っている。

空気《くうき》を飲《の》み込《こ》む

鰾《うきぶくろ》が全く無いよりはまし、という程度だが、空気を飲み込んで消化管《しょうかかん》にためて、浮力《ふりょく》を保つサメもいる。水族館などで飼育されているシロワニは、水面から顔を出して空気を飲み込む。そうすると、しばらくの間は動かずに、楽々と浮いていることができる。より一般的な手段で浮力を得る海洋動物を右にあげた。油分の多い肝臓《かんぞう》をもつサメ、低密度の甲《こう》をもつコウイカ、ガスの入った鰾《うきぶくろ》をもつ硬骨《こうこつ》魚類《ぎょるい》の3つである。

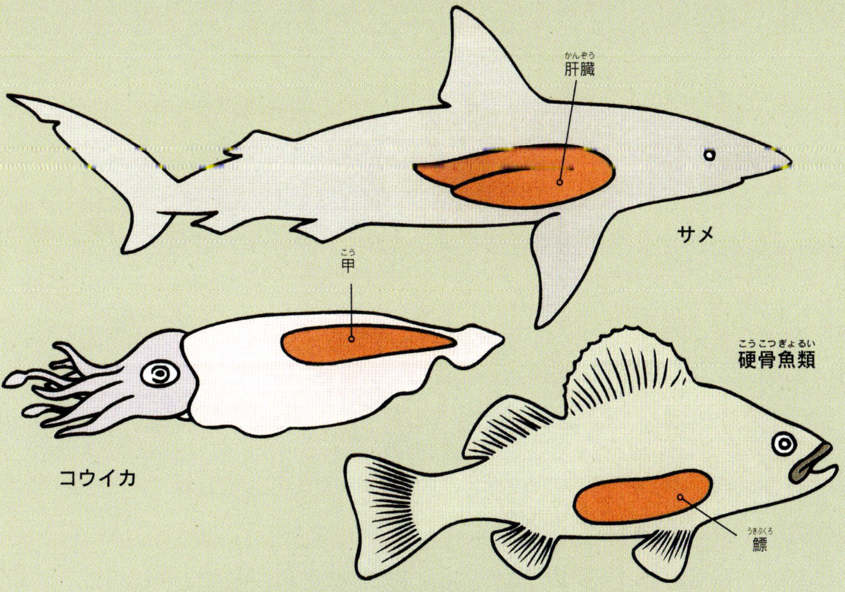

棘《とげ》

大型の捕食性《ほしょくせい》のサメは天敵《てんてき》が少なく、身を守るための機能はあまり必要がない。体の大きさ、力強さ、そして恐ろしげな歯があれば充分だ。しかし、サメの半分以上の種類は成長しても全長1.5mにも満たないため、彼らは捕食者《ほしょくしゃ》、特に大型のサメからの攻撃をかわす手段が必要である。

古代のサメの多くは、2基の背鰭《せびれ》の前に長い棘《とげ》をもっていた。これらは元々、帆船《はんせん》のマストが帆《ほ》を支えるように、鰭《ひれ》を支えるために進化したのかもしれない。クラドセラケのように表面がなめらかで側扁《そくへん》しているものや、複雑な隆起線《りゅうきせん》があったり、コブ状をしたものなどがあった。次第に軟骨性《なんこつせい》の骨や鰭条《きじょう》が内面から支えるようになり、棘《とげ》が退化していった。しかし、一部の種には棘《とげ》が残り、防御《ぼうぎょ》という新しい役割を果たすようになった。

積極的《せっきょくてき》な防御《ぼうぎょ》

背鰭《せびれ》に棘《とげ》をもつサメのほとんどは、小型で底生性《ていせいせい》の生活をし、棘《とげ》は上からの攻撃に対しての防御手段《ぼうぎょしゅだん》となっている。その多くはツノザメ科のサメで、アブラツノザメは漁業の対象種になっている。アブラツノザメはその棘《とげ》によっては、漁網《ぎょもう》に絡まないように自分を守ることはできないが、漁師を負傷させることができる。この棘《とげ》には弱い毒《どく》をもつ溝《みぞ》があり、尾部《びぶ》を振り回して棘《とげ》で漁師を刺し、毒を注入する。

体の表面がざらざらしたオロシザメは、背鰭《せびれ》に大きな棘《とげ》をもつだけでなく、皮膚《ひふ》はまるで有刺鉄線《ゆうしてっせん》を並べたようにザラザラしている。ネコザメ類にも2つの背鰭《せびれ》の前に弱毒《じゃくどく》をもつ棘《とげ》がある。

ミツクリザメ

グロテスクな印象を与えるミツクリザメには、平らな帽子のつばのようなものが前方に伸びている。武器のようにも見えなくもないが、ここには獲物《えもの》を感知するための感覚器官《かんかくきかん》がある。ミツクリザメは1880年代に発見、記載《きさい》された。ミツクリザメは古代のサメに似ていたため、発見当時は生きている化石と考えられたことがあった(50ページを参照)。

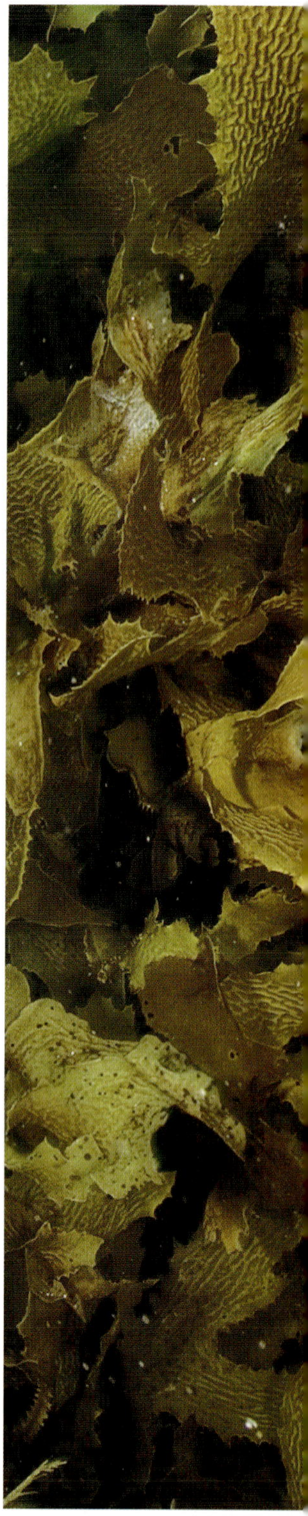

ポートジャクソンネコザメ(上、詳しくは36ページを参照)の第1背《せ》鰭《びれ》には、身を守るための棘《とげ》があり、弱性《じゃくせい》の毒《どく》がある。左は棘《とげ》のクローズアップ写真である。

驚《おどろ》きの防衛手段《ぼうえいしゅだん》

ナヌカザメ（64ページを参照）は、英名ではスウェル・シャーク（“膨らむサメ”）と言うが、この名前はその驚きの自己防衛手段《じこぼうえいしゅだん》に由来する。ナヌカザメは、攻撃されると水や空気を飲み込んで、通常の2倍のサイズにまで膨《ふく》れあがるのだ。このサメは普段、昼間は岩などのすき間に隠《かく》れており、そこでこの技を使い体を膨らますと、そのすき間に体がピッタリとはまり込んでしまう。皮膚《ひふ》が鱗《うろこ》でザラザラなので、しっかりと固定され、もはや引き出すことは不可能に近い。隠《かく》れ場所の外にいて危険に出会った場合には、ナヌカザメは急に体を大きくすることで敵を驚《おどろ》かせ、逃げる時間を稼《かせ》ぐ。ナヌカザメが数日間も水面に浮かんでいるのが目撃されたことがあるが、一度膨《ふく》らむと元に戻るのが難しいのかも知れない。

体色《たいしょく》とカモフラージュ

多くのサメは隠《かく》れて獲物《えもの》を捕まえる。体の色や模様は、主にカモフラージュや偽装《ぎそう》のためのものだ。しかし、視覚《しかく》は薄暗い水中では、空気中よりも限定される。また、海水は光スペクトラムの中のある色を吸収し、特に赤と黄色が見えづらくなる。

サメの体色《たいしょく》や模様《もよう》は、我われ人間から見ると、非常に効果的だとは思えないが、サメにとっては大変に重要なものである。体色はサメの皮膚《ひふ》にある色素胞《しきそほう》という小さな細胞《さいぼう》によって作り出されている。

色《いろ》を変《か》える

大部分のサメは、一生同じ体色《たいしょく》である。しかし種によっては、生まれたばかりの時には浅海《せんかい》で生活するので、そこで身を守りカモフラージュをするために、美しい斑紋《はんもん》をもつ。成長して深みへ移動する時には、体色《たいしょく》はよりくすんだ色合いになる。例えばカリフォルニアドチザメは、英名ではレオパード・シャーク（意味は"ヒョウ"ザメ）と言うが、小さい時にはその名の通り、ヒョウのような斑点《はんてん》がある。しかし、大きくなるにつれこの斑点は消えていく。同様にトラフザメは、英名でゼブラ・シャーク（"シマウマ"ザメ）と言われるように、若い時には縞模《しまも》様《よう》がたくさんあるが、成長すると斑点《はんてん》に変わっていく。

ネコザメ類には、幼い間はシマウマのようなハッキリとした縞模様《しまもよう》やキリンのような斑点《はんてん》をもつものがいるが、成長とともにだんだん薄くなる。シロワニは英名ではサンド・タイガー・シャークと言い、トラの縞模様《しまもよう》を連《れん》想《そう》させる名前になっているが、縞《しま》はなく金色っぽい斑点《はんてん》をもっている。

周囲《しゅうい》に溶《と》けこむ

サメは自らをカモフラージュするのに都合の良い海底を棲《す》みかとして選ぶが、これは彼らが周囲をよく見ているからに違いない。ハナカケトラザメはくすんだ黄灰色《おうかいしょく》の小斑点《しょうはんてん》をもっているが、彼らは砂地の海底を好む。その一方、ヨーロッパトラザメ（新称、*Scyliorhimus stellaris*）は体に赤みがかった斑点《はんてん》をもち、小石の多い海底をより好む。

外洋表層域《がいようひょうそういき》に生息するサメの多くは、背中が黒っぽく、腹側は色が白い。これはカウンターシェイディングと言われ、海面付近に生息する全ての魚、例えばマグロやカジキ、サバ、ニシンなどに普通に見られる現象である。これは、上から射《さ》しこむ太陽光の影響を打ち消すための方法である。

濁《にご》った水の中では、視界は非常に悪い。そのため、コモリザメやオオメジロザメのように水が濁《にご》っている場所を泳ぐサメの体色《たいしょく》は、青みがかった灰色が多い。深海には光が全く届かないため、カラスザメなどの深海に生息するサメの体色は、全身が暗灰色《あんかいしょく》か黒である。

色《いろ》や模様《もよう》から名付《なづ》けられたサメ

- 英名レオパード・シャーク（意味は"ヒョウ"ザメ）（写真）：まだら模様の海底にカモフラージュするよう独特の斑点《はんてん》をもつ（和名はカリフォルニアドチザメ）。
- アオザメ：体の背面の体色《たいしょく》が非常にきれいな青色をしているために、名付けられた（ただし、英名ブルー・シャークというサメの和名は、アオザメではなくヨシキリザメである）。
- ツマジロ、ツマグロ：メジロザメ類で、背鰭《せびれ》、胸鰭《むなびれ》、尾《お》鰭《びれ》などの「つま」（端《はし》や縁《ふち》のこと）がハッキリと白い（黒い）ので、ツマジロ（ツマグロ）という名前が与えられた。
- カラスザメ：深海性《しんかいせい》のツノザメの仲間で、体全身が真っ黒なので、カラスという名前が与えられた。
- イズハナトラザメ：トラザメの1種で、体に花びらを散《ち》らしたようなきれいな模様があること、そして伊豆半島で発見されていることから名付けられた。

（上）ツマグロは典型的なカウンターシェイディングの例である。上から見ると、濃い背中の色が暗い海底に溶《と》けこんでしまう。下から見ると、まぶしい海面を背景にして、その白い腹部は見えなくなる。黒い鰭先《ひれさき》はサメの輪郭《りんかく》をぼかすのに役立っている。

(右)ジンベエザメのまだら模様は、陽《ひ》が当たり、チラチラと影《かげ》ができている海面にしっかりとカモフラージュされ、白い斑点《はんてん》や斑紋《はんもん》は海面のさざ波でできる光の濃淡《のうたん》模《も》様《よう》と溶けあってしまう。この模様は個体によって様々である。

巧妙《こうみょう》な擬態《ぎたい》

皮膚《ひふ》の色や模様《もよう》の他にも、獲物《えもの》や敵を惑《まど》わす手段をもつサメがいる。皮膚《ひふ》にはふさ飾りや葉状《ようじょう》の突起《とっき》などがあったり、暗い海の中で集魚灯《しゅうぎょとう》のような光を放ったりする。

(上)写真のカスザメは鰭《ひれ》を動かして砂をかけ、潜《もぐ》ろうとしている。数秒でほとんど体は埋《う》まって見えなくなり、海底の一部となる。

オオセ類には、体に色鮮《あざ》やかな斑点《はんてん》や模様があり、海底の砂や石、海藻に見事に溶《と》けこんでしまう。しかし、彼らの頭部と口の周囲には、ふさ飾りや葉状《ようじょう》の突起物《とっきぶつ》があり、サメの形や輪郭《りんかく》をすっかりと変えてしまう。そして、水の流れによってふさ飾りや葉状《ようじょう》の突起物《とっきぶつ》が揺れる様子は、まるで海藻やサンゴのようである。

オオセの仲間は約８種類あり、主にオーストラリアや日本の周辺に棲《す》んでいる。その飾り物の様子から、英名ではオーネイト・ウォビゴン（飾りのついたオオセ）とか、タスルド・ウォビゴン（ふさ飾りのついたオオセ）などという名前が付けられている。最大の種はクモハダオオセで、成長すると4.3mにもなる（65ページを参照）。

オオセが海底で静止していると、動いているのは呼吸《こきゅう》する時に開閉する噴水孔《ふんすいこう》だけである。カニや魚を引きつけるために、頭部や口の近くにある葉状《ようじょう》の飾りを揺らし、獲物《えもの》が興味をもって近づくと、オオセは急に大きな口を開け、水とともに獲物を吸いこんでしまう。口を閉じれば、獲物《えもの》は長い牙のような歯に囲まれた口の中に閉じ込められてしまう。

発光《はっこう》

広大でエサになる生き物の少ない深海に棲《す》む魚にとって、他の生物との接触はめったにない。エサを見つけるのに何週間もかかることもある。サメや他の深海魚《しんかいぎょ》の多くは、光を使って獲物《えもの》を暗闇からおびき出すようなことをする。

生物が光を放つことを生物発光《せいぶつはっこう》と言うが、この光は発《はっ》光器《こうき》という、皮膚《ひふ》のカップ型の腺《せん》で作り出される。腺《せん》の細胞《さいぼう》にはルシフェラーゼという発光酵素《はっこうこうそ》が含まれており、この酵素《こうそ》は酸素《さんそ》を加えることで、体タンパク質のフシフェリンを変化させる。その過程《かてい》で化学エネルギーが発光のエネルギーに変化するのだ。

発光器《はっこうき》は小さくて透明な細胞《さいぼう》で囲まれており、集まってガラスのレンズのようになり、光の焦点《しょうてん》を合わせる。最も明るいサメの一つは、沖合海域《おきあいかいいき》に生息し、全長約50cmになるダルマザメで、暗いと腹側《ふくそく》が緑色に光る。ダルマザメの変わった摂餌法《せつじほう》については157ページに紹介されている。

闇《やみ》のハンター

ラブカは深海の岩場で狩りをする。
暗い海中で、くすんだ色の体で身を隠《かく》している（34ページを参照）。

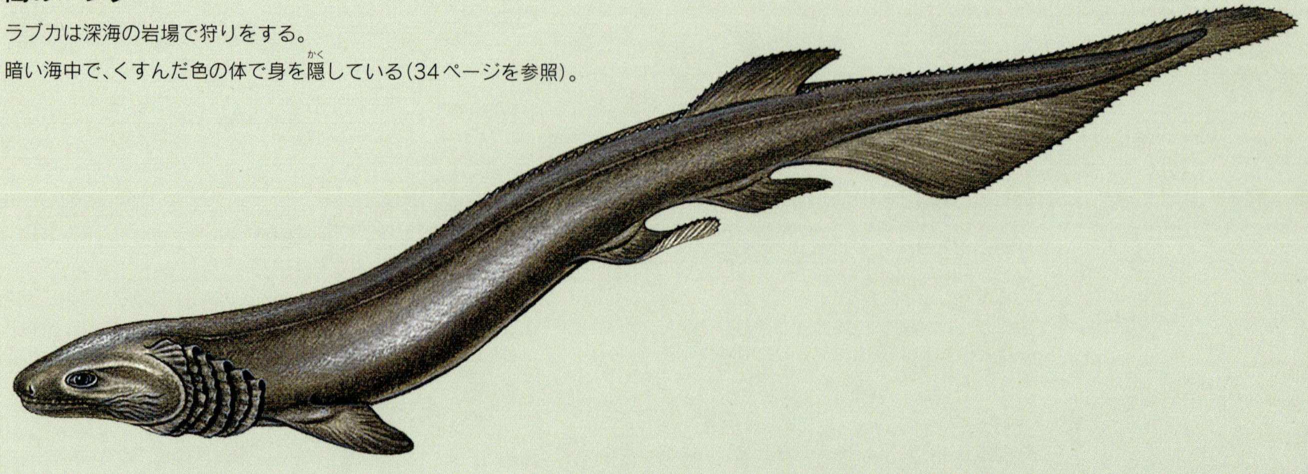

(上)オオセは個体によって体色《たいしょく》があまりに違うので、査定《さてい》が難しい。写真のオオセは、一度はカラクサオオセと考えられていたが、今は別種《べっしゅ》と考えられている。

明《めい》と暗《あん》

アラフラオオセ(左)などのオオセ類は、明るい浅瀬《あさせ》にいるのでより巧妙《こうみょう》にカモフラージュする必要がある。暗い深海に棲《す》む小型のヒシカラスザメは皮《ひ》膚《ふ》に発光器《はっこうき》をもっている。

サメは眠《ねむ》るのか?

睡眠《すいみん》は、動物研究者を悩《なや》ませる現象《げんしょう》である。哺乳類《ほにゅうるい》、鳥類《ちょうるい》、爬虫類《はちゅうるい》、それから一部の魚は、一定の休息《きゅうそく》時間が必要だ。だが、一日のうち数時間を脳波《のうは》が大きく変化する意識《いしき》のない状態で過ごすことの、生物学的《せいぶつがくてき》な理由は明らかではない。

サメの睡眠《すいみん》は、他の動物よりも謎に包まれている。サメが実際に眠《ねむ》るのかどうかは明らかにされておらず、活動を停止する目的も解明されていない。オーストラリア、メキシコ、日本などの海で、サメが洞窟《どうくつ》の中で動かずに休息していたという報告があるが、サメの眼は洞窟の中を泳ぐ研究者を常に追っていたという。したがって、サメは我われ人間が考えているような仕方《しかた》での睡眠《すいみん》はしていない、ということになるだろう。

かつて、サメは呼吸《こきゅう》をするために常に泳いでいる必要があり、たった数分でも泳ぎを止めると、きちんと呼吸ができないと考えられてきた。この考えからすると、サメは一度に数分間だけしか眠ることができないということになるが、それは間違いであった。サメの中には、眼の後部に噴水孔《ふんすいこう》があり、泳いでいなくとも水を鰓《えら》に運ぶことができるものがおり、このような種は体を海底に静止《せいし》したままにできる。その例がコモリザメで、彼らは夜に狩りをして、昼間は岩のすき間に隠《かく》れて眠《ねむ》る。アブラツノザメのようなサメは、脳が眠っていても、泳ぎ続け呼吸《こきゅう》もできる。

サメは、イルカのように脳の半分を休ませている間に、もう半分が動きと意識《いしき》をコントロールしているのではないか、という説を唱《とな》える生物学者もいる。サメが前脳《ぜんのう》、中脳《ちゅうのう》、後脳《こうのう》を交代《こうたい》で休ませ、半分意識を保《たも》ちながら眠っていることは考えられるだろう。

サメはいつ眠《ねむ》るのか

発信器《はっしんき》をつけ、その行動を追跡《ついせき》した調査によって、イタチザメやネムリブカなどのサメは夜間に活発に行動し、昼間はほとんど休息《きゅうそく》していることが判明した。このような調査によって、今までの多くの説が覆《くつがえ》された。例えば、ホホジロザメが昼間活動するという説である。ホホジロザメは昼間に観察されることが多かったため、そう考えられていたのだ。高性能な発信器《はっしんき》なしでは海中での彼らの行動を調査することは非常に難しいが、最近の発信器を用いた研究で、これらのサメが夜でも睡眠《すいみん》状態《じょうたい》にはないらしいことが分かってきた。事実、ホホジロザメは夜でも海底付近で活発に索餌《さくじ》をしているようである。

(上)ガラパゴスネコザメなどのサメ類が、私たちと同じような睡眠《すいみん》をとっているのかどうかは明らかになっていない。生物学者は、サメの睡眠は一度に脳の一部分だけを休ませ、半分意識《いしき》がある状態ではないかと考えている。

サメの追跡《ついせき》

サメに発信器《はっしんき》などの標識《ひょうしき》を取りつけるのには、細心の注意が必要だ。正しい位置につけなければ、サメを傷つけたり、成長を止めたり、殺してしまうことすらある。標識《ひょうしき》を取りつける作業は生物学者だけが行っているわけではなく、漁業者《ぎょぎょうしゃ》も誤《あやま》って網《あみ》にかかったサメに標識を取りつけ、サメの行動に関するデータの収集《しゅうしゅう》に協力している。標識には色々なタイプがあり、必要な情報を印字《いんじ》したプラスチック製の紐《ひも》状のものから、サメの行動を常時記録し、発信できるハイテク標識まで様々である。

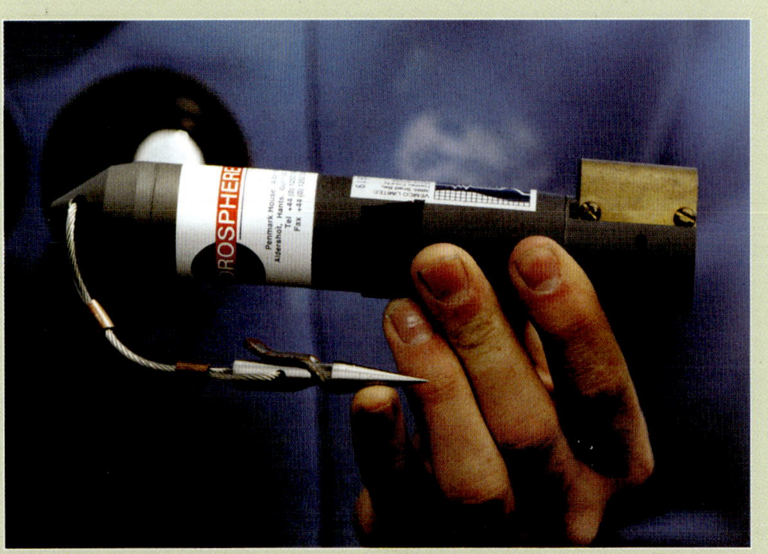

（左）トラフザメのように、サメは眠《ねむ》っているのかどうか、見ただけでは分からない。海底で半分寝ているような状態でジッとしていても、眼はダイバーの動きを追っているのである。

サメの生《せい》態《たい》

サメは世界中の海に生《せい》息《そく》し、様々な環境で暮らしている。彼らの生《せい》態《たい》は実に多様で、中には一風変わったものもある。

ツマジロは、島周りのサンゴ礁、岩礁地帯、沖合の浅瀬など、比較的浅い海に暮らしているサメだ。

サメの世界《せかい》

地球表面の3分の2以上を占める海は、地球上の様々な環境の中で最大、最古の自然である。サメはその海洋生態系の中で誕生し、進化してきた。

陸の上で人間は、山や谷、森、草原、灼熱《しゃくねつ》の砂漠、むし暑い熱帯雨林、凍《い》てつくツンドラなど、様々な所で生活している。海の中の環境もまた多様であり、いろいろな特徴をもつ生息場所がある。

海底域《かいていいき》

海底は、底生性《ていせいせい》の動植物の棲《す》みかである。その地形は場所によって大きく異なり、広く開けた所、ゆるやかな丘陵《きゅうりょう》が続く所、谷がある所、巨大な海山《かいざん》がそびえ立つ所、切り立った崖《がけ》になっている所、深い峡谷《きょうこく》になっている所など、実に様々である。底質《ていしつ》も岩、小石、砂利などから、きらめく砂や厚い泥まで、一様ではない。海が浅ければ太陽光は海底まで届き、海藻が繁茂《はんも》する。

海底には、動植物の死体や、排泄物《はいせつぶつ》、デトリタス（142ページ参照）など、様々なものが降りそそいでくる。そこには虫や貝やカレイなど、様々な底生動物《ていせいどうぶつ》が棲《す》み、独自の食物連鎖《しょくもつれんさ》や食物網《しょくもつもう》ができている。そして、サメは底生生活《ていせいせいかつ》に適応してきた。

表層《ひょうそう》・外洋域《がいよういき》

海底以外の海を分ける方法もいくつかある。一つは、赤道《せきどう》から極域《きょくいき》まで水平に、緯度《いど》で区切っていく方法だ。もう一つ以下に示すように、垂直に水深《すいしん》で、大きく3つの層に分けることもある。

- 表層域《ひょうそういき》は水深100m程度までで、比較的明るく、太陽光も届く。海藻がしげり、食物連鎖《しょくもつれんさ》の基本となる。海面に近いということもあり、天気の影響を受けて水温も大きく変化する。大部分のサメがこの表層域《ひょうそういき》に生息している。
- 中層域《ちゅうそういき》は水深100mから1,000mくらいまでの範囲で、うす暗く、海藻はほとんど育たない。ここに棲《す》むのは、主にサメを含む魚類や、イカなど大きな眼をもつ動物だ。彼らは暗がりの中で、お互いを狙《ねら》っている。
- 水深1,000mを超える深海域《しんかいいき》は真っ暗で何も見えない。水圧は高く、水温や水流もほとんど変化しない。深海域は海の中で最大の部分であるが、ほとんど調査がされておらず、新種のサメを含む新しい動物がよく発見される場所である。

（左）東南アジアのサンゴ礁の浅瀬でツマグロが魚や無脊椎動物《むせきついどうぶつ》を狙っている。サメの背鰭《せびれ》が海面に出るくらい浅い場所だ。このような浅いサンゴ礁を歩いていると、1m足らずのツマグロが足をかすめて泳いでいくことがあり、驚かされる。

(上)サンゴ礁では様々な魚が暮らしており、そこを棲《す》みかとするメジロザメ類も多い。この紅海《こうかい》の海のように海が急に深くなる場所は、夕暮れ時など昼行性《ちゅうこうせい》の魚がねぐらに戻る時間帯にサメが良く出没する。

有名《ゆうめい》なサメ・無名《むめい》のサメ

オオテンジクザメ(左)はよく知られた浅海《せんかい》のサメである。一方、1976年には全く違った場所で初めて発見されたサメがいる。アメリカ海軍がハワイ近くでパラシュート・アンカーを140mの深さまで下ろして巻き上げたところ1匹の大きなサメがロープに絡まっていた。全く未知のサメで、全長4.5m、体重750kg、口は巨大だった。そのサメは、一般名でメガマウスザメと呼ばれ、*Megachasma pelagios*という学名を与えられた(54ページ参照)。

サメの生《せい》息《そく》地《ち》

この世界地図では有名なサメの出没情報を示している。多くのサメは温暖な海域の沿岸近くに棲《す》んでいるが、種によっては寒冷海域を好むものもいる(120ページ参照)。

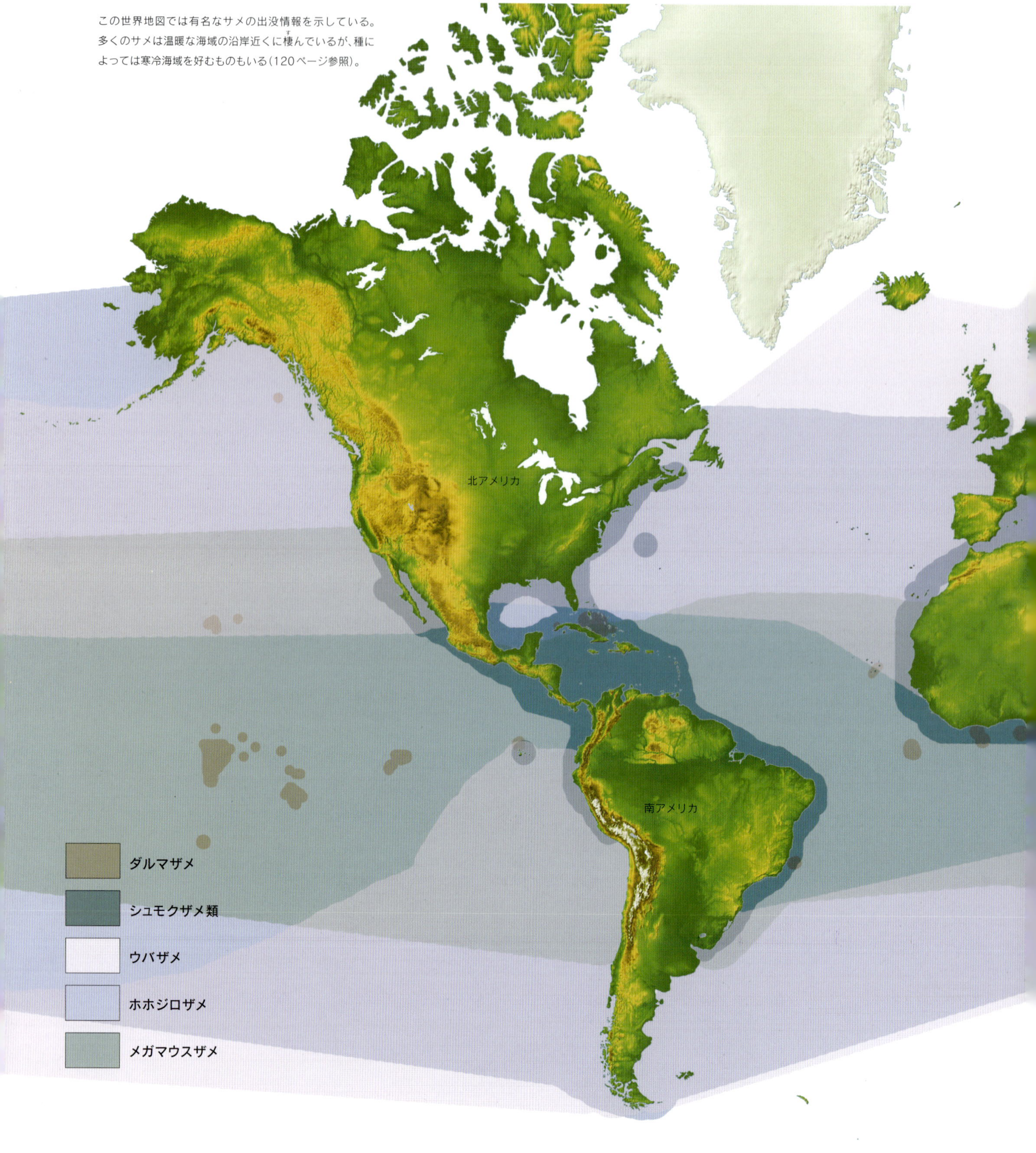

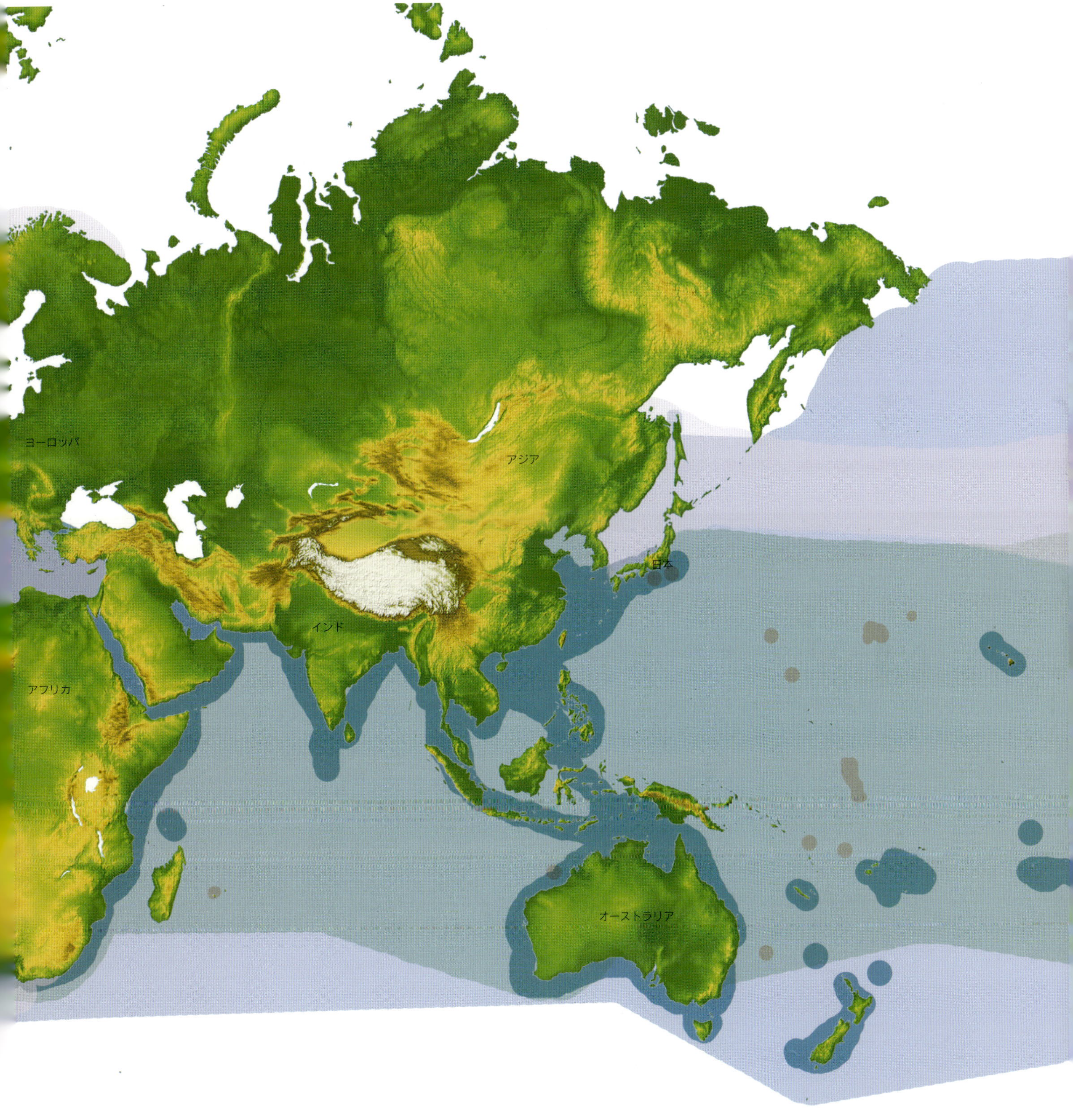
ヨーロッパ
アジア
日本
インド
アフリカ
オーストラリア

熱《ねっ》帯《たい》海《かい》域《いき》から極《きょく》海《かい》域《いき》まで

サメは世界中の海で見ることができるが、種数および個体数は冷たい極海域《きょくかいいき》では少なく、暖水域《だんすいいき》ほど多くなる。大型の捕食性《ほしょくせい》のサメを始めとする多くのサメは、温帯から熱帯の温かい海を好む。

熱帯《ねったい》・亜熱帯海域《あねったいかいいき》のサメ

平均水温が21℃以上になる熱帯・亜熱帯海域には多くの捕食性《ほしょくせい》のサメが棲《す》んでいる。ヨゴレは、太平洋、大西洋、インド洋など、全ての熱帯の海で普通に見ることができる。ヨシキリザメも、世界中の熱帯・亜熱帯の海に生息している。

シュモクザメ類の中には、一定の場所にしか棲《す》まない種がいる。アカシュモクザメは熱帯・亜熱帯の海であれば世界中で見ることができるが、ウチワシュモクザメは東太平洋や西大西洋の熱帯・亜熱帯海域にだけ生息している。また、インドシュモクザメは太平洋とインド洋の熱帯・亜熱帯海域だけに棲《す》む。

(上)ニシレモンザメは、バハマのビミニ島などの安全な砂地の浅海に入ってきて、子どもを産む。

温帯海域《おんたいかいいき》のサメ

平均水温が10℃から21℃の温帯の海を好むサメもいる。ホホジロザメもそうで、彼らは南北アメリカ、ヨーロッパ、アフリカ南部、地中海、東アジア、オーストラリアなどの沖合に生息する。

ウバザメは温帯から極海域《きょくかいいき》近くにまで分布する。アオザメは温帯海域から熱帯の海で暮らす。マオナガは広く分布し、大西洋ではノルウェーでも見ることができたが、乱獲《らんかく》のために冷水域での数は減少している。イギリスとヨーロッパの間のイギリス海峡でも見かけることもあるが、彼らの生息地は主に温帯・亜熱帯の海である。

冷水性《れいすいせい》のサメ

平均水温が10℃以下の海に棲《す》むサメは少なく、動きもゆっくりしている。ホシザメ類やアブラツノザメがその代表だ。水温が10℃以下の冷たい海には、北大西洋や北太平洋、北極海などだけではなく、太陽光の届かない深海も含まれる。

冷水域に棲《す》む有名なサメはネズミザメやオンデンザメ類だ。ニシオンデンザメは北極圏の海域で見かけることが多い(40ページ参照)。オンデンザメ(*Somniosus pacificus*)はより温暖な水域を好み、北緯50°～70°の海に生息する。

冷《つめ》たい海《うみ》の殺《ころ》し屋《や》

ニシネズミザメ(*Lamna nasus*)は大型で強力な種類が多いネズミザメ科に属し、全長3.7m、体重250kgになる。彼らは、大西洋では北はグリーンランドからアイスランドにかけて、南はアメリカのニュージャージー州からアフリカ・モロッコまでの広い海域に生息している。また南半球でも、2℃から10℃の水域に生息している。その動きは機敏であり、海面近くを泳ぐニシンやサバを追って食べる。

北極の極寒の海に生息するニシオンデンザメは動きの遅いサメで、氷にあけた穴からも容易に釣ることができる。冷水性の動物の共通点とも言えるが、このサメも成長が遅く、寿命が長く大型になる。全長6mを超えることもある。

浅海《せんかい》から深海《しんかい》まで

サメは、海のいろいろな深さに棲《す》んでいる。太陽の光を浴《あ》びて泳ぐものもいれば、海面近くで獲物《えもの》を追いかけるものもいる。獲物の方から近づくのを待ち、海底近くでじっとしているものもいる。サメの色や体形《たいけい》、遊泳能力《ゆうえいのうりょく》は、それぞれの好みの生息深度《せいそくしんど》や生態《せいたい》、エサの特徴を反映している。

浅海《せんかい》のサメ

サメのほとんどは、深さ約200m以浅《いせん》の浅くて温かな所に生息している。サメに限らず、海の生物のほとんどがここに生息し、サメのエサとなる。アブラツノザメはオスかメスだけで大きな群れを作り、沿岸域に棲《す》んでいる。ネムリブカやコモリザメは、日中は海底でのんびりしているが、夜になると機敏なハンターとなる。

カスザメやノコギリザメやオオセ類は、もっぱら浅瀬の海底で生活をしている。彼らの体は流線型《りゅうせんけい》ではなく、カモフラージュできる模様をもっている。例えばオオセの皮膚《ひふ》は、海藻の生えたごつごつした岩のように見え、カスザメの皮膚は、さらさらした砂っぽい海底を思わせる。ナヌカザメも浅海《せんかい》に生息するサメである。

外洋表層域《がいようひょうそういき》のサメ

ネズミザメ類やメジロザメ類など大型の捕食性《ほしょくせい》サメ類は、外洋域の太陽光が差し込む表層域《ひょうそういき》を泳ぎ回っている。獲物を探す時は、嗅覚《きゅうかく》の他に視覚も用いる。体は流《りゅう》線型《せんけい》で、体色は「カウンターシェイディング」、すなわち背側が暗く、腹側が明るい色をしている。下から見ると、その白っぽい腹面は明るい海面の色に溶けこみ、上から見ると、黒っぽい背面は深い海の色に溶けこんでしまう。横から見ると、太陽光は背中を照らし腹側に影を作るので、色の違いを目立たなくするのである。

深海《しんかい》のサメ

コビトザメ類は、主に水深300mから1,000mくらいの暗い海に棲《す》んでいる。しかし発光器官をもっているので、深海でもエサを探すことができる。同じように発光器をもつクロハラカスミザメは、水深700mから2,000m程度の海に生息している。アイザメ類の多くは、温帯から熱帯の同じくらいの深さに分布している。ヘラザメ類やオシザメは水深1,000mより深い海にも生息している。暗黒の深海底《しんかいてい》にはツノザメの仲間が生息し、時に深海底の動物群集《どうぶつぐんしゅう》の中で最も数が多くなる。キクザメ、ラブカ、カグラザメ、エビスザメ類は深さ約500mよりも深い海に棲《す》む。彼らは上から落ちてくる死んだ動物を食べたり、海底の魚類や貝類などの無脊椎動物《むせきついどうぶつ》などをエサにしている。

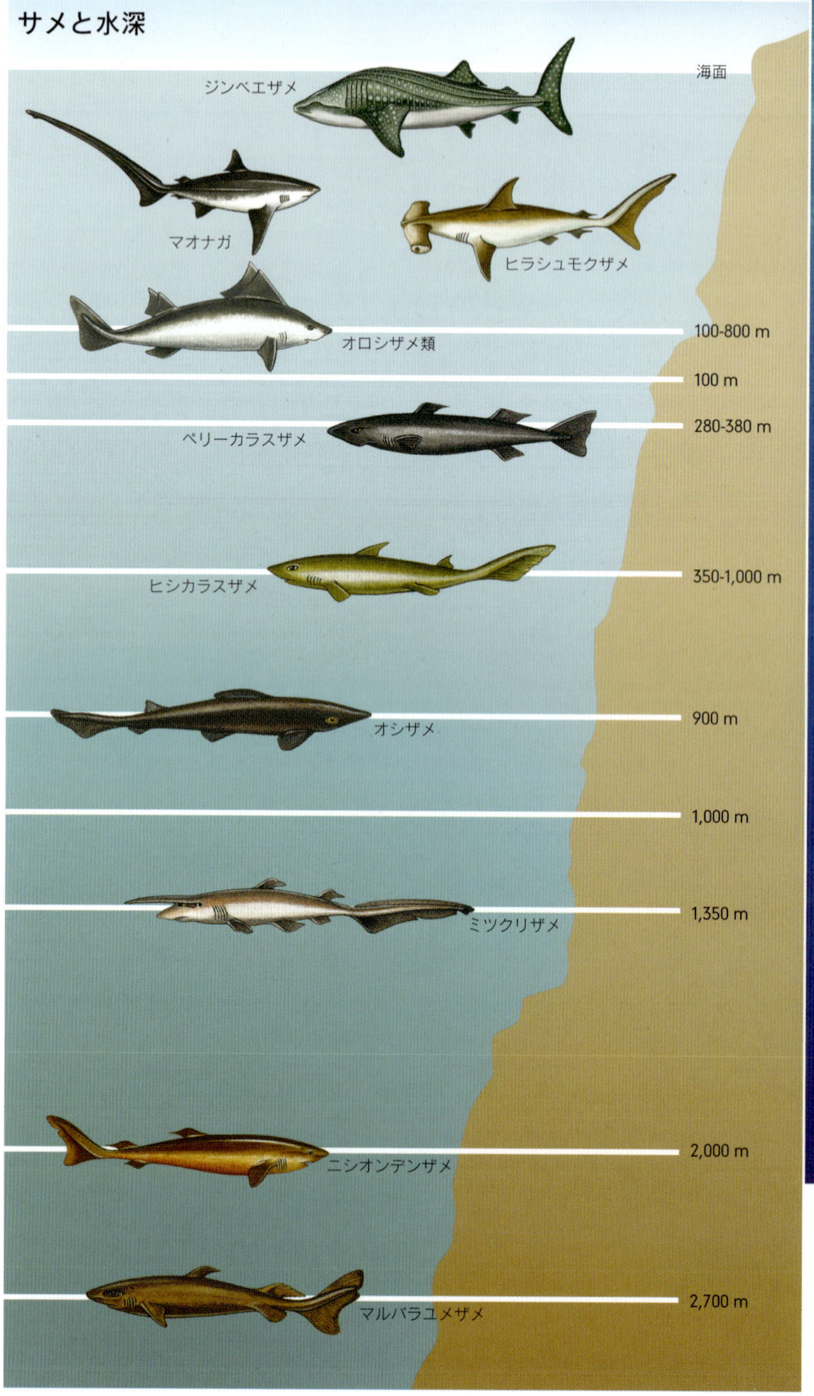

(上)イタチザメは太陽の光が射しこむ海面の近くで、海鳥やカメや海産哺乳類を狙い泳ぎまわる。見つけたものは何でも食べてしまう。

浅海種《せんかいしゅ》と深海種《しんかいしゅ》

オオテンジクザメ(左)などは浅海《せんかい》に棲《す》み、めったに水深60mより深い所まで潜ることがない。一方、最も深い所から記録されたサメは、オンデンザメ科のマルバラユメザメ(*Centroscymnus coelolepis*)で、1970年代に大西洋のアイルランド南西沖で、3,675mの深さから釣り上げられた。

敵《てき》と味方《みかた》

腹《はら》を空《す》かせた巨大ザメとお近づきになりたい、と思う動物など、いそうにも思えない。しかしサメと行動を共にする魚や、サメの体を掃除《そうじ》するために定期的にサメの所に行く魚も存在するのだ。

コバンザメ類は体が細長く、体長20cmから1m程になり、独特の模様《もよう》と背鰭《せびれ》が変形した大きな楕円形《だえんけい》の吸盤《きゅうばん》をもっている。吸盤の縁《へり》は高くなっていて、その中には、鰭条《きじょう》（鰭《ひれ》の筋《すじ》）の左右の要素が発達し、ブラインドの板のように並んだヒダがある。この縁《へり》を宿主《しゅくしゅ》に押しつけ、この板を立てると中が減圧《げんあつ》状態になり、周囲の水圧で体が相手に吸着《きゅうちゃく》する。コバンザメは、サメや大型の魚、カメ、クジラ、そして船にまでくっつき、彼らの移動に便乗する。

他にもサメと一緒に行動する魚に、ブリモドキがいる。体長70cmほどになり、サメやクジラなどの大型の海洋動物や船について、時には何日間も一緒に行動する。彼らは大きな魚や船が作りだす伴流《ばんりゅう》に入って泳ぎ、エネルギーを節約するのである。

体《からだ》を清潔《せいけつ》に保《たも》つ

サメを含め、サンゴ礁に棲《す》む魚は定期的に、「掃除屋《そうじや》」の世話になる。掃除屋とは、指の長さほどしかないベラや、クリーナー・シュリンプだ。大型のサメやカマスなど大きく獰猛《どうもう》な魚が、鰓孔《えらあな》や口の中に小さな掃除屋を招き入れ、古くなった皮膚《ひふ》や鱗《うろこ》、シラミのような寄生虫、フジツボ、菌《きん》、腫瘍《しゅよう》などを取り除《のぞ》いてもらう。掃除屋たちの体には独特の模様があり、独特のダンスをするのだが、なぜ大型の魚の狩猟本能《しゅりょうほんのう》が抑《おさ》えられるのかは、よく分かっていない。

サメへの脅威《きょうい》

自然界におけるサメの天敵《てんてき》は、より大きなサメと、ネズミイルカ、イルカ、シャチ、マッコウクジラなど大型の肉食哺乳類《ほにゅうるい》である。ネズミイルカは、身を守る時にサメを攻撃することが分かっている。サメが逃げるまで、群《む》れで取り囲み横から攻撃をかけるのだ。イルカも同様にサメを襲《おそ》うが、彼らは鰓《えら》や総排出腔《そうはいしゅつこう》など敏感な所を狙《ねら》う。

ホホジロザメよりも大きくなるシャチは、賢く獰猛《どうもう》で強く、群れで狩りをする。サメに限らず、海の大部分の動物はシャチとの遭遇《そうぐう》を避けたがる。普通サイズのサメならば、シャチにとってはおやつのような感覚だ。オオメジロザメにシャチの鳴き声を聞かせたところ、動揺する動きをしたことが確認されている。

（左）マカジキは最も泳ぎの速い魚の一つであり、サメに狙われることはめったにない。その口は細身の剣のように鋭く硬く、攻撃をしかけた相手にひどい傷を負わせることができる。

(上)体が大きく動きの遅いジンベエザメは、コバンザメを連れていることが多い。小さいコバンザメは背中にある吸盤《きゅうばん》を使い、吸着《きゅうちゃく》した相手の泳ぎに便乗する。離れるのは、獲物《えもの》を捕りに行ったり、食べ残しをあさる時だ。

脅《おびや》かされたメガマウスザメ

1998年、インドネシアのスラウェシ島北部の海で、3頭のマッコウクジラが全長5mのサメをいじめている様子が目撃された。船が近づくと騒ぎはおさまり、マッコウクジラは逃げてしまった。そのサメは何とメガマウスザメであった。これが世界で13例目のメガマウスザメの報告だった。そのメガマウスザメの鰓《えら》や背鰭《せびれ》にはかみ傷があったが、マッコウクジラが好奇心旺盛だったのか、じゃれていたのか、攻撃していたのかは不明である。

害虫《がいちゅう》と寄生虫《きせいちゅう》

恐ろしい動物が、必ずしも大きくて獰猛《どうもう》だとは限らない。サメも他の動物と同様、小さな寄生虫《きせいちゅう》に体の内外を蝕《むしば》まれている。

オンデンザメの眼には、「海のシラミ」として知られるカイアシ類が寄生《きせい》していることが多い。本当のシラミは昆虫だが、カイアシ類は小さな甲殻類《こうかくるい》で、カニやエビの親戚《しんせき》にあたる。姿はダンゴムシかミジンコのようで、ほんの数mmの大きさから人間の頭より大きなものまで、大きさは様々である。

眼《め》・鰓《えら》

寄生性《きせいせい》カイアシは、サメの眼に寄生し、その角膜《かくまく》(眼球《がんきゅう》の前面を覆《おお》う透明な膜)を傷つける。カイアシが寄生すると、その跡《あと》が角膜《かくまく》に残り、視力に重大な影響を受ける。しかし、オンデンザメは暗い海底に暮らし、動きも遅いため、それほど視力に頼らなくても困らない生活を送っているのではないだろうか。

このような寄生虫《きせいちゅう》が新しく発見されることは多々ある。例えば、2004年にはカリグス・オキュリコーラ(*Caligus oculicola*)という学名の寄生虫がイタチザメの眼から発見された。また2003年にカリフォルニア沖で捕獲《ほかく》されたホホジロザメからは、皮膚《ひふ》だけで5種の寄生性《きせいせい》カイアシ類が発見され、口や鰓《えら》や眼や内臓《ないぞう》からはさらに別の寄生虫が見つかっている。

サナダムシや肝吸虫《かんきゅうちゅう》が含まれる扁形動物《へんけいどうぶつ》に属する単《たん》生類《せいるい》は、葉っぱに似た姿をし、皮膚《ひふ》や口や鰓《えら》の中に寄生する。寄生性《きせいせい》カイアシ類と同様にサメの体から栄養を吸収するため、これらの寄生虫が大繁殖《はんしょく》するとサメは栄養失調となり、病気にかかりやすくなる。

(右)アオザメの第1背鰭《せびれ》に、横断幕のようなものが見える。これは、ひも状になった寄生性カイアシの卵である。寄生虫の本体は、背びれの端に見える茶色の部分である。カイアシ類は甲殻類《こうかくるい》で、カニやオキアミやフジツボの仲間だ。

皮膚《ひふ》

大型のサメは、体中にフジツボやシラミやカイアシ類などの皮膚寄生虫《ひふきせいちゅう》を抱《かか》えていることがある。フジツボは甲殻類《こうかくるい》の一種で、カニやエビの親戚《しんせき》にあたる。幼生《ようせい》の時、固着《こちゃく》する表面を見つけるとそれにくっつき、身を守る円錐形《えんすいけい》の硬《かた》い殻《から》を作りだす。その上にある穴から羽のような足を出し入れして、小さなエサを含んだ海水を取り込む。

一度固着《こちゃく》したフジツボをはがすことは難しい。サメから栄養を奪うわけではないが、泳ぐスピードを遅めたり、ウィルスの侵入口となる。ジンベエザメが、体に付いたフジツボをはがそうと、船に体をこすりつけたという記録もある。

サメによっては皮膚《ひふ》に十数種ものカイアシ類、例えば世界中に分布しているサメジラミ属などが寄生していることがあり(上の尾鰭《おびれ》の写真を参照)、時に何百個体もが寄生していることもある。非常に多様なために、寄生性カイアシ類学という学問分野もある。

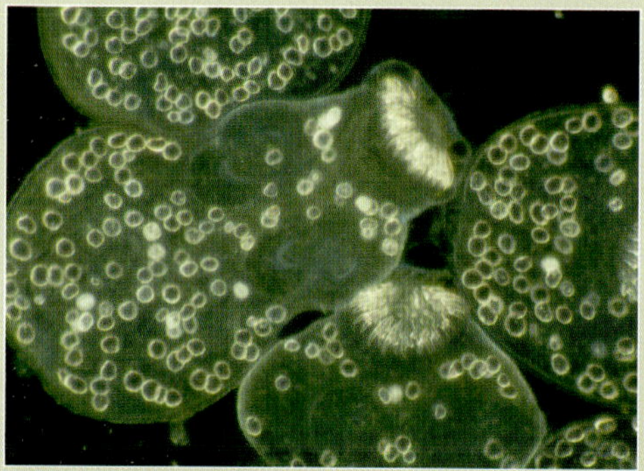

内臓《ないぞう》

サメは消化系《しょうかけい》に寄生するサナダムシなど、体内にも数種の寄生虫を抱《かか》えている。彼らは頭部にあるフックで消化管《しょうかかん》の内壁《ないへき》に固着《こちゃく》し、薄く湿った皮膚《ひふ》を通して周囲の栄養を吸収する。サナダムシの卵は生み出されると、排泄物《はいせつぶつ》と一緒にサメの体外へ排出《はいしゅつ》される。陸のサナダムシと同様に、海のサナダムシの生態も複雑であり、宿主《しゅくしゅ》はサメ以外にもたくさんいる。

方向《ほうこう》を探《さぐ》る

外洋域《がいよういき》は、我われ人間には何の特徴もない均一《きんいつ》な場所に見える。しかし、サメなど海の動物にとっては大違いである。外洋域の海水だけでも、流れのスピードや方向、物理的・化学的組成《そせい》、水温などの点で千差万別だ。

海流は、水平に、垂直に、そして斜めに流れ、混じり合ったり、海底崖《かいていがい》の上や深海谷《しんかいこく》を流れることがある。サメは海流の動きや匂《にお》い、化学物質、塩分濃度、水温、水圧などに敏感で、回遊《かいゆう》する時はこれらの海流の情報を頼りにする。

磁気感覚《じきかんかく》

地球上には弱い自然磁場《しぜんじば》がある。我われはそれを利用して方位磁石《ほういじしゃく》を用いているわけだが、近年の研究によると、サメも磁場を感じとっているらしい。ある実験では、アカシュモクザメとヤブジカを大きな水槽に入れ、エサを与える場所を決めた。そして水槽のまわりに電線コイルを巻きつけ、エサをあげる時には電気を流して磁場を作りだしたところ、サメたちは、エサのある場所まで速く到達する方法をすぐに覚えた。その後、エサを与えずに磁場だけを作りだしたところ、サメたちはエサのないその場所に集まった。彼らは、食べ物のあることを示す磁場を感じ取っていたのである。

また別の実験では、毎日決まった場所を通るニシレモンザメが対象となった。そこに電磁石《でんじしゃく》を設置し、自《し》然磁場《ぜんじば》を変えたところ、そのサメはいつもと違うコースを泳いだ。長距離を移動する野生のサメを観察しても、彼らが磁場を利用することが分かっている。磁場は、地下にある岩の種類によって曲がったり変形するが、サメはそれに沿って移動するのである。

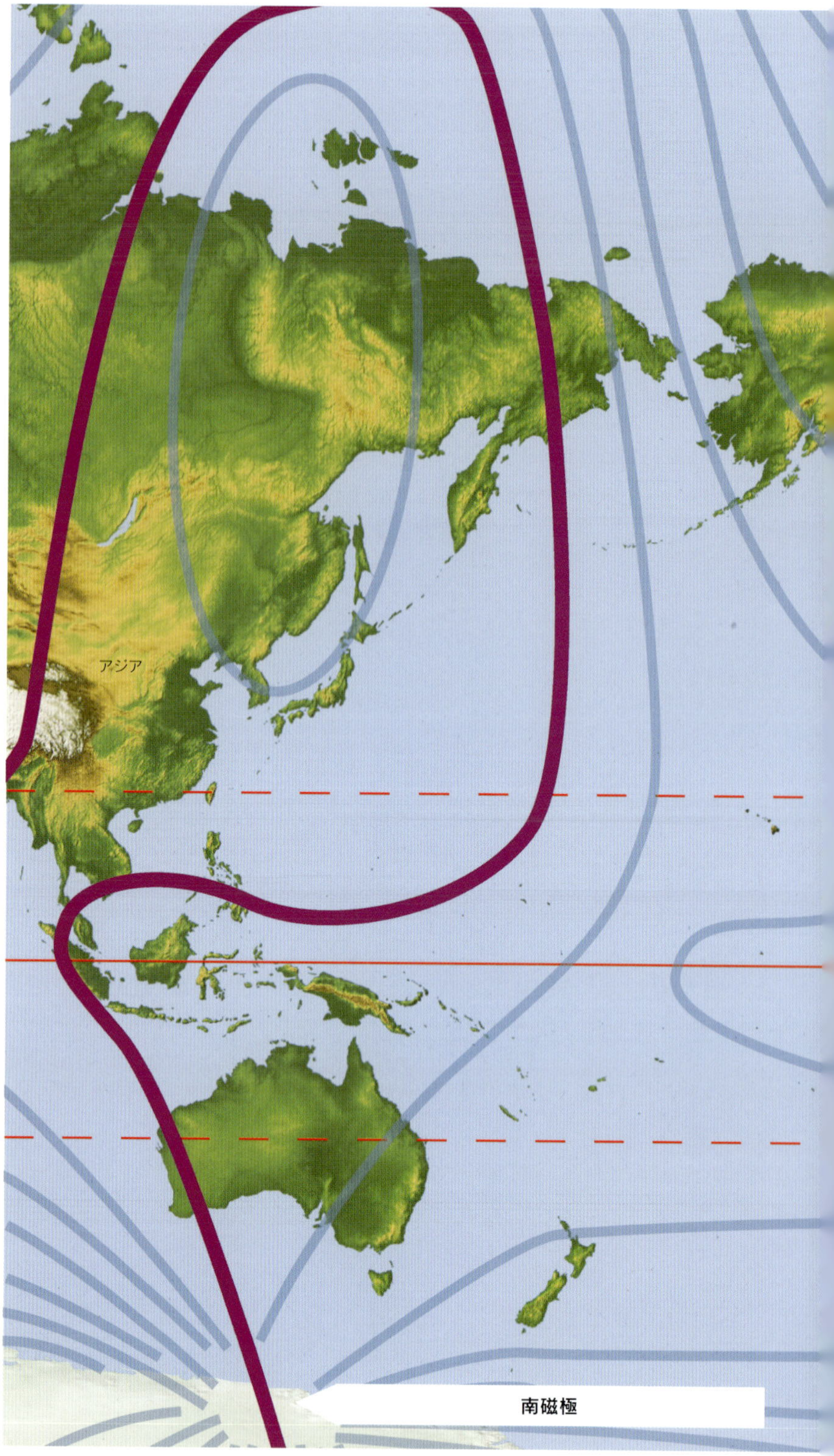

電磁気《でんじき》

サメ以外で磁気感覚《じきかんかく》をもっている動物は、天然の磁石とも言うべき磁鉄鉱《じてっこう》の成分を細胞内にもっている。サメもこの磁鉄鉱《じてっこう》をもっているかは不明だが、電気感覚をもっているのは確かだ。電気を帯びた物質が磁場を通ると、電気が発生する。サメの細胞には帯電《たいでん》した塩が含まれているため、自然磁場《しぜんじば》を通る時に弱い電流が発生し、それを彼らは電気感覚で感じ取っているのだろう。この電気信号によって、サメは自然磁場の大きさと向きを知るのだ。

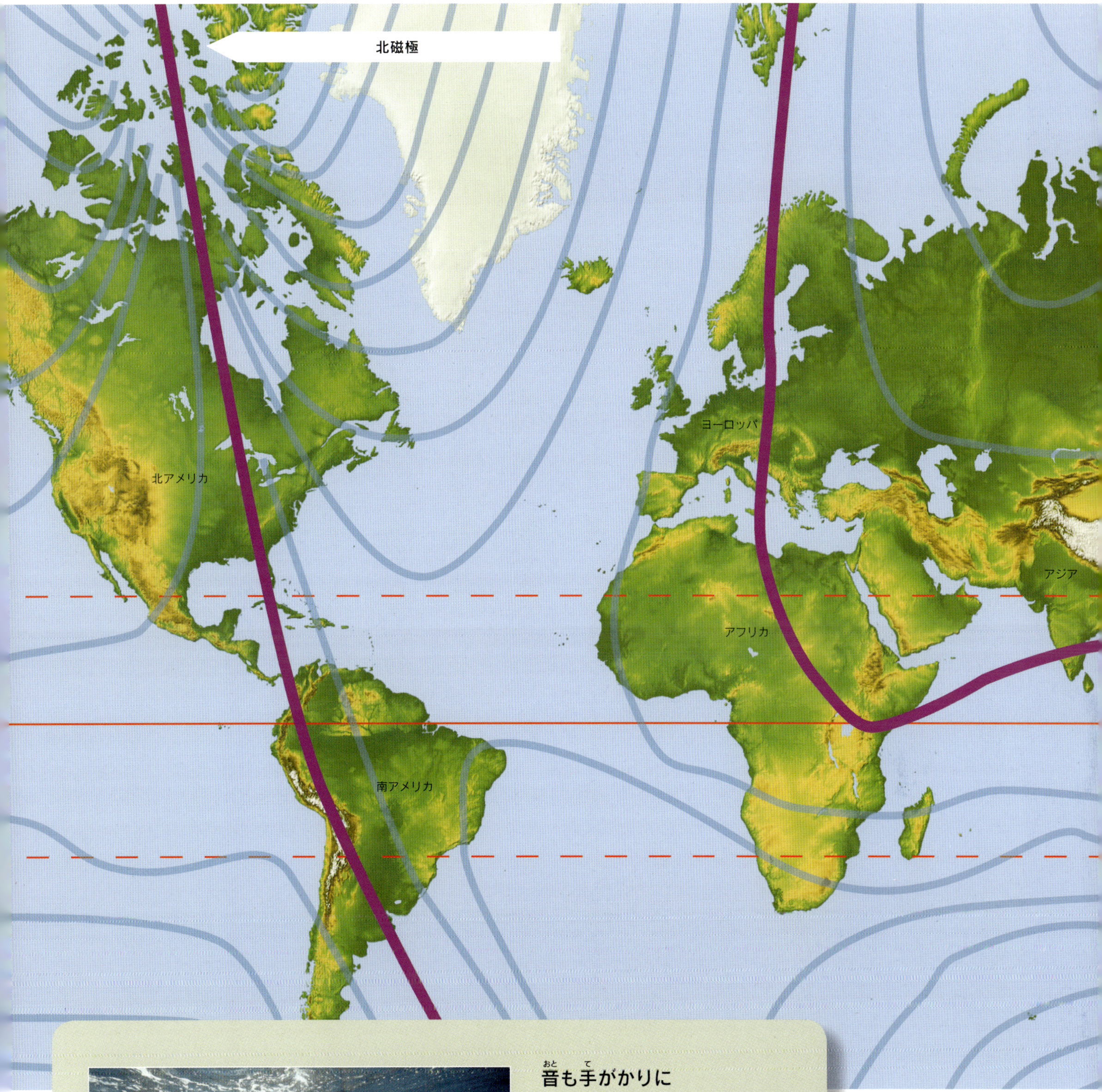

音《おと》も手《て》がかりに

音もまた、サメに自分がいる位置や進むべき方向を示してくれる。海は潮流《ちょうりゅう》の渦《うず》の音や、動物の音など、いろいろな音であふれている。これらの水中音が集まると、音像《おんぞう》になる。サメは体の側線《そくせん》や耳で音を感じ取り、周囲の「音による映像」を作り出しているのかもしれない。

(上)地球は巨大な磁石と言ってもいい。我われが使う方位磁石も、地球で発生する磁場に反応している。しかし岩の組成は場所により異なるので、磁場が均一に広がっているわけではない。この地図の線は、地球の主な磁場の変化を示したものである。

サメの回遊《かいゆう》

サメの中には、定住《ていじゅう》する場所や、ナワバリをもたないものもいる。その一部は一匹オオカミならぬ一匹サメとして暮らし、色々な場所に姿を現す。しかし、それ以外のサメは決まったルートを定期的に回遊《かいゆう》する。新たなエサを探し求めたり、危険を避けたり、繁殖《はんしょく》のためだったり、その目的は様々だ。

季節回遊《きせつかいゆう》

蝶《ちょう》からクジラまで、多くの動物が食糧源《しょくりょうげん》を求めて移動する。サメも例外ではない。北太平洋に生息するネズミザメなどは、獲物《えもの》とする魚やイカ、小型クジラやオットセイなどを追って、季節ごとに移動する。サメに狙われる動物もまた、より小さな獲物を追い、さらにそれらの動物もプランクトンなどの食糧を追っている。これは、海の食物網《しょくもつもう》の原点をたどる旅と言ってもいいかもしれない。

プランクトンは、栄養豊富な極海域《きょくかいいき》で短い夏に爆発的に増殖《ぞうしょく》し、成長する。プランクトンを食べる魚やクジラも、春になると温帯や熱帯の海を離れ、南極や北極を目指す。しかし秋になると海は暗く冷たくなり、プランクトンも少なくなるので、魚やクジラは暖かい海に戻る。そこならプランクトンの成長が遅くても、食べるものがあるからだ（水も冷たくない）。例えば、大西洋のマオナガも、冬は温暖な海に見られ、夏になると北海の方まで回遊《かいゆう》する。

回遊《かいゆう》のチャンピオン

大きな回遊をするので有名なサメはヨシキリザメだ。簡単なプラスチック標識《ひょうしき》や、人工衛星に情報を送る電波発信機などの標識をつけて、追跡調査が行われている。その結果、ヨシキリザメの驚くべき回遊《かいゆう》の実態が明らかになりつつある。彼らは春先6月までに北大西洋の西部で交尾《こうび》を終えると、一部は北大西洋海流やメキシコ湾流に乗って東に回遊する。そしてヨーロッパ大陸付近の海で子どもを産むのだ。しかし、回遊するのはもっぱらメスで、オスは基本的に北アメリカの海域にとどまっている。

その後、ヨシキリザメのメスはヨーロッパや北アフリカ沿岸を南下し、そこから西に進路をとり、大西洋を横断すると考えられている。その時も、カナリア海流や北赤道海流などの海流を利用し、カリブ海や北アメリカ近海に戻っていく。これは1万6,000kmにもおよぶ壮大な旅だ。

（左）ハナザメの群れが浅い礁湖《しょうこ》に集まっているところ。彼らは春になって海水が温まるとメキシコ湾内に移動し、十分な食糧をとり繁《はん》殖《しょく》する。冬になると沖に出て、もっと南に回遊《かいゆう》する。

(上)外洋性のサメとは対照的に、カマストガリザメなどメジロザメ科のサメは普通、長距離の回遊《かいゆう》をしない。しかし彼らは強力に泳ぎ、獲物《えもの》を求めてスエズ運河を通り抜け、地中海にまで侵入することが知られている。

獲物《えもの》を追《お》って

クロヘリメジロザメはイカやタコなどの他に、ボラやイワシなどの魚を食べる。アフリカ南部では、冬になると彼らは群れになり、南アフリカのクワズル・ナタール州の沿岸を泳ぎながら、イワシの大群を追っていく。ここでは、クロヘリメジロザメがイワシの仲間の団子状の集団を、逃げられないように浅瀬に追いこんでいる。

サメの社会《しゃかい》

サメは同じ種で群《む》れることがあるが、その理由は明らかではない。捕食者《ほしょくしゃ》の側から見ると、大きな群《む》れは襲《おそ》いにくいため、群れを作る一つの理由は自分たちの身を守るためなのである。しかし大型のサメには、自分より大きなサメ以外に、捕食者は存在しないのだ。

ネムリブカは、日中は洞窟《どうくつ》や突き出た岩の下に群《む》れをなして休んでいる。このような場合には、群れの全個体の眼や側線《そくせん》などの感覚器官を使って周囲に注意を払い、危険や獲物《えもの》をより効率的に感知することができるだろう。しかし、昼間にこのような集団を作る理由は、単に良い休憩場所があるからだけなのかもしれない。

コモリザメが海底で休む時は、子犬のように互いに重なり合っている。このような群れには、互いの体を接触させることに何らかの意味があるのかも知れない。

結婚《けっこん》の相手《あいて》探《さが》し

群れを作る2つ目の理由として、繁殖行動《はんしょくこうどう》の効率化が挙げられる。単独より集団で行動した方が、相手の成熟《せいじゅく》状態がよく分かり、交尾するチャンスにも恵まれるだろう（172ページ参照）。しかし、アブラツノザメやニシレモンザメなどは、繁殖期《はんしょくき》以外はオスとメスは別行動する。つまり交尾が目的で群れを作っているわけではないわけだ。

アカシュモクザメは夜行性のハンターだが、日中は数百匹もの大群でゆったりと泳いでいる。この時彼らは、他の魚の群《む》れと同様に、同じタイミングで動いたり向きを変える。この群れの中には、メスがオスの４倍ほどいて、互いに押しあったりぶつかったりしながら、群れの中央付近に留《とど》まろうとする。

群《む》れで狩《か》り

サメが集合する3つ目の理由として考えられるのは、群れで狩りをした方が多くの獲物《えもの》を捕まえられるから、ということだろう。実際、サメがエサを食べる時は、その場に何匹も集まっていることが多い。しかしこれは、単にその場所に獲物が集まっているからだ。彼らは互いに特別なコミュニケーションを取ることはなく、食べ終わるとそれぞれ別々の方向に散っていく。世界で２番目に大きいウバザメは、夏になると北大西洋で50匹以上の群れになって集まるのが確認されているが、ここは海流の影響でプランクトンが集まっている場所である。

ホホジロザメは狩りの最中、群れの仲間の動きに反応する様子を見せるので、協力し合っているのかもしれない。

群《む》れのボスは？

ライオンやワニなど、同じ種の動物が群れをつくると、序列《じょれつ》ができることが多い。群れのボスは、食べ物や寝る場所、交尾の相手を優先的に選ぶことができ、他の仲間はそれに従う。ボスはその地位を保つため、健全な体やパワーを披露《ひろう》したり、脅《おど》したり、時には闘《たたか》ったりする。大きな群れをつくるサメの場合、時に口を開けて群れの仲間にぶつかったりするが、これは本気の攻撃ではなく、群れの中で序列を決める行為だと考えられている。

（上）アカシュモクザメは日中、大きな群れを作り海山の上などでゆったりと泳いでいる。しかし日が暮れるとばらばらに行動し、獲物《えもの》を探しに出かける。海山の周りでは、海流が下から上に向かって強く流れ、小魚などが食べる栄養物やプランクトンが運ばれてくる。その小魚などをアカシュモクザメが狙うのである。

（左）ネムリブカは日中、単独または群れで、海底のくぼみで休むか、ゆっくりと泳ぎ回る。しかし夜になると群れで行動し、互いに押し合ったり、サンゴの中を覗《のぞ》いたり、ぶつかったりしながら狩りをすることが多い。眠っている魚を追い出すには、単独より群れの方が効率的なのだろう。

サメのナワバリ

サメはエサをとったり、繁殖《はんしょく》したりするための、自分だけのナワバリをもっているのだろうか？

その答えは、今のところ明らかではない。野生のサメは泳ぎが速く、移動も多く、何かあればすぐに逃げるので、1匹1匹を識別《しきべつ》し観察することは非常に難しく、危険でもある。また、単に観察のためとはいえ人間が接近すれば、サメに限らず野生動物は当然、普段と異なる行動を取る。本当に自然な状態を見ることは不可能だろう。

動物のナワバリとは、ある動物がほとんど常にいる場所で、生活空間、食べものを得る場所、避難場所だったりする。そして何よりも重要なことだが、侵入者《しんにゅうしゃ》（特に同じ種の仲間）を追い払う場所である。多くの動物がナワバリ意識をもつが、特に鳥類は顕著《けんちょ》である。時に食と住をまかなうには小さすぎるナワバリもあるが、ナワバリをもっていること自体が、繁殖《はんしょく》のパートナーへのアピールになる。一方、ある動物が習慣的に訪《おとず》れ食糧を得る特定の場所であっても、同種の仲間を追い払ってその場を防衛しない場合には、その場所はナワバリではなく、行動圏《こうどうけん》と言う。

追《お》い払《はら》う時《とき》

オグロメジロザメにはナワバリ争いに関係するようないくつかの行動が知られている。ダイバーがサンゴの張り出しや砂場など、オグロメジロザメのいる礁内《しょうない》の特定の場所に近づくと、オグロメジロザメは背中を曲げ、胸鰭《むなびれ》が真下を向くくらい下げて、何らかのメッセージを送ってくる。実は、これはサメの攻撃態勢《こうげきたいせい》なのである（94 ～ 95ページ参照）。

オオメジロザメも、ナワバリを守るような行動を取る。普段の動きはゆっくりしているが、接近してくる動物や人間がいた場合、その様子を探ったり、追い払おうと驚くほどのスピードを出す。人間や動物を襲《おそ》うことでも有名なオオメジロザメは、空腹や特定の領域に対するナワバリ意識からではなく、「個の空間」を侵《おか》された時に反射的に攻撃しているのかもしれない（下の説明を参照）。

サメの「個《こ》の空間《くうかん》」

人間は、他者にあまりに近寄られると不快になったり、攻撃的になることさえある。正面から来られると特にそうだ。この範囲《はんい》を「個の空間」と呼ぶが、一部のサメにも同じようなエリアがあるとされている。別の個体がそこに侵入《しんにゅう》すれば、侵入されたサメは反応するだろう。動物のナワバリとは、地理的に一定の決まった場所をさすが、この個の空間は「移動するナワバリ」のようなものだ。サメを取り囲む一つの見えない大きな泡《あわ》を想像したらいいだろう。サメが守りに入っている場合には、別の動物が近づくほど、サメも「あっちに行け」とばかり攻撃的になる。しかしサメが積極的になって、その動物や人間に近づいてきたりする場合には、個の空間の大きさは変化する。

オグロメジロザメはあまりに近寄られると、その場を去ってしまうか、胸鰭《むなびれ》を下げ背中を折り曲げて、全身の動きを大きく見せて不快感を表明する。写真のサメの、胸鰭《むなびれ》をやや下に向けた動作は、ちょっとした興奮状態を表している。

(右)オグロメジロザメは社会構造をもっているサメで、日中は静かな礁湖《しょうこ》や、サンゴ礁の間などで群れを作って過ごしている。オグロメジロザメは、慣れ親しんだ場所を好む傾向にある。彼らは夜になると別々に行動し、サンゴ礁の魚やイカや小さい無脊椎動物《むせきついどうぶつ》を食べる。

知《ち》能《のう》と学《がく》習《しゅう》能《のう》力《りょく》

人間はサメのことを、何も考えず機械的に食べるだけの動物だと長い間考えてきた。食べるだけの行動には何の知性も伴《ともな》わないと考えたからだ。しかし近年の研究により、それが事実と全く違うことが分かってきた。野生のサメや捕獲《ほかく》したサメに対して行った実験や観察の結果から、サメがものを考えない機械的な動物という誤解は消えつつある。

サメはものごとを記憶《きおく》し、経験《けいけん》から学習《がくしゅう》し、仲間や他の海洋動物とコミュニケーションを取ることもできる動物なのだ。

本能《ほんのう》と学習《がくしゅう》

生まれもっている行動の仕方を、本能反射《ほんのうはんしゃ》と呼ぶ。それは特定の刺激に対する反応のことであり、単純で予見《よけん》しやすいものが多い。サメを含め、動物の本能反射《ほんのうはんしゃ》は経験にもとづく判断により、ある程度変わることがある。つまり、ある状況に直面した動物が、本能にもとづき行動し、その時のことを記憶する。すると再び同じような状況に遭遇《そうぐう》した時、前回の経験を想起《そうき》し、場合によっては行動を変える。これはまさに試行錯誤《しこうさくご》であり、学習なのである。サメはこのような学習行為や、それ以上のことができる。

水槽実験《すいそうじっけん》では

捕獲《ほかく》されたサメに対して行われた実験によると、サメは学習能力があり、ネズミのような哺乳類《ほにゅうるい》と同じレベルで行動様式《こうどうようしき》を変えることができる。水族館での実験では、ニシレモンザメやコモリザメは学習能力が高く、しかもすぐに学習をすることが明らかになった。訓練を10回しなくても、彼らは特定の音や動きとエサを関連づけられるようになる。特定の場所や特定の人物から、食べ物を受け取ることを覚える。そしてネズミと同じくらいの速さで、単純な迷路を泳ぎ出ることができる。物の形を識別することもでき、たとえば○（丸）はエサを意味し、□（四角）はエサではないということを覚えてしまう。

野生《やせい》では

野生のサメは、スピアフィッシング（素潜《すもぐ》りでの魚突《さかなつ》き）する人間につきまとうと良いことがあると、自らの体験で覚えてしまう。つまり、つきまとうと人間は獲物《えもの》を放棄《ほうき》するので、その獲物を食べられるということを学習するわけだ。観光客向けにサメの餌付《えづ》けが行われる地域では、サメはエサをもらえるボートの音を覚えており、それ以外の船には反応しない。他にも、海鳥のヒナや若いアザラシなど、季節によって数の増える動物を狙《ねら》い、決まった場所に現れるサメがいる。これもサメが学習をするという実例である。

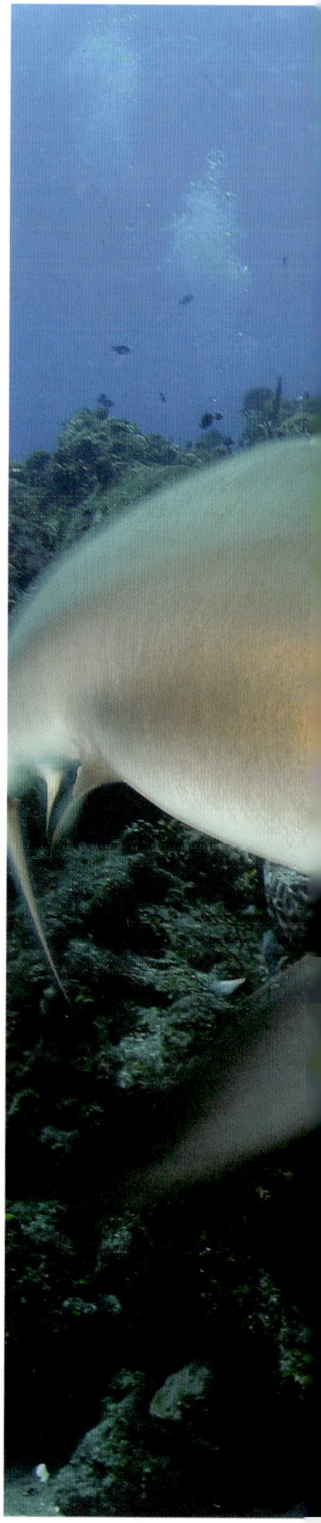

（左）ダイバーによって渡された魚を食べるペレスメジロザメ。人間を襲うことができるほど大きいが、きちんと接すれば危険なサメではない。カリブ海のサンゴ礁では最もよく見られるサメだ。

(上)経験豊富なサメ・ツアーのリーダーが、ペレスメジロザメに手でエサを与えているところ。サメはダイバーから食べ物をもらえることをすぐに覚え、ダイバーが潜るとすぐに集まってくる。生物学者の中には、餌付《えづ》けされたサメは人間を食べ物と関連づけ、人を襲うようになるのではないかと危惧《きぐ》する者もいる。

好奇心《こうきしん》

サメは知らない物を見つけると、それに近づき鼻でつついたり、ぶつかってみたり、軽くかんだりすることがある。そのような恐ろしいことをダイバーにする場合もあるが、このような行動は好奇心によると考えられている。サメは、未知《みち》の物体を調べ、それが危害を加える物なのか、美味《おい》しい物なのかを探ろうとしているのである。

サメの飼《し》育《いく》

自然界におけるサメの棲《す》みかは海であり、彼らはいつでもどこでも狩りをすることができる。研究者や自然保護論者は、サメの行動や生態《せいたい》について研究をし、一般の人々にこの魅力ある動物についての理解を広めるため、サメを飼育することに積極的だ。

しかしサメのように強く大きい動物を飼《か》うには、それなりの特別な困難《こんなん》が伴《ともな》い、非常に難しいというのが現実である。

その一つは、人工的な環境でサメが生きられるかどうかという根本的なことだ。捕《とら》えられ自由を奪われたサメ（特にホホジロザメ）は、何も食べなくなってしまうことが多いため、長期間水槽《すいそう》で飼うのが難しくなる。そういったサメの調査は海の中でしか行えないため、その生態研究はなかなか進まない。しかしイタチザメやニシレモンザメなどは人工環境に比較的よく順応《じゅんのう》するため、彼らの生活については、より詳しく知ることができる。

このように困難を伴《ともな》うサメの飼育ではあるが、状況はわずかずつながらも改善している。サメにとって居心地の良い水槽がどういうものかが分かってきたからだ。アメリカのカリフォルニアにあるモントレーベイ水族館では、2005年にはホホジロザメを198日間も飼育することができた。それまでの最長記録が16日間ということを考えると、大進歩と言える。そのホホジロザメは、成長して水槽が狭《せま》くなったため、海に返された。サメがまだ子どもだったことが成功理由だろうと水族館の人々は考えた。そのサメは1歳のメスだったが、若かったため、海を離れた新しい環境へも十分に適応できたのだろう。巨大なジンベエザメでも同様の結果が出ている。そして2007年には、サンフランシスコのベイ水族館で、世界で初めて、飼育下にあるカスザメが子どもを産んでいる。

サメの捕獲《ほかく》に成功し水槽《すいそう》に運んだ後も、サメを傷つけないよう様々な工夫が必要となる。最も一般的な手段は、サメをひっくり返すか、サメの眼の付近の吻《ふん》に手を置き、一時的に体を動けないようにする方法である。これをトニック・イモビリティーと言うが、この状態にあるサメは覚醒《かくせい》しているものの、動いたり襲《おそ》ったりすることはできない。その間に、研究者はサメを詳しく調べることができる。最近ではこの方法を利用して、薬品や電気を使ったサメよけの効果が試されている。効果的なサメよけであれば、そのサメは麻痺状態《まひじょうたい》から目を覚ますはず、というわけである。

大自然の生息地で思うままに泳ぎまわるのが、サメにとって一番心地よい状態である。
水槽の中で自由を奪われたサメたちは、食物を食べようとせずに死んでしまうことが多い。

水槽の中でサメを捕まえ、その体に手を触れるのは、熟練したスタッフでなければできない難しい仕事だ。

(上)多くの水族館では、水槽の環境をできるだけ海の環境に似せて、サメが暮らしやすいようにしている。

バーサ

最も成功したサメの飼育例の一つに、ニューヨーク水族館のシロワニ、バ　サがいる。このサメは2008年に43歳で死ぬまで、ずっと飼育されていた。

バーサがこの水族館に到着したのは1965年のことで、サメの飼育期間としては世界最長の記録になる。彼女は、約400tの円形水槽に5匹の他のシロワニと、2匹のコモリザメ、1匹のネムリブカとともに飼育されていた。シロワニは獰猛《どうもう》な種類のサメであるが、バーサはおとなしい性格だったという。

ハンター そして 殺《ころ》し屋《や》

サメの中には、世界最強とも言えるほど攻撃的で獰猛《どうもう》なハンターがいる。彼らは大型の哺乳類《ほにゅうるい》や、カメ類、そして人間をも襲《おそ》う。

ホホジロザメは最も大きいサメの一種で、非常に優《すぐ》れたハンターである。巨大な顎《あご》とノコギリのようにギザギザのある三角形の歯をもち、口を閉じると上下の歯がしっかりとかみ合う。

食物連鎖《しょくもつれんさ》・食物網《しょくもつもう》

生き物はみな相互に依存《いぞん》しており、複雑に絡《から》み合う食物連鎖《しょくもつれんさ》や食物網《しょくもつもう》、栄養循環《えいようじゅんかん》、個体数ピラミッドの一部を構成している。それらのシステムのどこに、どのようにサメが位置するのかを知れば、海の生態環境《せいたいかんきょう》や、動植物の被食《ひしょく》・捕食《ほしょく》関係を理解できるだろう。

いかなる場所においても、植物がこのシステムの土台になる。植物は光合成《こうごうせい》によって太陽エネルギーを取りこむ。陸の植物でなじみ深いのは、花や草や木だ。しかし植物プランクトンと呼ばれる海の植物は、草木ほど分かりやすい姿をしているわけではなく、微小《びしょう》な単細胞生物や藻類《そうるい》として海を漂《ただよ》っている。沿岸や浅水域《せんすいいき》では、大きい海藻が育つ。コンブ、ダルス、トチャカ、アオサなどである。

草食動物《そうしょくどうぶつ》

植物しか食べない動物を草食動物《そうしょくどうぶつ》と呼ぶ。海岸の草食動物は、藻類を食べるカサガイやタマキビなどの軟体《なんたい》動物《どうぶつ》だ。沖合の草食動物は、植物プランクトンを食べる動物プランクトンである。海中を漂《ただよ》い続ける小さな有孔《ゆうこう》虫《ちゅう》、5mm足らずのカイアシ、人間の指ほどの大きさしかないオキアミも動物プランクトンである。カニや貝類、ヒトデ、クラゲ、イカや魚などの幼生《ようせい》なども同じ仲間だ。

肉食動物《にくしょくどうぶつ》

動物を食べる生物を肉食動物《にくしょくどうぶつ》と呼ぶ。動物プランクトンは、小魚やエビに食べられる。次に小魚やエビを食べるのは、もっと大きな魚やイカである。このようにして食物連鎖《しょくもつれんさ》ができあがる。一般的に上位捕食者《じょういほしょくしゃ》ほど体が大きいが、サメは基本的に肉食で、食物連鎖の頂点もしくはその近くに君臨する、最上位の捕食動物《ほしょくどうぶつ》である。

デトリタス食動物《しょくどうぶつ》

自然には無駄なものはなく、全てがリサイクルされる。植物、動物の死体、腐肉《ふにく》、動物の排泄物《はいせつぶつ》など、栄養豊富な有機物《ゆうきぶつ》を食べるのはデトリタス食動物と呼ばれる。ムール貝などの貝類や、カニなどの甲殻類《こうかくるい》もこの仲間だ。サメの中では、ニシオンデンザメが死肉を好むので有名だ。海が死体だらけにならないのは、デトリタス食動物のおかげである。

連鎖《れんさ》から網《もう》へ

草食動物と肉食動物の境目《さかいめ》は、はっきりしていない。ポートジャクソンネコザメは1～2週間の間に、植物も、動物も、死肉も食べる。このように幅広い食性《しょくせい》をもつことで、食物連鎖《しょくもつれんさ》はさらに複雑な食物網《しょくもつもう》になる。

食物連鎖《しょくもつれんさ》は、短いこともあれば、長いこともある。サメがジュゴンを食べ、そのジュゴンが海藻を食べていた場合、食物連鎖を構成する生物は3種しかない。しかし、サメがアザラシを食べ、そのアザラシが魚を食べ、その胃の中にはイカ（上）が、イカの中に甲殻類《こうかくるい》の幼生《ようせい》（左）がいる、このように続くと食物連鎖《しょくもつれんさ》の輪は10個以上になる。

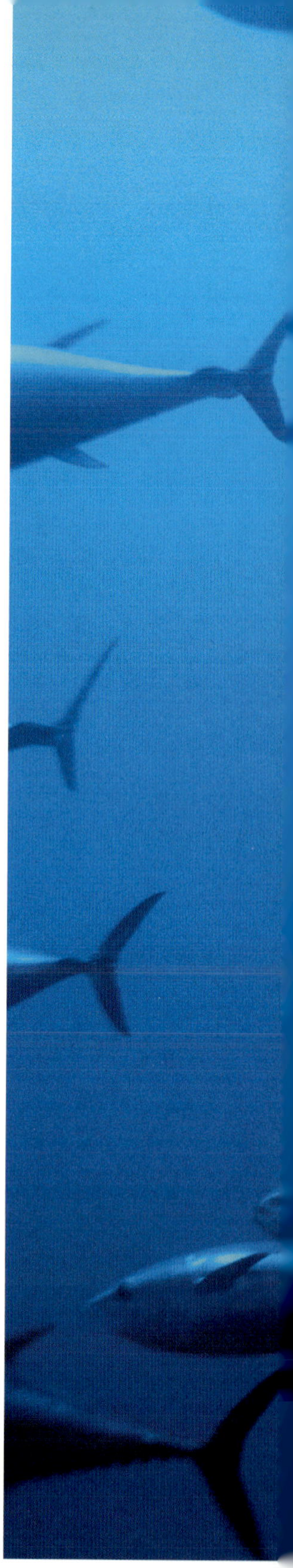

（上）クロマグロは沖に棲《す》む肉食動物で泳ぎが速く、自分より小さなイカや、群泳《ぐんえい》するニシンやイワシ類を追って暮らしている。一方、クロマグロは、さらに大きく素早いホホジロザメやヨゴレなどに襲《おそ》われ、また人間によって漁獲もされている。

（左）オキアミは小さなエビのような姿をしており、南極海の食物連《しょくもつれん》鎖《さ》では特に重要な存在だ。彼らをエサとするのは、ヒゲクジラやペンギン、アザラシや魚だが、これらはサメによって食べられる。オキアミが食べるのは、海中を漂《ただよ》う小さな藻類《そうるい》だ。

サメの食《た》べ物《もの》

食欲《しょくよく》は、最も基本的な欲求《よっきゅう》の一つだ。サメは食べることによって生存《せいぞん》し、筋肉にエネルギーを供給し、成長し、怪我《けが》を治し、そして最終的には繁殖《はんしょく》するのである。

海にはエサになる多様な生物が棲《す》んでいる。サメはそのような多様な環境に適応し、様々な嗜好《しこう》や狩りの技術を身につけてきた。サメは、生態学者が言うところの従属栄養生物《じゅうぞくえいようせいぶつ》である。ほとんどの動物がそうであるが、サメは植物（独立栄養生物《どくりつえいようせいぶつ》）のように自ら栄養を作り出すことはできない。食物連鎖《しょくもつれんさ》や食物網《しょくもつもう》の下位にいる生物を食べなければ、生きていけないのである。

より正確に言うなら、サメは肉食の従属栄養生物《じゅうぞくえいようせいぶつ》である。つまり、他の動物の肉を食べるということだ。完全に草食性のサメは存在しない。草食に一番近いのが、ジンベエザメやウバザメ、メガマウスザメなどフィルター・フィーダーのサメである。彼らは小さい浮遊性動植物《ふゆうせいどうしょくぶつ》が豊富に入ったプランクトンの「スープ」を食べる。これ以外のサメは肉食性で、獲物《えもの》を追いかけ捕食《ほしょく》してしまう。

摂食《せっしょく》と絶食《ぜっしょく》

肉食動物が食べる肉は栄養の塊《かたまり》であり、消化するには時間がかかる。栄養価の低い植物をいつも、大量に食べている草食動物に比べ、肉食動物の食事頻度《ひんど》は少ない。サメの場合、一度満腹になると、消化･吸収するまで何も食べない。摂取《せっしゅ》した栄養分のうち10％はサメの体づくりに、つまり体組織の成長や維持に使われる。残りは、生殖《せいしょく》活動を含む生命活動のためのエネルギーになる。

一般的にサメは、1日に体重の0.5～3％のエサを食べるが、通常はたくさんの量を2、3日に1回の割合で食べる。しかしエサがないと、大きな肝臓《かんぞう》に貯めた栄養分を使って何週間も、何か月も食べないで過ごすこともできる。サメは狩りを行うが、サメだけが得をしているわけではない。彼らが狙《ねら》うのは、魚やアザラシやイカの中でも老いた個体や、病気だったり適応《てきおう》が不十分な個体だ。それらを食べることで、優《すぐ》れた個体を残すことになる。サメという捕食者《ほしょくしゃ》によって適者生存《てきしゃせいぞん》の法則は守られ、動物の進化が進むのである。

底生性《ていせいせい》のサメが好むのは、動きの遅いクモガニ類（左）のような無《む》脊椎《せきつい》動物だ。アカヒメジ（上）などサンゴ礁の魚は、同じ場所に棲《す》むメジロザメ類や、回遊《かいゆう》してきたサメに狙《ねら》われる。

参考《さんこう》までに

- 飼育されている体長3メートルのニシレモンザメは平均して1日あたり体重の0.5%のエサを、週に2、3回に分けて食べていた。
- 約0.9tの大型のホホジロザメが1年間に食べる量は、約9tである（ホホジロザメは活発に動き回り、体温を高く保つことができる分、食べる量も多い）。
- 体重68kgの人間は、年間約0.5tほど食べる。仮に人間の体重を0.9tとすると、年間の食事量は7tになる計算である。

巨《きょ》大《だい》な殺《ころ》し屋《や》

捕食性《ほしょくせい》のサメの多くが巨大なのは、その方が速く泳ぐことができるからだ。海産魚《かいさんぎょ》の大部分は1m以下の硬骨魚類《こうこつぎょるい》だが、捕食性《ほしょくせい》のサメは全長が数mになることもあり、体のサイズも泳ぐスピードも硬骨魚類《こうこつぎょるい》を上回っている。

サメは狩りをする時、獲物《えもの》の価値を本能的に判断する。追いかけ捕らえるのに使うエネルギーやリスクに対し、食糧としてどれほどの価値があるのかを見るのである。そのためサメは、健康な大きな個体を襲《おそ》うことは少ない。逃げられる可能性が高いからだ。狙《ねら》うのはもっと捕えやすい若魚や、病気や怪我をした個体、そして死んだ動物である。

好物《こうぶつ》

アオザメはサメの中で最も速く、魚類の中でもトップクラスのスピードを出すことができる。瞬間的には時速50kmを出し、ある程度の距離を時速35～40kmで泳ぐことができる。彼らはマグロやサバ、メカジキなど、泳ぎの速い魚をエサとするため、そんなスピードが必要なのだ。一瞬にして獲物《えもの》に追いつき、襲《おそ》いかかり、丸のまま食べる、これがアオザメが得意とする狩りである。失敗しても、尾鰭《おびれ》を食いちぎることで、その後の攻撃が楽になる。336kgのアオザメが、54kgのメカジキを食べていた例もある。自分の体重の1/6にあたる量である。

捕食性《ほしょくせい》のサメで一番大きいホホジロザメは、狙《ねら》う獲物《えもの》も最大級だ。マグロやサメといった大きい魚類を狙うこともあるが、主なエサはアザラシやアシカやイルカなどの海産哺乳類《かいさんほにゅうるい》である。イタチザメも大きい動物、例えばイルカやウミガメや他のサメを狙う。イタチザメは何でも食べてしまうことで有名なサメだ。

ドタブカの食生活《しょくせいかつ》

全長4.3mにもなるドタブカは沿岸域に分布している。獲物《えもの》とする動物は種類が多く、他のサメや、ガンギエイ類、アカエイ類、群れをつくるカタクチイワシやイワシ類、大きなマグロ、ウナギ、ハタ、カレイやヒラメ類、そしてタコやイカ、カニ、ヒトデ、二枚貝などの貝類も食べる。イルカを襲《おそ》って食べたという報告もある。

ニシレモンザメは全長3.6mになる。亜熱帯の浅海《せんかい》に棲《す》み、海底付近でボラや、アジ、海産ナマズ、ハコフグ、それにサカタザメ、アカエイなどのエイ類などを食べる。カニなどの甲殻類《こうかくるい》もエサにする。

毒針《どくばり》もおやつに

シュモクザメは、アカエイ類を好んで食べる。彼らは海底を泳ぎ、金槌《かなづち》形の頭を金属探知機《きんぞくたんちき》のように左右に振り、砂に潜《ひそ》むアカエイが発する電気刺激や匂《にお》いや音を感知する。そして獲物《えもの》を見つけると、アカエイの尾部《びぶ》にある毒針《どくばり》など気にもせず、丸のまま食べてしまう。毒針が喉《のど》に刺さったまま生きているシュモクザメもいるが、体に悪影響はないようである。

(左上)イタチザメは河口などの濁《にご》った水の中で狩りをすることが多いが、サンゴ礁や礁湖《しょうこ》などきれいな水でも狩りをする。彼らの大きな歯は、鶏のとさかのように曲がっており、カメの甲羅をかみ切ってしまうほど強力だ。

(上)ホホジロザメはアザラシを狙《ねら》う時、獲物《えもの》の下に回りこんでから、一気に浮上してかみつく。その勢いはすさまじく、大きな水しぶきをあげながら水面に飛び出すことも多い。獲物《えもの》を落とすこともあるが、すぐに引き返してきて食べてしまう。

ジャンクフード

イタチザメは大型で、何でも食べてしまうとても優《すぐ》れた捕食者《ほしょくしゃ》である。そして小型のクジラやアザラシ、カメ、ウミイグアナ、海面にいる海鳥、魚を狙《ねら》うことができるが、陸から流れてきた死んだ動物なども、何でも食べてしまう。

群《む》れで行《おこな》う狩《か》り

動物の「群《む》れ」といえば、オオカミやライオン、野犬やシャチを思い浮かべる人が多いだろう。彼らは同種で群れて、チームで狩りを行う。お互いにいろいろと協力し合うことで、獲物《えもの》を捕まえる確率は高まる。単独でよりも、仲間と一緒に狩りをした方が、多くのエサにありつけるからだ。

サメもまた群《む》れを作り、捕食者《ほしょくしゃ》の集団として、時にはある程度は協力し合うことが、最近の生態観察によって明らかになってきた。これは、エサがある場所にサメが集まってきて群《むら》がるような場合とは違う。そのような群れでは、お互いのやり取りはほとんどなく、せいぜい同じエサを食べようとする２匹が小競《こぜ》り合《あ》いをする程度である。

死《し》の軍団《ぐんだん》

アブラツノザメは大きな一群《いちぐん》となって海底を泳ぎ、前方の動物を追い詰めていくことがある。軍隊アリのサメ版である。逃げ切れない動物は、彼らのエサになってしまう。アブラツノザメは、自分のエサを探しながらも仲間に目を光らせている。何か食べ物を見つけたサメがいると、すぐに他のサメが集まってきて、近辺を探《さが》しはじめる。鳥の中にも同じようにしてエサを探すタイプが多い。群れの仲間の様子を見ながら食べ物を探し、飛びまわるのである。

狩《か》りの群《む》れ

サメの群れは、個体数が多く動きも速いため、群れ全体の行動を解明するのは難しい。しかし中には、共同で狩りを行う種もいる。ホシザメやツノザメは、野犬のように小さな群れを作って狩りをする。そうすることで、彼らのような小さいサメでも少ない努力で、より大きな獲物《えもの》を捕まえることができるのだ。しかし、彼らが群れるのは本能によるもので、知的な行動ではないようだ。

サメによっては、群泳《ぐんえい》する魚を取り囲むように泳ぐことがある。サメたちは群れを取り囲むと、内側に向かって突進し、魚たちをより小さくまとめ、逃げられないように、水面近くまで追いつめる。このような狩りをするのはクロトガリザメ、ドタブカ、クロヘリメジロ、ネムリブカ、シロワニである。オナガザメは２匹１組となり、魚の群れを尾鰭《おびれ》で叩きながら狩りをする。魚の群れは、サメが輪を描くように周囲を泳ぐことで１つにまとまるので、サメは交替で１口ずつ食べていくのだ。この行動は、魚の群れが小さくなるまで数分間続く。

(左) このマッコウクジラは、体のかみ傷から明らかにホホジロザメに襲《おそ》われたことが分かる。他のサメも交じっていた可能性もある。ホホジロザメが群《む》れで狩りをし、このように巨大な獲物《えもの》を仕留《しと》めた例はいくつもある。

(上)アブラツノザメは、エサが豊富にある場所では巨大な群《む》れを作って狩りを行うという点で、サメの中でも特異的である。逆に獲物が少ない所では、単独で狩りを行う。アブラツノザメは各地で乱獲《らんかく》されているため、絶滅《ぜつめつ》が危惧《きぐ》されている。

友達《ともだち》づくり

ホホジロザメは、2、3匹で「友達」になり、協力関係を結ぶことがあるようだ。チーターのオスと同じである。チーターは、ライオン以外のネコ科の動物としては例外的に、複数で狩りをする。ホホジロザメも、見つけた獲物《えもの》を力を合わせて狩りをするだけでなく、互いの獲物《えもの》を分け合ったり、狩り場まで一緒に泳いでいくこともある。

サメの狂食《きょうしょく》

サメは、完全に狂《くる》ったかのようにエサを食べることがある。獲物《えもの》を見つけると、周囲を激しく泳ぎ回り、体当たりして暴れまわるのである。そして肉塊《にくかい》を食いちぎり、ものの数分で食べ尽くしてしまう。

我われ人間の場合は、お腹が空いた時に食欲がわくものだが、サメの場合は必ずしも空腹時《くうふくじ》に、食欲に促《うなが》されて食べるわけではない。胃袋が満たされていても、人間の釣《つ》りのエサに飛びつくことも多い。一方、水族館のサメの場合、何日も何週間も食べずにいても、エサに関心を示さないことがある。

一般的に、興奮《こうふん》していないサメは「自動運転」モードで遊泳《ゆうえい》していると言っても良いだろう。怪我をした魚が目の前を通っても、その攻撃はいかにもやる気がなく、鼻先でつついて調べる程度だ。しかし、サメが自分の鋭い感覚器官《かんかくきかん》を使ってエサを見つけたり、他のサメが捕食《ほしょく》しているのを感じ取ったりすると、その様子は急変する。サメは興奮し、活発に泳ぎまわり、周りのもの全てにかみつくようになる。獲物《えもの》を調べたり、ゆっくりと食べていては、その間に他のサメに横取りされてしまうことを、本能で知っているのだろう。

興奮《こうふん》のるつぼ

エサを食べている場所に多くのサメが集まるほど、その場の緊張感《きんちょうかん》と興奮《こうふん》の度合いは高まる。しかしサメたちは、興奮しても互いを攻撃することはない。ハイスピードで泳ぎ回っても互いにぶつかったりもしない。一般的に言われていることとは違って、サメは相手にかみついたりもしない。争いになるのは、強いサメが小さいサメのエサを横取りする時くらいだろう。

狂食《きょうしょく》のシーンが見られるのは、人為的《じんいてき》にエサを与えた時や、漁船で網《あみ》を引き上げる時がほとんどだ。傷つき暴れる魚が密集している状態など、自然界ではありえないのである。その結果、漁師は相当な損害を受けることになる。もっと恐ろしいのは、船が難破した時だ。サメの餌《え》食《じき》になるのは、人間である。しかし海の真ん中に人間の集団がいることも、自然には起きえないことなのである。

このような時、サメは、生物学者が言う「超自然刺激《ちょうしぜんしげき》」を受けているのかもしれない。つまり何百万年という進化の過程においても経験したことのない、不自然な状況に遭遇《そうぐう》し、あらゆる本能や欲求が異常なほど刺激されるのだ。簡単に言えば、見たことのないものを前にし、「過剰反応《かじょうはんのう》」を起こしているのだろう。

（左）このようなマッコウクジラの死体には、多くのサメが集まり、肉《にく》塊《かい》を食いちぎっていく。こういった場合は、肉の量が多いので、サメたちは狂食状態《きょうしょくじょうたい》になる。食べ残したものは海底に沈み、清掃動物のエサとなる。

(上)エサの魚を群《む》れから引き離すことに成功したペレスメジロザメ。活発に動き回り、夢中で食べているが、これを狂食《きょうしょく》とは呼ばない。本当の狂食状態《きょうしょくじょうたい》は普通、異常なほど大量の血が水に流れ出ることよって起きる。

たっぷりのエサ

人間がエサを与える時以外でサメが狂食《きょうしょく》状態《じょうたい》になるのは、突然たくさんの食べ物が出現した時だ。例えば、たくさんの海鳥やアザラシやアシカの子どもが、生まれて初めて海に入る時、その場所には多くのサメが集まり、暴れまわり、胃袋がはち切れそうになるまで、ひたすら食べるのである。

サメの歯《は》

サメが攻撃《こうげき》や捕食《ほしょく》や防衛《ぼうえい》をする時に、最も重要な武器になるのが歯《は》である。サメの歯は常に生《は》え代わっているので、彼らの歯はいつでも新品なのだ。

サメの歯は、皮歯《ひし》(サメの鱗《うろこ》のこと)が大きくなったものである。硬《から》く、しかも柔軟性《じゅうなんせい》があり、衝撃を吸収する象牙質《ぞうげしつ》でできており、その周りを、さらに硬いエナメル質が覆《おお》っている。歯の中心にあるのは、血管や神経がある歯髄腔《しずいこう》だ。サメは種類によって、数十本から数千本の歯をもっている。サメの歯は、歯根《しこん》が顎骨《がくこつ》に固定されていない。歯は、顎骨《がくこつ》の表面の歯床《ししょう》という繊維組織《せんいそしき》から生《は》えており、歯床は歯茎《はぐき》によって支えられている。歯は列をなし、顎骨《がくこつ》の内側から外側に向かって、ベルト・コンベアーで運ばれるようにゆっくりと移動する。捕食《ほしょく》の際に使うのは、最外列もしくは２列目までだ。古くなった歯は割れたり抜けてなくなり、新しい歯が押し出されて定位置《ていいち》につく。サメの種類や状態によって異なるが、歯は数週間から数か月に１回の割合で生え代わる。

歯の生え代わりは、サメが卵殻《らんかく》や母親のお腹《なか》にいる時から始まり、死ぬまで繰り返される。したがってサメは一生の間に、2万本もの歯を使うことになる。

多彩《たさい》な形《かたち》の歯《は》

サメの歯の形状は、その食性《しょくせい》によって異なる。泳ぎが速くヌルヌルした魚やイカを捕らえるサメは、錐《きり》のように細長く尖《とが》った歯をしており、肉片を食いちぎるタイプはノコギリ状の三角形の歯を、貝やカニをかみつぶすサメは平べったい石臼《いしうす》のような歯をしている。

サメによっては、顎《あご》の位置によって歯の形が異なり、幅広い種類の獲物《えもの》に対応できるようになっている。歳《とし》をとるにつれて歯の形が変わることもある。若い頃は、小さく捕らえやすい獲物《えもの》を狙うが、成長するにつれ大きく捕食《ほしょく》の難しい動物を食べるようになるからだ。ナガサキトラザメの一種の場合、オスとメスで歯の形が違うが、これは交尾の時、オスが口の前方の小さい歯を使ってメスに軽くかみつくためである。

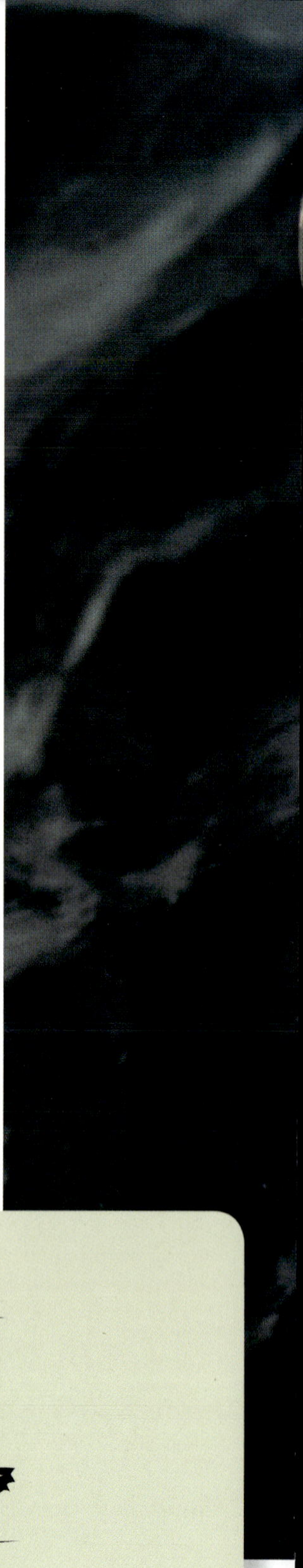

サメの顎《あご》

サメの歯《は》は、種によって違うが、何列にも連《つら》なって生《は》えている。イタチザメの場合、内側の歯は倒れた状態で歯茎《はぐき》に包まれている。最外列にある歯は哺《ほ》乳類《にゅうるい》のような歯槽《しそう》がないため、ある程度たつと抜けてしまう。内側の歯は、歯茎《はぐき》の中で立ちあがりながら組織を破り、ゆっくり外に出てくる。古い歯が抜けて新しい歯になるまで、8日程度しかかからないサメもいる。

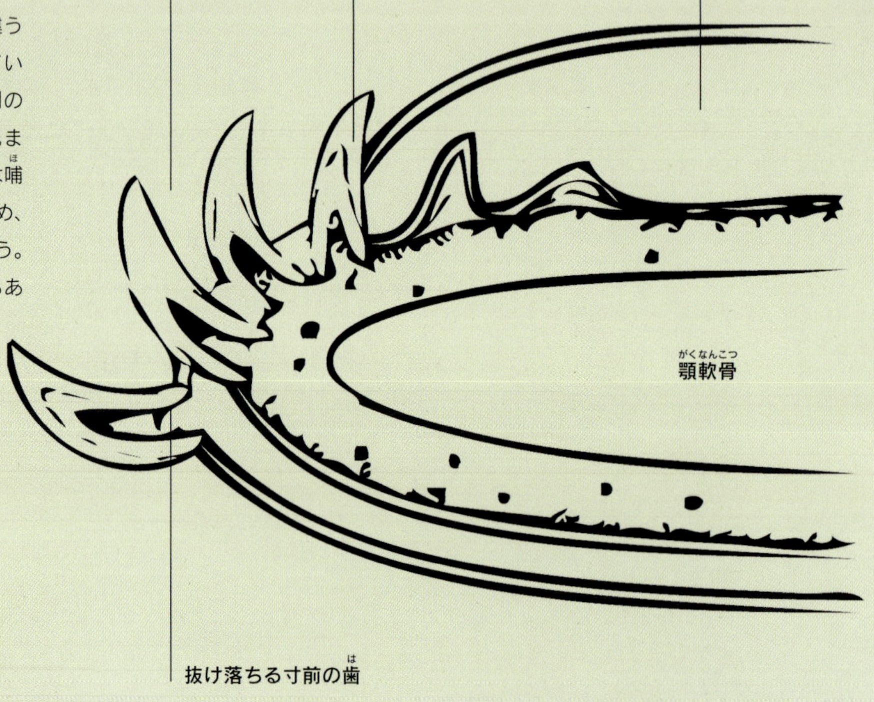

歯《は》と食生活《しょくせいかつ》

- オオメジロザメ：ステーキナイフのようなノコギリ状の歯。どんな動物でも捕食《ほしょく》することができる。
- ネズミザメ：錐《きり》のような細い歯が3、4列並ぶ。歯の根元に小さな側尖頭《そくせんとう》がある。
- ホシザメ、コモリザメ：敷石《しきいし》状の歯列《しれつ》で、貝をかみつぶす。
- ミツクリザメ：前方には長い牙のような歯が生え、奥には短く小さい歯が並ぶ。
- ナヌカザメ：細かな鋭い歯で、小さい魚を捕食《ほしょく》する。
- フックトゥース・ドッグフィッシュ（南米沖にいるツノザメの仲間）：上下顎《じょうかがく》に、湾曲したフックのような歯がある。

（歯については種類別の特徴を挙げた34～67ページを参照）

（上）ホホジロザメの歯は大きく、三角形で、上顎の歯は、下顎の歯と歯の隙間とかみ合わさるように生えている。ホホジロザメが口を閉じると、その歯はカミソリのように、獲物《えもの》の硬い皮膚《ひふ》や肉片をかみ切っていく。

ジョーズ！

アオザメやホホジロザメなど、外洋に棲《す》む捕食性《ほしょくせい》のサメの顎《あご》は、一見すると狩りに向かないように見える。顎《あご》は突出《とっしゅつ》した吻《ふん》の下にある。ライオンやトラのように、もっと平たい顔をして、口が前にあった方が効率が良さそうなのだが……。

サメの上顎《じょうがく》と下顎《かがく》は、舌顎軟骨《ぜつがくなんこつ》を介し、しなやかな靭《じん》帯《たい》やよく伸びる筋肉で頭蓋骨《ずがいこつ》とつながっている。そのため、両顎《りょうあご》を頭蓋骨から独立させて動かすことができる。かみつく時は頭を上にあげ、上顎と下顎を前に押し出す。そして口を開け、まず下顎の細長い歯を獲物《えもの》に突き立てる。次に上顎を下げてかみつき、幅広の歯で獲物《えもの》から肉片を食いちぎる。サメの頭蓋骨や脊椎《せきつい》には、衝撃を吸収する関節があり、かみついた時の衝撃からサメの頭部や体を守っている。

靭帯《じんたい》で頭蓋骨《ずがいこつ》に付着し、下《か》顎《がく》は舌顎軟骨《ぜつがくなんこつ》を介して頭蓋骨につながっている。上下の顎《あご》をしっかりと合わせ、前後左右に動かすことができ、奥にある平べったい歯は強力な石臼《いしうす》となる。

かむ力《ちから》の比較《ひかく》

動物の顎《あご》のかむ力は、科学的に測定されている。サメの歯は鋭くとがり、かんだ時の衝撃と作用は、人間の平らな歯の場合と全く異なる。単位はkg/㎠。

動物	噛む力
ティラノサウルス	9,700（推測）
ワニ	6,200
ハイエナ	2,900
カミツキガメ	2,900
ライオン	2,750
ホホジロザメ	1,760
オオカミ	1,170
スミレコンゴウインコ	1,100
ドタブカ	880
犬	365
人間	350

かむテクニック

サメなどの動物の顎《あご》のかむ力は、顎力測定計《がくりょくそくていけい》を使って実際に測《はか》ったり、科学的に予測をすることができる（右上枠を参照）。

ホホジロザメは、一度には飲み込めないほど大きな動物をしとめることがある。口を閉じた時、彼らの歯は上下でかみ合うようになっているため、顎《あご》を横にずらして肉を切断することができない。そこで頭を横に素早く振り、歯をノコギリのように使って肉を切り裂く。

強い顎《あご》の力をそれほど必要としないサメもいる。彼らはカニや貝など、小型で硬《かた》い殻《から》をもったエサを、殻を割って食べる。ポートジャクソンネコザメの場合、上顎《じょうがく》は強固な

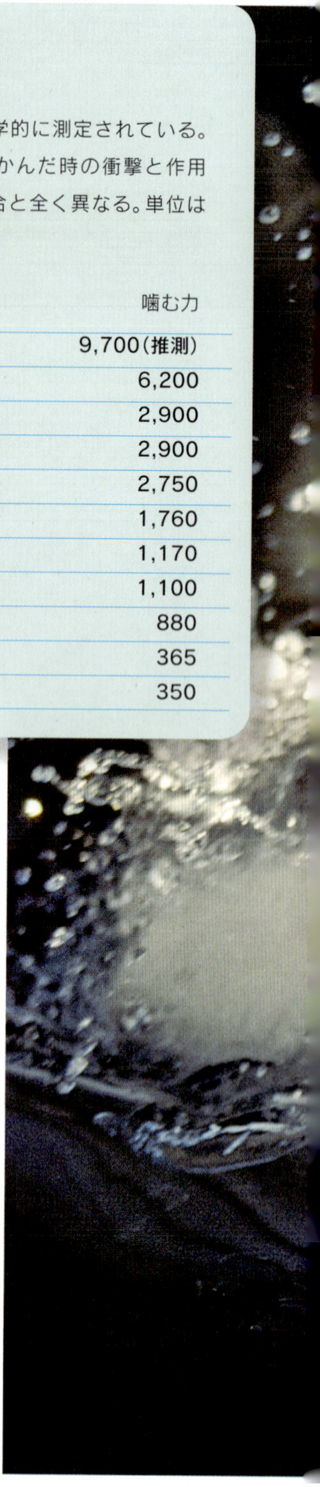

(上)ホホジロザメが大口を開けると、驚きのサイズになる。博物館に展示されているものは、成人の頭と胸部がすっぽり入るくらい大きい。アザラシやアシカでも、体の半分を簡単に食いちぎってしまう。硬いサーフボードを食い切った跡《あと》を見ても、彼らの顎《あご》の力強さが分かる。

(右)サメの顎《あご》を目一杯に開けた時の大きさは印象的だ。アオザメの顎《あご》は、生きている間にはこんなに開くことはないのだが、大きく開けばここまでになる。サメの顎《あご》は土産物として売られる事もある。このことは、サメの保護活動の妨《さまた》げともなる。

（左）アオザメの下顎《かがく》に生《は》える、細長く、わずかに曲がった歯は、逃げる魚を捕らえるのに理想的である。その歯は口の外側に出っ張っていて、近くの魚も捕らえられるようになっている。こんな様子は、サメが歯を見せてニヤっと笑っているように見えるかもしれない。

死《し》んだ動物《どうぶつ》を食《た》べるサメ

サメは洗練《せんれん》された殺し屋で、目の前にあるエサを拒《こば》むことはほとんどない。サメはチャンスがあれば死んだ動物も食べる。死んだ動物は生きている獲物《えもの》と栄養価《えいようか》はほとんど同じで、わずかなエネルギーを使うだけで手に入る。反撃《はんげき》を受けて怪我《けが》をする心配もない。

ニシオンデンザメなど、いくつかのサメは何でも食べてしまう。だから胃《い》の中からは、人が作った変わった物がよく出てくる。胃の中を調べるのは、スポーツ・フィッシングで興味をもった人や、サメ製品や食品のためにサメを解体する人、そして海洋生物学者や研究者である。捕らえられたサメが、ストレスや防衛反応《ぼうえいはんのう》で胃の内容物を吐《は》き戻《もど》すこともある。出てくるのは、海に捨てられたゴミが多く、必ずしも彼らの嗜好《しこう》を反映しているわけではない。こんなサメの中でも最も有名なサメは、イタチザメである（56ページ参照）。

殺人容疑《さつじんようぎ》

1935年、オーストラリアのシドニーでイタチザメが捕獲《ほかく》され、その嘔吐物《おうとぶつ》から入《い》れ墨《ずみ》の入った人間の腕が見つかった。検証の末、その腕はサメに食いちぎられたのではなく、刃物によって切断されたことが分かった。人による殺人事件だったのだ。入れ墨が手がかりとなって被害者が特定され、容疑者は殺人と死体損壊《したいそんかい》の罪で逮捕された。この事件は「シャーク・アーム殺人事件」として有名になった。イタチザメは無実だった。

ヨシキリザメなどは、航海中の船を追いかける。上空を飛ぶカモメと同じように、船から捨てられるゴミや残飯や古くなった食材を狙《ねら》い、エサにありつけることを期待しているのである。

全長3mもあるメジロザメの一種が引き揚げられた時などは、驚いたことにその胃《い》から羊の足8本、ハム1/2本、豚の下半身、犬の上半身（首輪とリードまで付いていた）、馬肉136kg、船体のフジツボを落とすスクレーパー、さらに麻の布まで出てきたという。

（上）オオワニザメは大陸棚や島棚の海底や、サンゴ礁付近に生息している。獰猛《どうもう》そうな外見とは裏腹《うらはら》に、獲物《えもの》を切ったりかみ砕くための歯はもたず、イカや甲殻類《こうかくるい》、小さな硬骨魚類《こうこつぎょるい》など、比較的小さなエサを食べているサメである。

（左）メキシコネコザメが新種《しんしゅ》として報告されたのは1972年のことである。全長は60cmしかないがその食性《しょくせい》は幅広く、死んだ動物はもちろん、生きているヒトデや貝類、カニ、小魚も食べる。

寄生性《きせいせい》のサメ

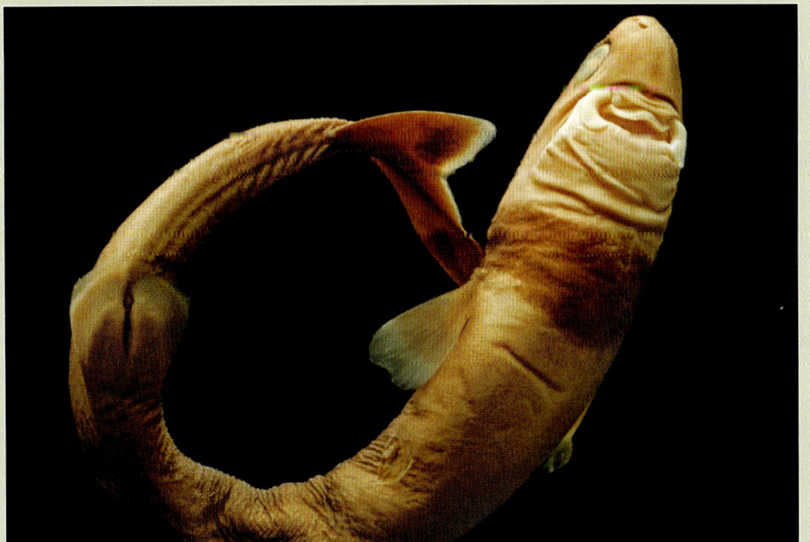

寄生《きせい》とは、別の生物からエリを取ったり、その生物を棲みかとする行為で、寄生される側、つまり宿主は一方的に被害を受ける。ダルマザメ（英名はクッキーカッター・シャーク）は、全長48cmくらいの発光性のサメである。小さいイカなどを食べているが、同時にアザラシやクジラ、イルカや魚など大きい動物にも寄生する。ダルマザメは宿主に忍び寄ると、口を大きく開け、体に吸いつき、歯を突き立てる。上顎歯《じょうがくし》は小さくて、細長く湾曲《わんきょく》しており、下顎《かがく》にはノコギリのように歯が1列に並んでいる。まるで台所で使うクッキーカッター（クッキーの型抜き）のようだ。ダルマザメは顎《あご》を閉じると、体をくるっと回転させ、宿主から半球状《はんきゅうじょう》の肉片を切り取る。アイスクリームをスプーンですくい取った跡《あと》のような形だ。これで宿主《しゅくしゅ》が死ぬことはないが、かなり痛いし、傷口から病気に感染することもあるだろう。

フィルター・フィーダー（濾過食《ろかしょく》のサメ）

草食性《そうしょくせい》のサメは存在しない。どのサメも何らかの形で動物食《どうぶつしょく》で、特に魚を食べる。しかし全てのサメが獰猛《どうもう》というわけでもない。地球上で最大のサメは最も小さい動物を、海水を濾《こ》して食べている。

海水は、どれほど澄《す》んでいても、プランクトンと呼ばれる動物性や植物性の小さな生物が浮遊《ふゆう》する「スープ」のようなものである。また、貝やカニやヒトデの卵や幼生《ようせい》も泳いでいる。米つぶから親指くらいの大きさの動物では、稚魚《ちぎょ》やイカ、エビに似たカイアシやオキアミなどの甲殻類《こうかくるい》がいる。このようなものが入った「海のスープ」こそ、最大のサメであるジンベエザメやウバザメ、そして大型のメガマウスザメのエサとなる。

ジンベエザメ

3種のフィルター・フィーダー（濾過食《ろかしょく》のサメ）はそれぞれ異なる食べ方をするが、共通するのは、鰓《えら》の部位を使うことだ。ジンベエザメの場合、鰓弓《さいきゅう》の間にやわらかく、茶色がかったピンク色をした細長いプレート状の物がある。ジンベエザメの口と喉《のど》の筋肉は強く、口を大きく開けることができる。

これらの特徴から、ジンベエザメは万能のフィルター・フィーダーであることが分かる。口を開けて泳げば、その前進運動によってエサの豊富な海水が流れこみ、そのプレートをザルのように使い、プランクトンを濾《こ》して食べる。動かずに、好きな角度に体を傾《かたむ》け、海水をポンプのように吸引《きゅういん》することもできる。海表面で立ち泳ぎをすると、沈む時に、口の中に海水が流れ込んでくる。こんな方法で、ジンベエザメはカタクチイワシやイワシほどの大きさの魚も食べることができる。

ウバザメ

ジンベエザメと同様、ウバザメの歯も小さく退化している。異なるのは、ラムジェット・エンジンを思わせる食べ方で、前進運動によって海水と食べ物が口に流れ込み、水が鰓孔《えらあな》から出ていく。ウバザメの鰓孔《えらあな》はとても長く、左右を合わせると、頭部をほぼ一周するほどだ。海水を濾《こ》すには、櫛《くし》状の鰓耙《さいは》を使う。この鰓耙《さいは》は硬く、皮《ひ》歯《し》（楯鱗《じゅんりん》）が発達したものである。一般的にウバザメの鰓耙《さいは》は長さ5～8cmで、1cmに2～3本の割合で鰓耙《さいは》が櫛《くし》状に並んでいる。

ウバザメは、主なエサであるカイアシの群れの中を泳ぎ、カイアシを鰓耙《さいは》で捕らえる。サメは数分ごとに鰓《えら》の部分をゆらして、濾《こ》したエサを鰓耙《さいは》から外して食べる。

寒い季節になると、エサになるカイアシ類は一気にいなくなる。その頃にウバザメの鰓耙《さいは》が抜け落ち、春になって次の鰓耙《さいは》が生《は》えるまでは深海で冬眠をするか、海底で捕食《ほしょく》していると考えられている。

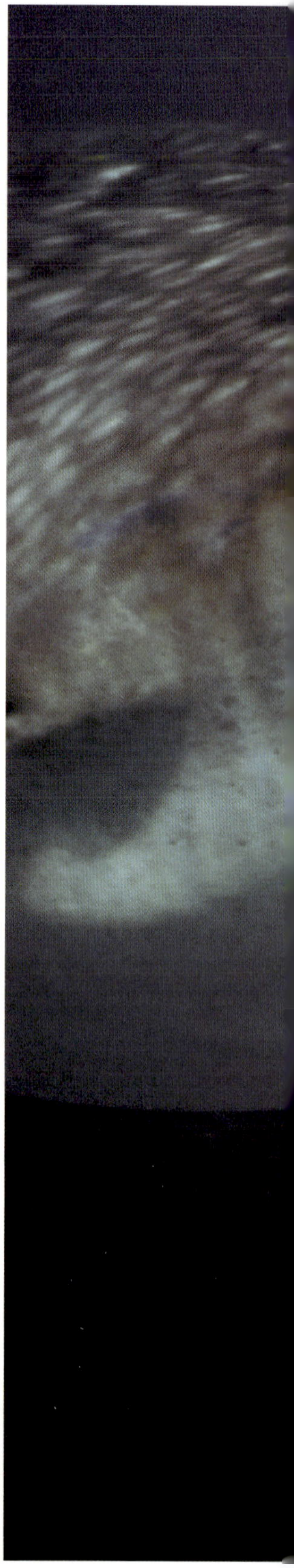

（右）多くのサメの口は腹側にあるが、ジンベエザメの口は体の前端《ぜんたん》にある。フィルター・フィーダーにとっては、その方が効率が良いのである。ジンベエザメはプランクトン以外にも小さい魚を、その群れの中に突き進み、吸い込んで食べていく。

フィルター・フィーダーは何《なに》を食《た》べているのか？

どんなにきれいな海水でも、動物プランクトンや植物プランクトン、魚卵《ぎょらん》、魚やカニの幼生《ようせい》（左）など、そして生物の破片などが入っている。含まれている量は海水によって大きく異なるが、平均すると6,000ℓあたりに1㎖程度しかない。したがって、フィルター・フィーダーがそれなりに胃袋を満たすには、大量の海水を飲んで濾《こ》さなくてはならないのだ。

メガマウスザメ

ウバザメ（右）と同様に、メガマウスザメも変形した鰓耙《さいは》を使ってエサを集める。メガマウスザメの鰓耙《さいは》は軟骨《なんこつ》で支持されており、最長15cmの鰓耙《さいは》が4列に並んでいる。メガマウスザメの口と喉《のど》はとてもやわらかく、おそらく大きく口を開け、海水と獲物《えもの》を吸い込むのだろう。口を閉じると、水は鰓孔《えらあな》から出て、小さいエビやカイアシ、クラゲなどが鰓耙《さいは》に引っかかって残る。彼らは日中、水深90～180mの深みにいて、夜になると水深9～18mまで浮上することが、発信器による追跡調査で分かった。彼らのエサであるプランクトンも、一日のうちに深みと海面近くの間を垂直移動している。メガマウスザメの口の内面は、光を反射する組織でできている（このことは良く分かっていない）。これでエサとなる動物を引きつけているのかもしれない。

サメの内臓《ないぞう》

サメは咀嚼《そしゃく》、すなわち食べ物をかみ砕《くだ》いて消化を助けることはできない。その代わり、強力で効率的な消化器官《しょうかきかん》をもっている。

　サメの消化管《しょうかかん》は、口から総排出腔《そうはいしゅつこう》まで続く１本の長いチューブである。サメが食べた物は、顎《あご》と喉《のど》の筋肉によって細く短い食道《しょくどう》へと送り込まれ、その先にあるU字型の胃《い》に到達する。U字型の曲がり角までの部分を、噴門《ふんもん》胃《い》と言う。残りの部分を幽門胃《ゆうもんい》と言い、そこから先は腸《ちょう》となる。

　サメの胃は伸縮性《しんしゅくせい》が高いため、たくさん食べても大丈夫である。胃の内側の腺《せん》からは、塩酸《えんさん》と酵素《こうそ》を含む胃液《いえき》が分泌《ぶんぴつ》され、食べ物が化学的に消化される。

不気味《ぶきみ》な芸当《げいとう》

　サメは食べられない物や消化できない物を飲み込んだ場合、胃袋を裏返しにして喉《のど》まで押し戻すことができる。厄介《やっかい》な物も、こうすれば強制的に吐《は》き戻《もど》すことができるのだ（人間の嘔吐《おうと》も同じような仕組みである）。サメは、他の捕食者《ほしょくしゃ》の注意をそらしたり、敵をひるませ身を守るために、食べ物を吐《は》き戻《もど》すこともある。そのような時、捕食者がサメの代わりに嘔吐物《おうとぶつ》を食べることもある。

腸《ちょう》の中で

　サメの胃で消化された食べ物は、何時間も、時には何日もかけて、少しずつ腸に行き、そして腸の蠕動運動《ぜんどううんどう》でさらに先へと送られる。肝臓《かんぞう》や膵臓《すいぞう》からの消化液《しょうかえき》も加わり、腸の中では分解された食べ物の吸収が進む。この吸収を助けるのが、サメ特有のらせん弁である（次ページ下図を参照）。その次には直腸《ちょくちょう》があり、それに「第三の腎臓《じんぞう》」とも呼ばれる直腸腺《ちょくちょうせん》がついている。消化できなかった物は、直腸から総排出腔《そうはいしゅつこう》に送られ、体外に排泄《はいせつ》される。

マテアジの群れをかき分けるように泳ぐクロヘリメジロ。狩りをするかどうかは、獲物《えもの》の捕りやすさと、胃の中の食物量に影響される。満腹になったサメの胃には、体重の1/4もの食べ物が入っていることがある。

(左)この腹を開かれたハグキホシザメは、漁師によって内臓《ないぞう》をとり除《のぞ》かれ、フカヒレスープの材料としてその鰭《ひれ》が利用される。

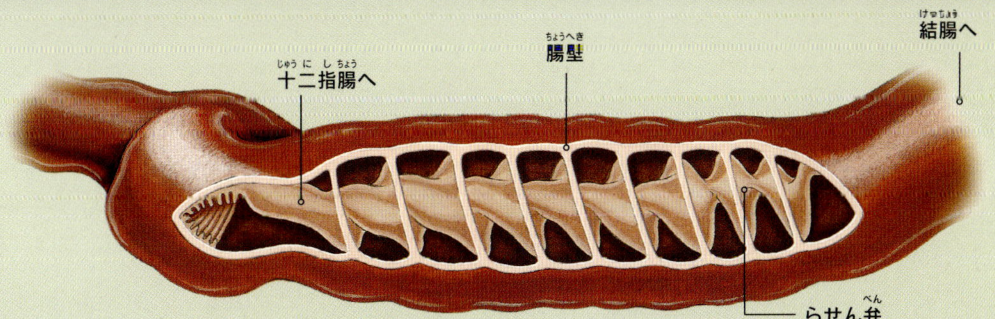

らせん弁《べん》

サメの腸《ちょう》のらせん弁は、腸壁《ちょうへき》に沿《そ》って棚《たな》のような構造があり、それをねじったような形をしている。多いものでは40回転くらいある。こうすると腸《ちょう》の表面積《ひょうめんせき》が増え、栄養の吸収力が高まる。らせん弁はサメの種類によって形が異なる。シュモクザメは紙を丸めた巻物《まきもの》のような形をしている。トラザメやツノザメでは、円錐形《えんすいけい》を積《つ》み重《かさ》ねたような構造で、円錐《えんすい》の先がその前の円錐に入りこんだ形だ。メガマウスザメは、広いらせん階段のようである。

サメの侵略《しんりゃく》

地球の温暖化《おんだんか》は、サメの減少に直接結びつくことはないだろうが、海水温《かいすいおん》の上昇は、サメの行動や回遊《かいゆう》ルートに大きな変化をもたらす可能性がある。

海水温《かいすいおん》が上昇すれば、サメは今まで棲《す》めなかった所にも生息するようになるだろう。そうなれば、これまでサメに遭遇《そうぐう》したことのない動物が、サメに捕食《ほしょく》されることになり、海の生態系《せいたいけい》は完全に崩《くず》れてしまう。

科学者が特に懸念《けねん》しているのは、南極海にサメが棲《す》みつくことである。4千万年以上もの間、サメは南極海に近づくことができなかった。巨大なウミグモもやわらかいヒモムシも、捕食動物《ほしょくどうぶつ》に出会うことなく進化してきたのだ。そのため、彼らの動きは遅く、体もやわらかい。サメにとっては絶好のターゲットである。彼らは寒い海に特有の動物であり、その血液には、科学者が将来的に興味をもちそうな不凍《ふとう》タンパク質が含まれている。サメが南極海に侵入《しんにゅう》すれば食物連鎖《しょくもつれんさ》は崩《くず》れ、大量絶滅《たいりょうぜつめつ》がもたらされるだろう。

地球《ちきゅう》の温暖化《おんだんか》

南極海の温度はこの50年で約2℃上昇しており、サメにとって快適な生息場所となるまでに、100年もかからないとする研究もある。自然が損《そこ》なわれてしまう前に、温暖化の原因である化石燃料の使用を速《すみ》やかに減らすべきであると、科学者たちは警鐘《けいしょう》を鳴らしている。

気候変動《きこうへんどう》の影響はすでに、北極に近いアラスカで確認されている。ネズミザメが増えて、現地の漁業に被害をもたらしているのである。アザラシやアシカの頭数が減っているのも、サメのせいだとされている。この気候変動は20～30年周期の自然現象とも見なせるが、地球温暖化もまた大きな要因になっているだろうと考えられている。

地球温暖化はなにも極寒《ごっかん》の地に限ったことではない。サメの回遊《かいゆう》ルートが変われば、温暖な地域に住む人々に対しても、深刻な影響をもたらすかもしれない。1990年代後半、イタリアのアドリア海で、クルーザーがホホジロザメに襲《おそ》われる事件が起きた。ホホジロザメがアドリア海に出現したのはこれが初めてのことで、地球の温暖化が原因と考えられている。イギリス近海など他の地域にも、この数年のうちに危険なサメが来遊《らいゆう》してくる可能性がある。

(左)近年になり、ネズミザメはその生息範囲を北太平洋から北極海へと広げている。成長すると全長3mにもなるので、漁具《ぎょぐ》を破壊する他、この地域の魚も食べ荒らしてしまう。

(上)温暖化によって北極や南極の氷が溶けると、海の生態系《せいたいけい》全体が崩れてしまう。ホッキョクグマやセイウチ、アザラシは生息場所を失い、サメの脅威《きょうい》にもさらされるようになる。

危険《きけん》に さらされる巨人《きょじん》

この巨大なウミグモは深く冷たい南極海に棲《す》み、成長すると大皿ほどのサイズになる。彼らは上昇する海水温だけでなく、見たこともないサメにも脅《おびや》かされることになるのだろう。

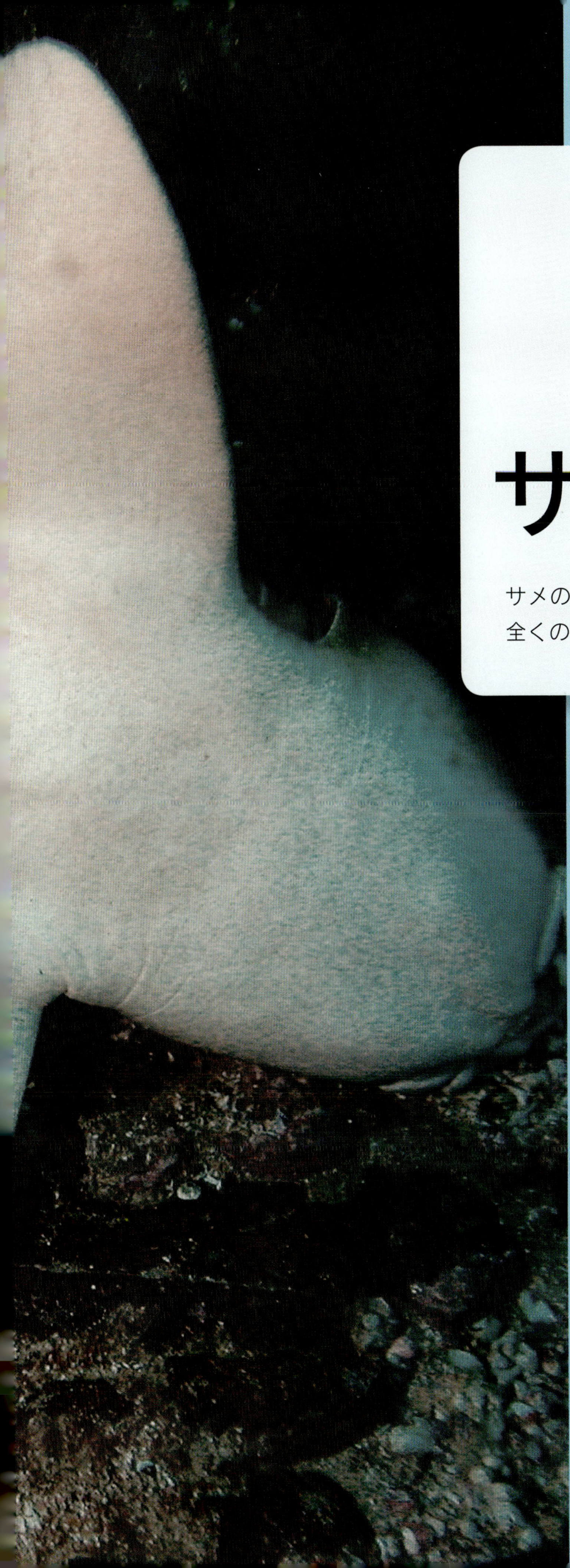

サメの繁殖《はんしょく》

サメの繁殖法《はんしょくほう》は、詳しく分かっている種類もあるが、全くの謎《なぞ》に包まれたままのサメもいる。

オスがメスの胸鰭《むなびれ》をかんでいる。こんな様子は、サメの交尾《こうび》でよく見られる。

繁殖《はんしょく》のパターン

サメは「時代にとり残された動物」と評《ひょう》されることがある。もちろん、それは真実にはほど遠い。今なお進化《しんか》を続けるサメは、他のどの動物と比べても見劣《みおと》りしない優《すぐ》れた特徴をもっている。当然、繁殖《はんしょく》に関しても同様である。

サメは、硬骨魚類《こうこつぎょるい》と比較しても、はるかに進んだ方法で繁殖《はんしょく》する。

数《かず》で勝負《しょうぶ》

動物は生存と生殖《せいしょく》に関して、様々な戦略《せんりゃく》を展開してきた。ある種はたくさんの卵を産み、数で勝負する。しかしその場合、子育ては不可能である。自力で孵化《ふか》した命は、環境に左右される生活を送らざるをえない。したがって、子どもが無事に育つ確率はきわめて低い。このような多産《たさん》は、硬骨魚類《こうこつぎょるい》をはじめとする多くの海産動物がとっている繁殖方法《はんしょくほうほう》で、「R戦略」と言う。例えば体長1m弱のメスのタラは、400万から600万個の卵を産み、オスはその卵の近くで放精《ほうせい》する。つまり体外受精《たいがいじゅせい》であるが、この方法は運頼《うんだの》みと言っても良い方法だ。数で勝負することで、その中のほんの数匹が、成体《せいたい》になるまで生き残ることができるのである。

(上)イタチウオは、たくさんの卵をゼリー状の塊《かたまり》にして産む。ゼリーに包まれているだけなので、海面を漂《ただよ》う間は空腹の捕食者《ほしょくしゃ》に狙われることとなる。

恵《めぐ》まれたスタート

全く逆の繁殖方法《はんしょくほうほう》が「K戦略」だ。つまり、子どもを少なく産む代わりに、大切に育てることで生存率《せいぞんりつ》を高めるのである。哺乳類《ほにゅうるい》の多くは、メスが少数の子どもを子宮《しきゅう》で大切に育てる「K戦略」をとっている。人間は「K戦略」の最たるものだ。

動物の繁殖方法《はんしょくほうほう》は、この両極《りょうきょく》の間のどこかに位置する。一般的なサメは「K戦略」寄《よ》りで、交尾《こうび》をして体内受精《たいないじゅせい》をし、メスが産む卵の数は比較的少ない。

卵生《らんせい》のサメでは、卵は保護《ほご》をするための厚い卵殻《らんかく》に入っていて、子ザメは十分に発育した状態で孵化《ふか》をする。胎生《たいせい》のサメでは、卵は母親の体内にあり、そこで孵化《ふか》する。その分、子ザメは大きく育ち、生まれてくる時には自立して生きていけるくらいに成長している。

(左)リングコッドは、他の多くの硬骨魚類《こうこつぎょるい》と同じ方法で産卵《さんらん》する。全長90cmほどのメスは1度に約30万個の卵をもつ。同じ大きさのサメの場合、卵の数はせいぜい10個くらいだろう。

(上)ツマリツノザメは、オーストラリア南岸で乱獲《らんかく》されている。この漁獲圧《ぎょかくあつ》が資源の減少の原因となっているようで、個体数の回復までには何年もかかりそうだ。

繁殖《はんしょく》スピードが遅《おそ》い問題点《もんだいてん》

「K戦略《せんりゃく》」の繁殖《はんしょく》は、環境《かんきょう》が変わらなければ効率が良いが、環境が激変《げきへん》した時には変化に対応しにくいという欠点がある。サメは成熟《せいじゅく》するまで何年もかかり、繁殖も2～3年に1回、1度に数匹の子ザメしか産まない。繁殖スピードが遅いと、環境の変化にそれだけ適応しにくくなる。人間による漁獲量《ぎょかくりょう》の増加や環境汚染《かんきょうおせん》の進行などは、サメの進化速度を考えると、信じられないほどの急激な変化なのである。206～207ページで詳しく説明するが、この大問題に直面《ちょくめん》しているサメは多い。

オスのサメ

オスの体内、第一背鰭《せびれ》の真下付近には、2つの長い精巣《せいそう》がある。精巣《せいそう》は精子《せいし》を作る場所であり、内分泌系《ないぶんぴつけい》の一部でもある。

精巣《せいそう》から分泌《ぶんぴつ》されるホルモンは、交尾器《こうびき》を成長させ、オスらしい体の発育を促《うなが》す。同時に繁殖《はんしょく》サイクルをコントロールし、交尾欲《こうびよく》を起こさせる。

精巣《せいそう》で作られた精子《せいし》は管《かん》を通り、消化系《しょうかけい》、泌尿系《ひにょうけい》、そして生殖系《せいしょくけい》の物質が体外に排出される総排出腔《そうはいしゅつこう》に向かう。この管の前半部を精導出管《せいどうしゅつかん》、後半部を輸精管《ゆせいかん》と呼ぶ。内壁《ないへき》の腺《せん》からは粘液《ねんえき》が分泌《ぶんぴつ》され、精子《せいし》が精包《せいほう》という小さな塊《かたまり》にまとめられ、交尾《こうび》が行われるまで精嚢《せいのう》に蓄《たくわ》えられる。

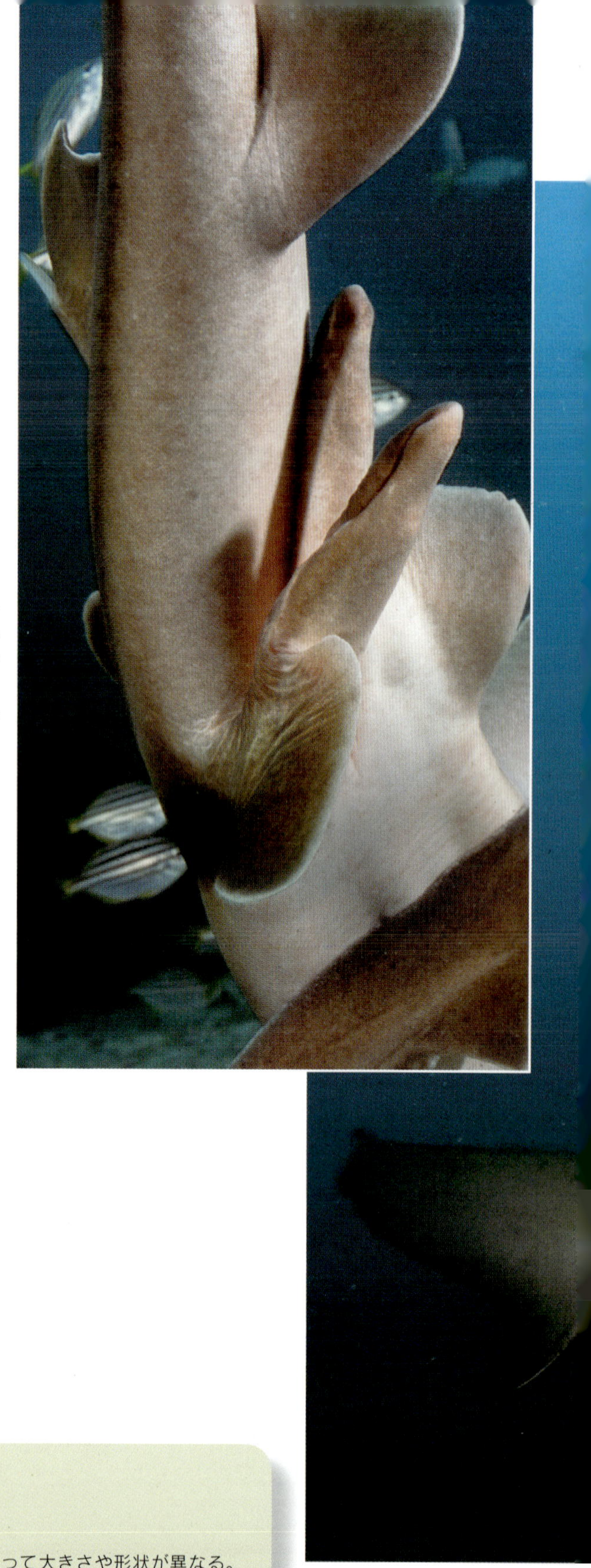

(右)岩礁《がんしょう》でエサを食べるポートジャクソンネコザメ。交尾器《こうびき》の側面には溝《みぞ》があるが、交尾器がメスの生殖管《せいしょくかん》に挿入されると、精子がこの溝を通ってメスの体内に入る。

交尾器《こうびき》(クラスパー)

オスとメスの主な外見上の違いは、メスの方が体が大きいこと、そしてオスには交尾器《こうびき》があることだ。交尾器とは、腹鰭《はらびれ》の内側の組織が変形したもので、巻物《まきもの》のような形をしている。古代ギリシャの「科学の父」アリストテレスは、交尾器を「クラスパー(抱きしめるもの)」と名づけた。これをオスが交尾の間、メスをつかまえておく器官《きかん》と考えたからである。しかし、それは間違いだった。交尾器《こうびき》は哺乳類《ほにゅうるい》のオスにある陰茎《いんけい》に相当する。つまり精子《せいし》をメスの体内に送り込むための挿入器官《そうにゅうきかん》なのである。

この交尾器《こうびき》は、棒状《ぼうじょう》の軟骨《なんこつ》で支持されている。精包《せいほう》は交尾器の中央にある細い空所《くうしょ》を通って送り出される。交《こう》尾器《びき》の根元には穴があり、また腹部の皮膚《ひふか》下にサイフォンサックという袋がある。このサイフォンサックは海水をとり込み、精子《せいし》をメスの体内に射出《しゃしゅつ》するために使われる。

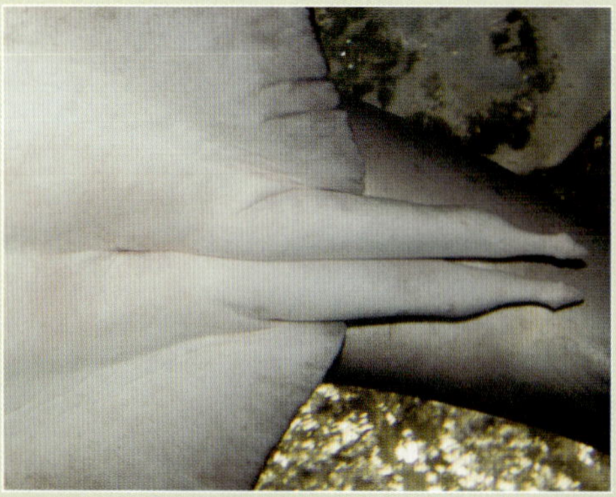

様々《さまざま》な交尾器《こうびき》

オスの交尾器《こうびき》は、種によって大きさや形状が異なる。平たいものや、丸いもの、なめらかなものもあれば、皮歯《ひし》(鱗《うろこ》)に覆《おお》われているものもある。交尾器は、若いサメは小さく、成熟《せいじゅく》すると大きく伸長《しんちょう》する。成熟すると交尾器の発育は止まるが、体はゆっくりと成長を続けるので、老いた大きいサメは、体に比べると小さい交尾器を持つことになる。

(上・右)サメの雌雄《しゆう》は、交尾器《こうびき》をもっているかどうかで見分ける。このシロワニのオスのように、交尾器は左右の腹鰭《はらびれ》の内側に位置し、後ろになびくようについている。

メスのサメ

メスの生殖器官《せいしょくきかん》は2つの卵巣《らんそう》である。卵巣では卵《たまご》がつくられ、メスの体内でオスの精子《せいし》と合体し、受精《じゅせい》する。サメによって、硬《かた》い卵殻《らんかく》に入った受精卵《じゅせいらん》を体外に産《う》み出《だ》すものもいれば、受精卵を体内にとどめ、子どもが大きくなるまで体内で育てるものもいる。

メスの卵巣《らんそう》は、オスの精巣《せいそう》と大体同じ場所にある。しかし片方の卵巣しか機能しない種類もいる。これでも十分なのは、サメは繁殖《はんしょく》スピードが遅く、生涯で産む卵の数が少ないからだ。

メスの特徴《とくちょう》

卵巣《らんそう》も精巣《せいそう》と同じく内分泌系器官《ないぶんぴつけいきかん》の一部である。卵巣からは性《せい》ホルモンが分泌《ぶんぴつ》され、メスの発育を促《うなが》す。メスの外見的な特徴として挙げられるのは、第一にその大きい体で、メスの中には、オスより25%ほど大きいものがいる。また交尾中《こうびちゅう》に怪我《けが》をしないため、皮膚《ひふ》がオスより3倍厚いものもいる。卵巣《らんそう》が分泌《ぶんぴつ》するホルモンは、卵殻《らんかく》の形成、産卵《さんらん》、妊娠《にんしん》の継続など、繁殖《はんしょく》活動をコントロールしている。

卵《たまご》の役割《やくわり》

繁殖期《はんしょくき》になると卵巣《らんそう》は熟し、卵を数個排卵《はいらん》する。その後、卵は繊毛《せんもう》運動により、2本の輸卵管《ゆらんかん》の中に送り込まれる。卵管《らんかん》の途中で、卵は卵殻腺《らんかくせん》でアルブミンのような卵白《らんぱく》で覆《おお》われ、「キャンドル」などとも言われる卵殻《らんかく》に包まれる。

卵は卵管《らんかん》の中で精子《せいし》と出会い、受精《じゅせい》する。精子は、直前の交尾《こうび》によるものや、過去に交尾した際の精子を使う。1年以上も精子を蓄《たくわ》えておくこともある。受精後のプロセスは、176ページ以降で説明するように、卵生種《らんせいしゅ》か胎生種《たいせいしゅ》かで異なる。

（上）近年の研究により、ウチワシュモクザメのメスはオスと交尾《こうび》しなくても子供をつくることができることが判明した。この事実は、水族館で飼育されているウチワシュモクザメによって明らかになった（詳しくは180ページを参照）。

メスの生殖器官《せいしょくきかん》

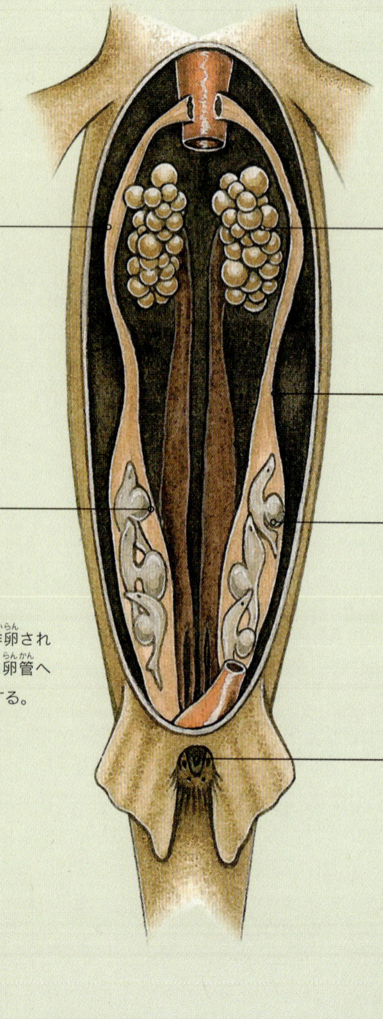

卵は左右の卵巣《らんそう》から排卵《はいらん》される。卵は先の開いた輸卵管《ゆらんかん》へと送られ、そこで成長する。

(上)このホホジロザメもそうだが、メスの方がオスよりも大きいのが一般的である。大きい卵を作り、子供を体内で育てることと関係あるのだろう。

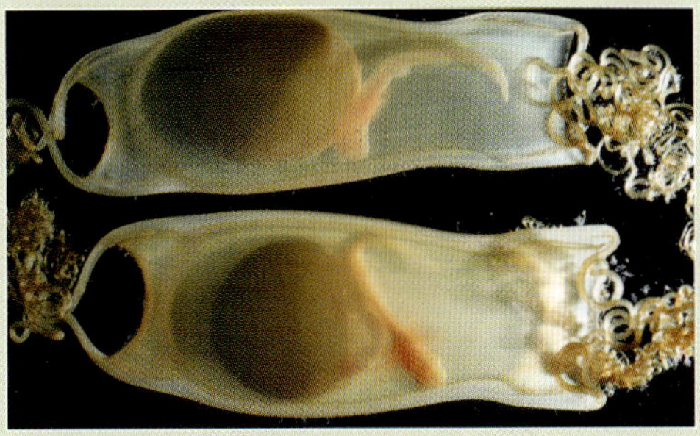

大《おお》きな卵《たまご》

サメは、親戚《しんせき》にあたる動物と比べても、体の割に大きい卵を産む。全長1.8mくらいのサメの卵は5～10cmくらいの大きさである。最も大きいのはジンベエザメの卵で、卵殻《らんかく》の大きさは30cmもある。一方、硬骨魚類《こうこつぎょるい》の卵はケシ粒《つぶ》ほどの大きさか、それ以下だ。

サメの求愛行動《きゅうあいこうどう》

サメは、親らしく振舞《ふるま》うことも、子どもを育てたり守ることもしない。むしろ、自分の子どもをも食べかねない動物だ。メスとオスが集《つど》うのも、交尾《こうび》をする時だけである。その際に行われるのが求愛行動《きゅうあいこうどう》である。

動物の「求愛行動《きゅうあいこうどう》」は、人間のような愛情《あいじょう》や恋愛感情《れんあいかんじょう》を伴《ともな》うものではない。これは、同じ種の成熟《せいじゅく》した異性《いせい》が、同じ時期に、同じ場所に集まるための手段なのである。このことで生殖器官《せいしょくきかん》は刺激され、卵と精子《せいし》が成熟し、交尾《こうび》の準備が整えられる。求愛行動は、強くたくましく、健康なパートナーを探す手段でもある。このことによって、強い健康な子孫に恵まれる可能性が高くなる。

一般的にサメの求愛行動《きゅうあいこうどう》は、その季節に繁殖地《はんしょくち》に移動するところから始まる。サメは普段は単独行動か、雌雄《しゆう》どちらかだけの群れで過ごしているので、まずはオスとメスが出会わなければ始まらない。繁殖地《はんしょくち》に集まるのは、広い海の中で奇跡的な出会いを待っているよりも効率的《こうりつてき》なのである。

断食《だんじき》

繁殖地《はんしょくち》に集まったオスたちは、数日、時には数週間続く断食《だんじき》を始める。サメの交尾《こうび》は攻撃的なので、興奮して狂食状態《きょうしょくじょうたい》になって、メスを食べてしまわないようにする一つの適応《てきおう》であろう。断食を伴《ともな》う激しい求愛行動や交尾によって、オスは体力を消耗《しょうもう》し、肝臓《かんぞう》もやせ細ってしまう。

求愛行動《きゅうあいこうどう》には、サメがもつ全ての感覚が使われる。特に嗅覚《きゅうかく》、視覚《しかく》、触覚《しょっかく》だ。メスが交尾できる状態になると、フェロモンと呼ばれる物質が水中に放出される。化学《かがく》伝達物質《でんたつぶっしつ》であるフェロモンに刺激されたオスは、メスに群《むら》がり、追いかけ、勢いよく押したり突いたりする。

興奮状態《こうふんじょうたい》に達したオスは、メスを甘《あま》がみし始める。やがてメスの気を引くことに成功したオスは、相手の体に傷がつくほど強くかみ始める。いわゆる「キスマーク」である。最初は抵抗をするメスだが、やがておとなしくなり、交尾の最中は受け身になる。

押してかんで暴れる状態が続き、その後オスはメスの胸鰭《むなびれ》をくわえ、相手に自分の体を巻きつける。これが交尾《こうび》を始める時の、一般的な体勢である。

（左）「キスマーク」をつけるのは、このポートジャクソンネコザメのような大型のサメに見られる求愛行動である。メスはオスより厚い皮膚《ひふ》をもっているが、メスの体や鰭《ひれ》には交尾時《こうびじ》の傷がよく見られる。

離《はな》れ離《ばな》れに

ヤジブカは幼い時期にはオスとメスが一緒に沿岸の浅瀬で過ごすが、性的成熟《せいてきせいじゅく》を迎えると、次第に単独生活をするようになる。おそらくは共食いを避けるため、成魚と幼魚は別々に暮らし、オスとメスも、交尾時期の春と夏以外は別行動をとる。

(上)ネムリブカが、いつもの繁殖地(ガラパゴス諸島の礁湖《しょうみこ》)に集まっているところ。

交尾《こうび》のルール

オスの精子《せいし》とメスの卵《たまご》が出会うと受精《じゅせい》が起き、新しい命が誕生《たんじょう》する。他の魚や無脊椎《むせきつい》動物《どうぶつ》は海中で卵が受精《じゅせい》する体外受精《たいがいじゅせい》だが、サメはみな体内受精《たいないじゅせい》であり、メスの卵管《らんかん》で受精《じゅせい》が起きる。体内受精《たいないじゅせい》のためには、オスがメスの体に精子《せいし》を送り込む「交尾《こうび》」をしなくてはならない。

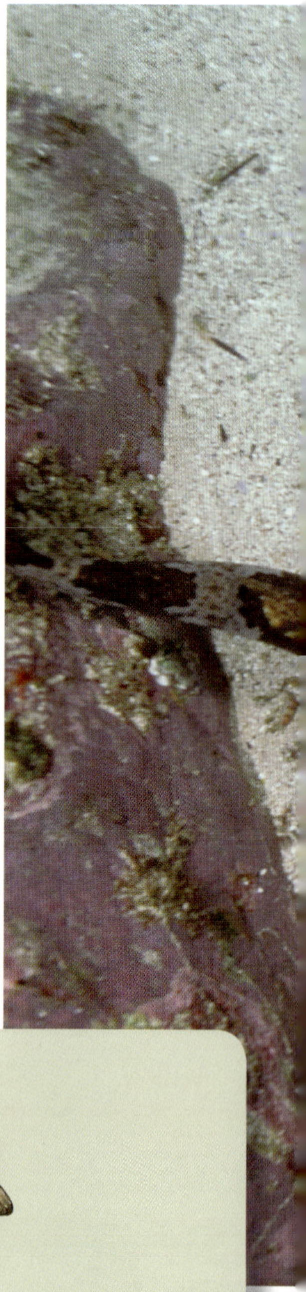

　サメのオスは、メスをしっかりと押さえた後、交尾器《こうびき》の1つをメスに挿入《そうにゅう》する体勢をとる。交尾器が子宮口《しきゅうこう》（総排出腔《そうはいしゅつこう》に開口している）に挿入され、精子《せいし》は交尾器の中を通ってメスの体内に送り込まれる。サメのオスは2つの交尾器《こうびき》を持っているが、交尾器は交互に使われたり、同時に使われることもある。

海水《かいすい》で流《なが》す

　サメのオスとメスが交尾《こうび》の体勢に入ると、オスは精包《せいほう》を貯精嚢《ちょせいのう》から総排出腔《そうはいしゅつこう》に放出《ほうしゅつ》し、それを交尾器《こうびき》の穴（入り口）に送る。その近くの皮下《ひか》にあるサイフォンサックという袋に海水が吸い込まれ、押し出されると、海水は交尾器の中央を走る溝《みぞ》を通って流れていく。精包《せいほう》はその勢いで押し流され、交尾器《こうびき》の出口からメスの総排出腔《そうはいしゅつこう》に直接送りこまれる。精子《せいし》は、卵管《らんかん》に到達し卵の受精《じゅせい》に使われるか、将来使うためメスの体内に蓄《たくわ》えられる。

　サメを観察した結果、交尾《こうび》には15 ～ 30分かかることが分かった。その間、オスは下半身をリズムよくメスの体に打ちつける。メスはおとなしくしており、オスが交尾器《こうびき》を抜くと、2匹はあっさり別れる。メスが複数のオスと交尾するのか、また、オスが何匹ものメスと交尾するのかは、明らかではない。交尾を終えたオスは細く弱り、その生殖器《せいしょくき》は腫《は》れて出血していることが多く、共食いされるのを避けるため、すぐに繁殖地《はんしょくち》を離れる。

交尾《こうび》の体勢《たいせい》

　サメの交尾体勢《こうびたいせい》は種によって異なり、また、交尾の体勢に入ったオスからメスを奪《うば》う時など、状況によっても変わってくる。

- トラザメなど小柄《こがら》で体がやわらかいサメのオスは、メスの下半身に体を巻きつけるようにして交尾する。
- ネコザメのオスは、メスの胸鰭《むなびれ》をくわえ、尾《び》部《ぶ》をひねってメスの第2背鰭《せびれ》付近に乗せる。こうすることで交尾器《こうびき》の位置を正確に合わせられる。
- ネムリブカのように大型で体の硬いサメの場合、頭を下にして泳ぎ、腹部《ふくぶ》と腹部を合わせたり、寄《よ》り添《そ》うようにして交尾をする。
- ニシレモンザメは、下半身を合わせ、頭部《とうぶ》を離すようにしながら、ゆっくり泳いで交尾をする。

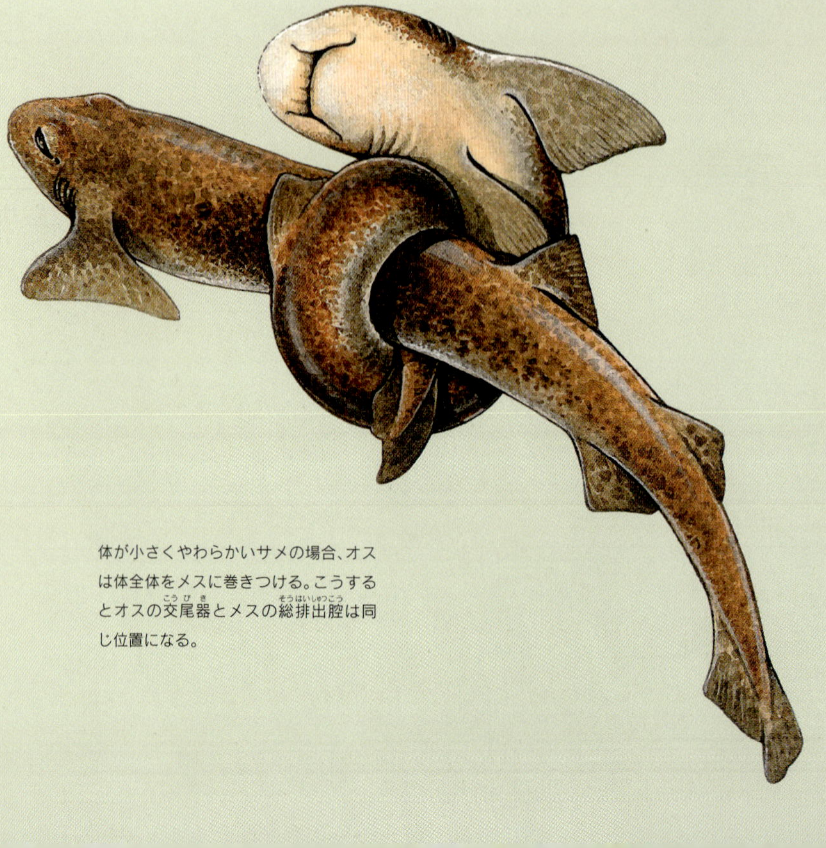

体が小さくやわらかいサメの場合、オスは体全体をメスに巻きつける。こうするとオスの交尾器《こうびき》とメスの総排出腔《そうはいしゅつこう》は同じ位置になる。

(上)このカラクサオオセのように、海底で交尾《こうび》を行うサメもいる。このような場所なら休憩したり、メスの体を押し付けることもできるからだ。
(右)コモリザメが一時的に浅瀬に集まり、オスがメスの体をひっくり返し、かみついて交尾をしている。彼らは、18～22歳にならないと繁殖《はんしょく》に参加しない。アメリカのフロリダキーズなどには、毎年同じサメが繁殖《はんしょく》に来る場所がある。

卵《たまご》を産《う》むサメ

卵《たまご》を産《う》むのは、ネコザメ、トラザメ、テンジクザメ、ナヌカザメなどのサメである。卵を産むことを卵生《らんせい》と言う。卵は、子宮口《しきゅうこう》から総排出腔《そうはいしゅつこう》を通って体外に産《う》み出《だ》される。

卵殻《らんかく》は海水に触《ふ》れると硬くなり、頑丈な保護層《ほごそう》となる。卵殻中の胚体《はいたい》は、自分のもつ栄養満点の卵黄《らんおう》で育つ。

メスは、交尾直後《こうびちょくご》に卵を産むとは限らない。例えばネコザメは1度に2個ずつ、2週間ごとに卵を産み、それを最大4か月続ける。ハナカケトラザメのメスは秋に交尾をし、冬から春にかけて合計20個くらいの卵を産む。

慎重《しんちょう》な産卵《さんらん》

サメのメスの産卵《さんらん》は、慎重《しんちょう》に行われる。ネコザメの場合、1つの卵を約2時間かけて産む。ネコザメの卵殻《らんかく》には2重らせん構造の膜状物があり、卵殻卵は砂や岩の割れ目にねじ込まれる。トラザメは四角形、あるいは枕《まくら》のような形の卵殻卵を産む。その両端には海藻《かいそう》に巻きつくための付着糸《ふちゃくし》がついているが、時間がたつと硬くなり、子供が中で育つ間、卵殻卵《らんかくらん》は付着糸《ふちゃくし》で海藻にしっかりと固定される。孵化《ふか》後、空になった卵殻《らんかく》が海岸に打ち上げられることがあるが、これは「人魚の財布」とも呼ばれている。トラフザメの卵殻卵《らんかくらん》も、海藻や岩に付着《ふちゃく》するための硬い糸に覆《おお》われている。

サメの卵がこれほどしっかりと固定され、安全を必要とするのは、孵化《ふか》までに6か月から10か月ほどもかかるからである。その期間の長さは海水温にも左右される。ネコザメの場合、熱帯の海で産卵《さんらん》するために卵の成長も早く、孵化《ふか》まで7か月しかかからない。一方、水温の低い北欧《ほくおう》の海の場合、ハナカケトラザメは孵化《ふか》までに9か月近くかかる。

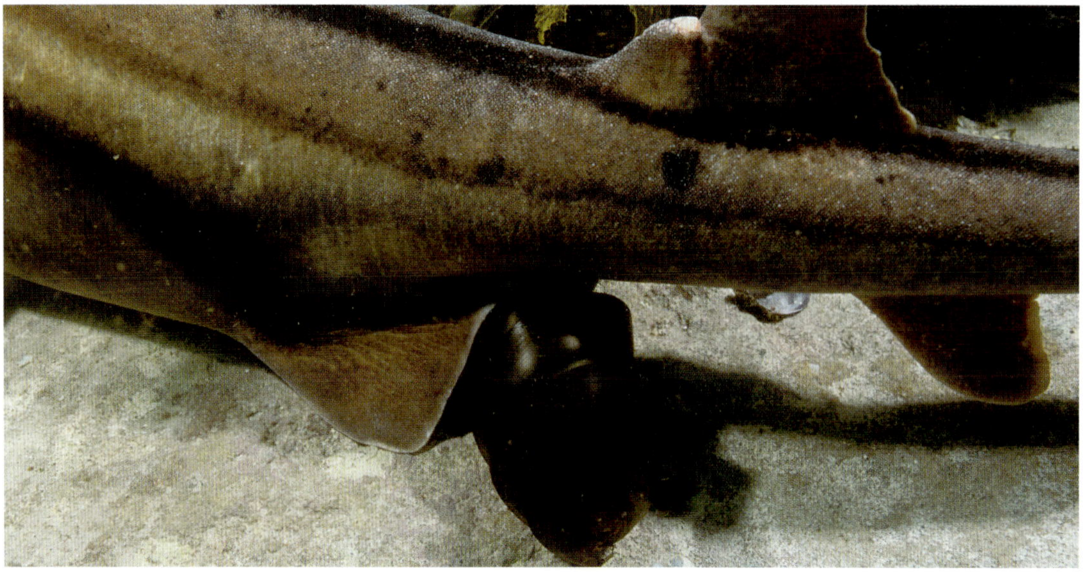

(左上)アメリカナヌカザメの卵殻《らんかく》には付着糸《ふちゃくし》が4隅についており、海藻や岩にからみつく。卵の中に、発生途中のサメと卵黄《らんおう》が見える。
(左)ポートジャクソンネコザメは、らせん状の卵殻卵《らんかくらん》を産み、岩の割れ目にねじ込む。

発生《はっせい》と孵化《ふか》

1　受精卵《じゅせいらん》に小さな胚《はい》が育ち始める。この段階では胚は卵黄《らんおう》の上の小さな点でしかない。

2　胚《はい》には主要な諸器官《しょきかん》の脳《のう》や心臓《しんぞう》、消化管《しょうかかん》などができ、それらは大きく発達する。

3　胚《はい》は、血管《けつかん》が通るへその緒《お》によって卵黄嚢《らんおうのう》とつながり、栄養満点の卵黄《らんおう》から栄養を得る。

4　海水の酸素《さんそ》は卵殻《らんかく》を介して取り込まれ、不要物も卵殻から排出《はいしゅつ》される。

5　子ザメの皮膚《ひふ》に模様《もよう》ができ始める。その模様は、孵化《ふか》した時に周囲に溶けこむカモフラージュになる。

6　子ザメが卵殻《らんかく》の中で体を振ったり、回ったりするようになる。

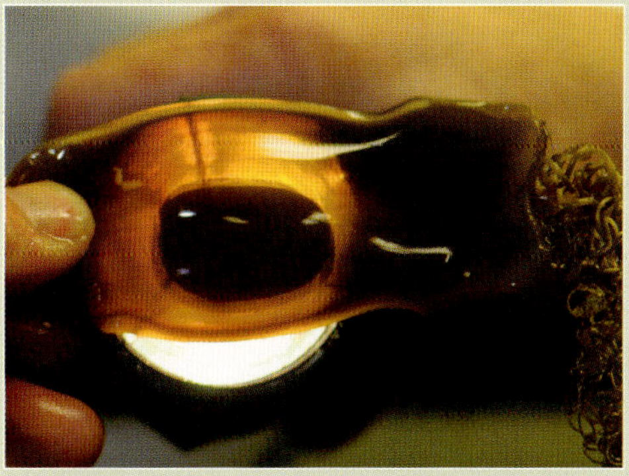

7　卵殻《らんかく》の片端《かたはし》が破れ、子ザメは自ら外に出る。

8　孵化《ふか》したばかりのサメは、多くは全長20cmから30cmくらいしかないが、1匹でも狩りができる状態である。

(上)オデコネコザメは、ポートジャクソンネコザメと違い、卵をそのまま海に産む。卵はらせん構造をしており、回転しながら落下して、例えば写真のホヤのようなものにからみつく。

子《こ》どもを産《う》むサメ

サメはほとんどが、卵《たまご》ではなく子どもの形で体外に産《う》み出《だ》される胎生種《たいせいしゅ》だが、胎生《たいせい》にも2通りの方法がある。

その1つ目の方法は、メスが卵をそのまま体内で育て、お腹《なか》の中で子どもが孵化《ふか》してから産むというものだ。これを卵胎生《らんたいせい》といい、ラブカやシロワニ、オナガザメ、イタチザメ、コモリザメ、アオザメ、そしてツノザメ科の多くが、このような生殖方法《せいしょくほうほう》である。卵は輸卵管《ゆらんかん》にとどまり、薄い膜《まく》に覆《おお》われているが、体外に産み落とされる卵生種《らんせいしゅ》の卵殻《らんかく》のように厚く丈夫になることはない。母ザメが子どもを自分の体内で保護《ほご》する期間は、シロワニの場合は12か月、アブラツノザメの場合は24か月で、ラブカに至《いた》っては3年半以上とする説もある。

子ザメは卵の栄養分を摂《と》りながら、母ザメの安全な体内で育つ。温度は一定に保たれ、酸素《さんそ》も十分にあり、捕食者《ほしょくしゃ》に襲《おそ》われる心配もない。卵黄《らんおう》の栄養分を使いつくすと、子ザメは膜《まく》のような薄い殻《から》を破り、産まれてくる。

この典型的な卵胎生《らんたいせい》から、より進化したサメもいる。卵殻《らんかく》から出た子ザメが長期間子宮《しきゅう》にとどまるケースである。ネズミザメやオナガザメやアオザメの場合、子ザメは母親の卵巣《らんそう》から放出《ほうしゅつ》され続ける無精卵《むせいらん》を食べる。母親の体内で、他の卵を食べて育つことを卵食性《らんしょくせい》という。

妊娠《にんしん》するサメ

子どもを産むサメの2つ目の方法は、より発達した胎《たい》生《せい》だ。この場合、サメの胚《はい》は母親の体内で育つが、卵殻《らんかく》の中で成長するわけでも、卵黄《らんおう》の栄養分で大きくなるわけでもない。子宮《しきゅう》の中で、卵黄嚢《らんおうのう》が変化した胎盤《たいばん》を介して、母親から栄養をもらうのである。胎生《たいせい》のサメが子どもを孕《はら》むのは、哺乳類《ほにゅうるい》の「妊娠《にんしん》」にあたる。ホシザメやオオメジロザメ、シュモクザメや、外洋に棲《す》むメジロザメ科がこのような生殖法《せいしょくほう》をもっている。

出産間近《しゅっさんまぢか》になると、子ザメは子宮《しきゅう》の後方に移動し、総《そう》排出腔《はいしゅつこう》から体外に出る。その時子ザメは、自分と胎盤《たいばん》をつなぐへその緒《お》を断ち切るように、激しく暴れまわる。胎盤《たいばん》は子ザメの後に後産《あとざん》として排出《はいしゅつ》される。

サメは一般的に尾の方から生まれてくる。しかしシロワニのように頭から出てくるタイプもいる。シュモクザメも、金槌《かなづち》のような出っ張りが後ろに畳《たた》まれたまま、頭から生まれてくる。

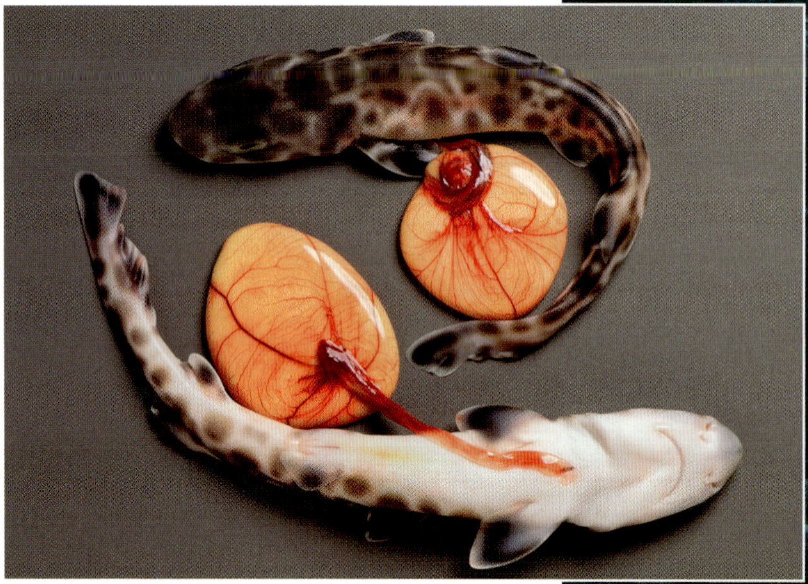

ヒゲドチザメ（新称、左上）とシロワニ（右上）は、卵胎生種《らんたいせいしゅ》のサメである。このヒゲドチザメの胎仔《たいじ》は母親の子宮《しきゅう》から取り出されたもので、まだ卵黄嚢《らんおうのう》をもっている。

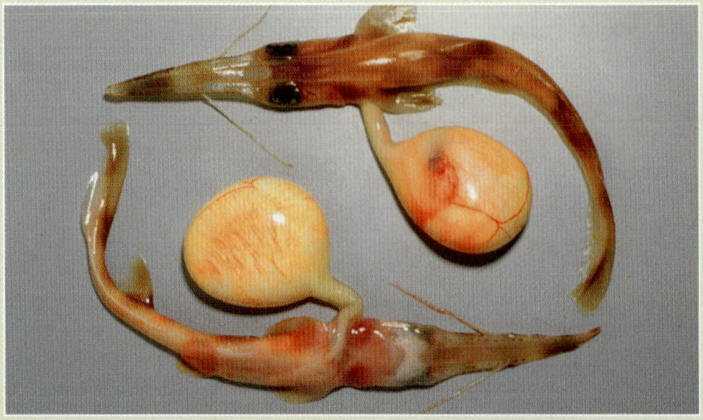

鋭《するど》い「歯《は》」

ノコギリザメは、長い吻《ふん》に1列の鋭い「歯」がついている。卵胎生《らんたいせい》（非胎盤型《ひたいばんがた》の胎《たい》生《せい》）で、子ザメは母親の体内で孵化《ふか》し、生まれてくる（左の写真はノコギリザメの子どもと卵黄）。生まれてくる時、この歯は後ろ向きになっているが、生まれて数時間後には親と同じになる。これは、生まれる時に母親を傷つけないためだろう。

(右)クモハダオオセとすれ違うシロワニの子ども。シロワニの子どもは、母親の子宮《しきゅう》の中で孵化《ふか》し、発生中の他の胎仔《たいじ》を食べる。妊娠期《にんしんき》間《かん》は6か月から9か月だ。

2001年、処《しょ》女《じょ》懐《かい》胎《たい》

サメの生殖《せいしょく》(174ページ参照)についての知識は限られていたが、サメの生殖《せいしょく》にはメスとオスが必要だ、というのは、少なくとも常識的なことだった。

米国《アメリカ》ヘンリー・ドアリー動物園の水族館にいるシュモクザメが子ザメを産んだ時、人々にもたらした衝撃《しょうげき》は並大抵《なみたいてい》ではなかった。他の種のサメも交じっていたが、シュモクザメは3年間以上にわたって3匹のメスだけが飼育されており、その中の1匹が子どもを産んだのである。研究者たちは当惑《とうわく》し、その原因の解明には5年間もかかった。

処女生殖《しょじょせいしょく》

3匹のメスのシュモクザメは、他の種のオスのサメと同じ水槽《すいそう》で飼われていたので、種間交雑《しゅかんこうざつ》があったのだと当初は考えられたが、それもめったにあることではない。捕獲前《ほかくまえ》にオスのシュモクザメと交尾《こうび》し、排卵《はいらん》までその精子《せいし》を蓄《たくわ》えていたのだろうという仮説も出た。確かにメスがオスの精子を蓄《たくわ》えておくことはあるが、3年以上(飼育されていた期間)も精子を蓄《たくわ》えていた例はない。サメの交尾はとても激しいため、その時の傷が体に残っていてもいいはずだが、そんな傷はどこにもなかった。

遺伝子《いでんし》を細かく鑑定《かんてい》した結果、原因がようやく解明された。このシュモクザメは、どのサメとも交尾《こうび》をしていなかったのだ。処女生殖《しょじょせいしょく》である。こんな生殖法《せいしょくほう》は、全く初めてだった。

研究者たちは子ザメと母親のDNAを採取《さいしゅ》した。普通、子ザメがもっている遺伝子《いでんし》の半分は母親のもの、そして残り半分が父親のサメのもの、ということになる(それを特定するのが目的だった)。しかし遺伝子配列《いでんしはいれつ》を照《しょう》合《ごう》すると、子ザメの遺伝子は母親と全く同じだったのである。

このサメの場合、未受精卵《みじゅせいらん》と別の細胞《さいぼう》(極細胞《きょくさいぼう》)とが合体し、子どもが生まれたと考えられている。オスが極端《きょくたん》に少ない時、個体数を増やそうとメスが自動的に妊娠《にんしん》する現象と考えられている。

しかし、合体する2つの細胞《さいぼう》の遺伝子《いでんし》が全く同じであるということは、生まれてくる子どもも同じ遺伝子の持ち主ということであり、遺伝的な多様性《たようせい》は完全に失われてしまう。

自然界では多様性《たようせい》があるほど、その種が海という過《か》酷《こく》な環境下で繁栄《はんえい》し、生き抜く可能性が高くなる。処《しょ》女生殖《じょせいしょく》は個体数の急激な減少をもたらしかねず、自然界ではあまり望《のぞ》ましいこととは思えない。絶滅《ぜつめつ》が危惧《きぐ》されている種もあるが、自然界においてこのような種で処女生殖《しょじょせいしょく》が行われているとすれば、事態は悪化するばかりである。

メスのサメは排卵《はいらん》するまでオスの精《せい》子《し》を体内に溜《た》めておくことができる。しかしヘンリー・ドアリー動物園で飼われているシュモクザメは、3年間もオスとの接触がないのに子ザメを産んだ。交尾《こうび》でできた子どもだとしたら、精子《せいし》の保存期間としては前例のない長さなのだが。左の写真は、生まれたばかりのニシレモンザメが母親のもとから泳ぎ去るところである。

(左)この写真のように自然界で群泳《ぐんえい》している場合、シュモクザメは交尾《こうび》の相手探しに困らないだろう。しかし水族館に隔離《かくり》され、同性の友達しかいないメスのシュモクザメは、子どもが欲しくなったら自分で妊娠《にんしん》するしかなかったのだ。

成長《せいちょう》と老化《ろうか》

母ザメは、沿岸《えんがん》や湾《わん》やマングローブ林《りん》など浅い海で卵《たまご》を産《う》み、子どもを出産《しゅっさん》する。このような場所であれば子ザメを襲《おそ》う捕食動物《ほしょくどうぶつ》も少なく安全で、ゴカイや貝類や小魚など、エサとなる小さな動物も多い。

子ザメは大人ザメよりも体が細く、ヘビのような姿をしている。成長するにしたがって、体の大きさにふさわしいエサを食べるようになる。そしてカモフラージュできる海藻や石の多い海底に身をひそめ、捕食者《ほしょくしゃ》から身を守る。

サメは一般的には、成長につれ少しずつ岸寄《きしよ》りの生活から深い所へと移っていく。獲物《えもの》とする動物も大きくなるため、歯の形も変わる。体の模様《もよう》も、新しい環境に適応《てきおう》して変化する。そして体も親と同じ形になっていく。例えばニシレモンザメは生まれてから2年ほど海藻の中で暮らし、3歳から5歳の間にやや深い場所へと移り、成魚《せいぎょ》になるともっと深いサンゴ礁《しょう》で生活するようになる。

全てのサメが安全な生育場《せいいくじょう》で幼魚期《ようぎょき》を過ごすわけではない。アオザメなど大型で外洋性のサメは、大きく強い子どもを産むので、子ザメは産まれてすぐに捕食《ほしょく》をすることができ、過酷《かこく》な海の環境にも耐えて生きていくことができる。

遅《おそ》い成長《せいちょう》

同じサイズの動物と比べると、サメは成熟《せいじゅく》するまでに、より時間がかかる。ハナカケトラザメの場合、体長が1m近くになって成熟《せいじゅく》するが、それまでに10年はかかる。オナガザメは約14年、アブラツノザメは20年である。哺乳類《ほにゅうるい》や鳥類《ちょうるい》などは成熟したら成長が止まるが、サメは高齢《こうれい》になると成長のスピードは落ちるものの、成長し続ける。低温の環境下や、エサが少ない時にも、成長は鈍《にぶ》る。

野生動物の寿命《じゅみょう》を調べるのは非常に難しい。水族館のサメで寿命を調べる方法もあるが、その環境は自然とは言いがたい。自然の中では、キャッチ・アンド・リリースで標識《ひょうしき》をつけたサメを追跡調査する方法が手がかりになるだろう。木の幹《みき》にできる年輪《ねんりん》のように、脊椎骨《せきついこつ》に形成される年輪を調べるのも有効な手段である。

水族館にいる若いサメは、エサを十分にもらえるので1年あたりに15cmも成長する。それでも硬骨魚類《こうこつぎょるい》の成長速度に比べれば、かなり遅い。野生のサメは、さらに成長が遅いだろう。標識調査《ひょうしきちょうさ》をしたあるホホジロザメは1年に1.3cmしか成長しなかった。再捕獲《さいほかく》されたニシオンデンザメは、1年に0.5cmしか大きくなっていなかった。最も成長が速いのは、最もエサが多い時の外洋性のサメである。ヨシキリザメやアオザメは、好条件下では1年に20cm以上も成長する。

(左)ナヌカザメが緑色の卵殻《らんかく》から孵化《ふか》している。水温にもよるが、孵《ふ》化《か》までは7か月から10か月ほどかかる。生まれたばかりの子ザメには、背中に歯のような突起《とっき》が2列あるが、これは卵殻《らんかく》から出る時に使われる。

(上)このネコザメのように、幼魚《ようぎょ》は他のサメに捕食《ほしょく》されないように数年間浅瀬《あさせ》にとどまっている。
(右上)このポートジャクソンネコザメも孵化《ふか》後、浅瀬の生育場《せいいくじょう》に移動する。

サメの寿命《じゅみょう》

以下は標識調査《ひょうしきちょうさ》や観察などからの推定結果である。

- イコクエイラクブカ:少なくとも34歳。
- ネズミザメ:45歳。
- シロワニ:水族館のシロワニで43歳。
- ホホジロザメ:15歳くらいで成熟《せいじゅく》し、少なくとも25年は生きる。60歳を超えることもあるらしい。
- アブラツノザメ:75歳の記録が残っている。
- ジンベエザメ:100歳を超えるとされる。

サメと人《にん》間《げん》

サメと我われ人間との付き合い方は、以前と比べ大きく変わってきた。サメは、かつては軽蔑《けいべつ》の対象であり、何があろうと殺すべき動物だったが、今ではサメを尊重《そんちょう》し、畏敬《いけい》の念《ねん》を抱《いだ》く人も増えてきている。

シュノーケルをつけた青年が、ヨシキリザメと海に潜っているところ。

大きさと個体数《こたいすう》

サメの半数以上の種は、成長しても全長1.8m以下の大きさだ。サメ全種の全長を平均してみると、1.2mより小さくなる。通常の全長が3.7m～4mを上回るサメは、10種程度しかいない。

サメの大きさは誇張《こちょう》して語られることも多いが、実際に最も大きなサメはジンベエザメで、魚類全体の中でも最大の魚である。これまでに確認された最大のジンベエザメは、パキスタン沖で発見された全長12.5m、体重20tの個体だ。非公式の記録では、タイ近海で発見された全長17m、体重27tを超えるジンベエザメが最大とされている。サメの中で2番目に大きいのは、同じフィルターフィーダーのウバザメだ。推定全長12m、体重17t以上のウバザメが記録されている。（本章で取り上げるサメの標準的な大きさについては、34ページから67ページを参照）。

最大《さいだい》のサメ、最小《さいしょう》のサメ

ホホジロザメは捕食性《ほしょくせい》の最大のサメ、ひいては最大の捕食性魚類《ほしょくせいぎょるい》でもある。信頼できる計測《けいそく》によると、あるホホジロザメは全長6.4m、体重約1.8tもあったという。アゾレス諸島で捕獲《ほかく》された別のホホジロザメは、全長9.1mもあったとされているが、この噂《うわさ》は科学的根拠にとぼしい（しかし、どれほど大きいホホジロザメでも、絶滅した近縁種《きんえんしゅ》のメガロドンにはかなわない。14ページを参照）。

次に大きい捕食性《ほしょくせい》のサメは、イタチザメか、ニシオンデンザメか、カグラザメだろう。いずれも6mを超える大きさだ。逆に体の小さい種類では、全長15cmから20cmくらいのものが数種いる。ペリーカラスザメ（*Etmopterus perryi*）、オオメコビトザメ（*Squaliolus laticaudus*）、オナガドチザメ（*Eridacnis radcliffei*）、カリブカラスザメ（新称、*Etmopterus hillianus*）などだ。

サメの個体数《こたいすう》

ホホジロザメは、知名度の割に数の少ないサメである。全世界におけるその生息数（おそらく4桁《けた》程度）は減少している。大型のサメは、食物連鎖《しょくもつれんさ》の頂点に立つ肉食動物であるため、そもそも個体数が少ない。メガマウスザメやラブカは、発見されること自体がまれであり、その生息数は明らかになってはいない。ある程度の研究がされているサメは、実は十数種しかいないのである。ジンベエザメもめったに見られないサメであるが、海面近くを泳ぐ習性があるため、他のサメと比べると発見されることが多い。一般的に、小型のサメほど数が多くなる。岩礁地帯《がんしょうちたい》に生息するトラザメの類などは、数百万匹に達するだろう。大型のサメの中で最も数の多い種類の一つがヨゴレだが、これも他のサメ同様、個体数が急速に減少している。

（左）ヒレタカフジクジラは、サメの中で最も小さい種の一つである。全長46cmまでしか成長せず、深海底《しんかいてい》近くに生息する。
（上）一方、海面の近くで暮らすジンベエザメは、海に生きる最大の魚で、生まれた時の大きさはヒレタカフジクジラの成魚よりも大きいのだ。

サメと比《くら》べてみると？

- 最大のサメより大きい海産動物《かいさんどうぶつ》は、クジラだけである。シロナガスクジラ（左写真）の全長はジンベエザメの3倍あり、体重は7倍も重くなる。
- 硬骨魚類《こうこつぎょるい》はサメに比べると体が小さいが、その中でも最も重いのはマンボウで、1.8tにもなる。最も体が長いのはリュウグウノツカイで、9m以上ある。細長い平べったい姿からすると、重さはおそらく270kgくらいだろう。

サメは危険《きけん》な動物《どうぶつ》？

毎年、数多くの人間が動物に怪我《けが》を負わされたり、殺されたりしている。群《む》れからはぐれたゾウや、カバ、トラ、ライオン、クマ、ペットの犬、ヘビ、クモ、サソリ、ハチなど、人間を襲《おそ》う動物は様々である。

陸を離れ海に入ってみれば、有毒《ゆうどく》クラゲやヒョウモンダコ、オニダルマオコゼ、ミノカサゴ、ウミヘビ、イリエワニなどの危険な動物がいる。サメは、これらの動物による被害者数からすると、海洋危険動物のランキングの下の方に位置している。オーストラリアの場合、オーストラリアウンバチクラゲ（写真下）による年間犠牲者数は、オニダルマオコゼとワニとサメによる犠牲者の総数よりも多い。さらに視野を広げて見てみると、世界で毎年100万人以上もの人がマラリア（蚊《か》によって人から人へ伝染《でんせん》する）によって命を落としている。

なぜ人間《にんげん》はサメを恐《おそ》れるのか

サメは非常に危険な動物である、と多くの人が信じているが、それは実際の危険性よりも、イメージによるところが大きいだろう。クモやヘビを恐れるのと同じように、サメへの恐怖心もまた、人間に生まれつき備《そな》わっているように思える。なぜだろうか？

- ほとんどの人間にとって、サメは経験《けいけん》や理解《りかい》の枠組《わくぐ》みを超《こ》えたところにいる。水族館のガラス越し以外では、直接サメに会うことなどほとんどない。サメを恐れる心は、事実や常識とは別のところにある、いくつかの原始的な感情に根付《ねづ》いているのだろう。
- サメは、数多くの口伝《くちづた》えや歴史上の記述《きじゅつ》の中で、昔から恐ろしい存在として登場している。はるか遠い時代には、人々は海辺で火を燃やし、その周りでサメが人を襲《おそ》った話をし、尾鰭《おひれ》をつけながら語りついでいったことだろう。彼らは、船乗りや漁師やダイバーに重傷を負わせるようなサメしか知らなかったのだ。しかし、サメのほとんどは誰にも知られず、誰にも危害《きがい》を加えることなく、それぞれの生活を送っていたのである。
- 未知なるものや、突然襲《おそ》ってくるものに対する我われの無意識《むいしき》の恐怖が、サメを恐れる原因なのかもしれない。例えば、人間に限らず陸上の多くの動物は、本能的に水を恐れることがある。特に深い所ほど、恐怖は大きくなる。そこには何がいるか分からない。もしもサメがいた場合、あっという間に、音も立てずに襲ってくるだろう。襲われる側には、近づいてくる気配すら感じることができないのだ。
- サメの外見も、人間の不安をあおり立てる。私たちは、表情やジェスチャーで相手と意思疎通《いしそつう》をし、知性や感情を表現する。しかしサメに詳《くわ》しくない者から見ると、彼らはロボットのように、機械的に動いているようにしか見えないだろう。皮膚《ひふ》は硬《かた》くてザラザラし、顔には表情がなく、目はガラス玉のようにギョロっとしている。そこには、感情も理性も感じらず、その無反応《むはんのう》さが、人間の不安をつのらせるのかもしれない。

（左）オーストラリア北部の海岸近くに生息するオーストラリアウンバチクラゲは、世界でも最も恐ろしい動物の一つだ。海の中で見ると、その体はほとんど透明である。触手《しょくしゅ》は1m近くもあり、刺された場合には適切な応急措置をしないと数分で死に至ってしまう。

(上)オリーブミナミウミヘビは、他のウミヘビ類と同様に、猛毒《もうどく》の持ち主だ。サンゴ礁近くでエサとなる小さい魚を探している。ウミヘビの口は小さいため、人間が簡単にかまれることはない。攻撃的な種は少ないが、もしもかまれたら命取りになるのは、陸の毒ヘビと同じである。

死亡率《しぼうりつ》を比《くら》べてみる

アメリカなど欧米先進国《おうべいせんしんこく》のデータによると、各種死因《かくしゅしいん》ごとの死亡率《しぼうりつ》は以下の通りである。

- 心臓病:5人に1人
- インフルエンザおよびその合併症《がっぺいしょう》:70人に1人
- 交通事故:100人に1人
- 電車の事故:15万人に1人
- 雷による感電死:8万人に1人
- サメによる死亡事故:300万人に1人

サメに襲《おそ》われる可《か》能《のう》性《せい》

人間を攻撃するサメ:種別	
ホホジロザメ	33%
イタチザメ	12%
オオメジロザメ	8%
シロワニ	6%
その他メジロザメ	5%
コモリザメ	4%
アオザメ	4%
シュモクザメ	3%
ヨシキリザメ	3%
カマストガリザメ	3%

人間がサメに襲《おそ》われる事故は、世界中で年間70～100件報告されている。そのうち死亡事故は8～12件だ。海で泳ぐ膨大《ぼうだい》な人の数を考えると、サメに襲われる可能性は実に低いと言える。

サメに襲《おそ》われる可能性について、他の危険と比較《ひかく》してみよう。例えば:

- アメリカの沿岸部に住む人が雷に打たれる確率は、サメに襲われる確率の2倍であり、サメに殺される確率の80倍である。
- 全世界で、海で溺《おぼ》れる確率は、海でサメに襲われる確率の千倍である。
- オーストラリアでは人気海水浴場にサメがよく出現するが、それでも溺死《できし》する確率はサメに襲われる確率の50倍である。
- サメは、犬や大きめの猫、ワニやアリゲーター、ヘビやハチと比べても、人間を襲ったり殺すことが少ない。
- 一般の人にとって、交通事故にあう確率や家で怪我《けが》をする確率の方が、サメの事故にあう確率よりも何千倍も大きい。

襲《おそ》うのはどんなサメ?

人間を襲《おそ》うとされているサメは30種以上いるが、襲撃《しゅうげき》のほとんどは「ビッグ・スリー」(ホホジロザメ、イタチザメ、オオメジロザメ)によるものである。サメによる死亡事故もこの3種によることが多く、全体のおよそ半数を占める。しかし、サメの襲撃についての情報は、常に慎重に扱わねばならない。人は取り乱すと、どの種類のサメが襲ったのか、間違えてしまうからだ。

サメが人間を襲う理由と、攻撃の回避法《かいひほう》については196ページを参照。

襲《おそ》うのは1回《かい》

サメにまつわる事故のうち、たった1度の攻撃しか行われないものが全体の9割を占める。人間も(サメも)重傷《じゅうしょう》を負うことはまずない。鼻先(吻《ふん》)でドンとぶつかってくる程度のこともある。また、サメがすぐ近くを勢いよく泳ぎ、すれ違った時に、ザラザラのサメ肌や、半開きの口から出ていた歯によって、ちょっとしたすり傷や切り傷を受けることもある。

このような単発の攻撃の一部は、サメが見知らぬ生物(人間)に出会った時、それが食べるにふさわしいかどうかのチェックをする行動と関係があるだろう。野生動物なら、多くのものが同じような行動をとる。

もう一つの要因《よういん》は、防衛行動《ぼうえいこうどう》である。この行動も、程度の差こそあれ、全ての動物に共通している。人間の体は、海の動物と比べると大きいし、その動き方も、サメや魚にとっては馴染《なじ》みがなく、予測しづらいものだ。脅威《きょうい》を感じたサメは守りに入り、必要とあらば攻撃《こうげき》も辞《じ》さないというメッセージを発する。このメッセージは、サメの姿勢や泳ぎ方にあらわれる。威嚇姿勢《いかくしせい》や敵対行動《てきたいこうどう》という名で知られる体勢だ。人間がサメの威嚇《いかく》に気づいて泳ぎ去れば、サメも去っていくことが多い。

(右)最も恐れられているホホジロザメが、大きく口を開け攻撃するところ。これは、オーストラリア南部のネプチューン島で撮影されたものだ。大きいサメほど、獲物《えもの》のサイズが大きくなり、アザラシやカメやアシカを食べる。サーフボードに乗った人間は、海面下から(サメから)見るとアザラシにそっくりである。サーファーがサメに狙われやすいのも、そのためだろう(193ページ参照)。

(左)川を泳ぐオオメジロザメ。他のサメと異なり、この種は淡水《たんすい》でも生活することができ、かなり上流まで川をさかのぼる。オオメジロザメは水深の浅い所に生息することが多く、人間にとっては危険なサメだ。

威嚇姿勢《いかくしせい》

サメは、何かを不審《ふしん》に感じて攻撃体勢に入る時に、仲間も含め相手の動物に威嚇《いかく》のメッセージを発する。その理由は、ノワバリを守ろうとしているのかもしれないし、捕獲《ほかく》した獲物《えもの》を守ろうとしているのかもしれない。あるいは、何らかの危険を感じているのかもしれない。その威嚇姿勢《いかくしせい》は種によって異なるが、共通している部分もある。その行動は、比較的観察の容易《ようい》なオグロメジロザメの調査で明らかにされたものが多い。

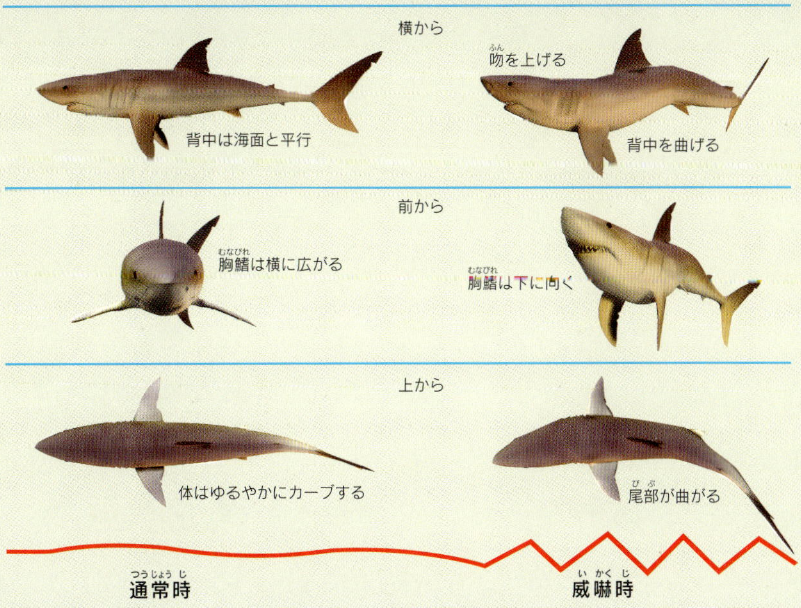

攻撃《こうげき》の方法《ほうほう》

サメも、自然に暮《く》らす野生動物であり、常に獲物《えもの》を探している。大型のサメはどのような攻撃をするのだろうか。人間に対しても、他の獲物《えもの》と同じように襲《おそ》いかかるのだろうか。

実際のサメの攻撃(例えばホホジロザメがエサに食いつくところなど)を観察したり、飼育されているサメを研究した結果、サメの感覚器官《かんかくきかん》について多くのことが解明されて、サメの「典型的な」攻撃方法が明らかになりつつある。

襲《おそ》われるまでのカウントダウン

サメが遠くのものを認知《にんち》する時は、嗅覚《きゅうかく》を使う。数百m離れていても、血液や体液などの物質を嗅《か》ぎつけ、それがエサになりうるかを判断する。彼らはアミノ酸や脂《し》肪《ぼう》酸《さん》など、様々な動物の体から出る化学物質《かがくぶっしつ》を嗅《か》ぎ分けることができる。

サメは獲物《えもの》に近づきながら、聴覚《ちょうかく》も活用する。これも、距離が離れていても使える感覚だ。水の中では、音は空気中よりも速く遠くへ伝達されるのだが、サメはいろいろな周波数《しゅうはすう》の音を聞き分けることができる。

獲物《えもの》に迫《せま》る

サメは、獲物《えもの》の動きによって起きる水の揺《ゆ》れや波を、体の側線《そくせん》で感じとる。そうして得られた様々な知覚情《ちかくじょう》報《ほう》を、以前の記憶情報《きおくじょうほう》と比較《ひかく》する。

日中の明るい時間帯であれば視覚《しかく》を使い、獲物《えもの》の形や動きを眼で追うこともできる。水槽《すいそう》で行った実験によれば、サメは比較的視力にすぐれ、物を見分けることもできるが、遠視《えんし》の傾向が強いとされている。

これらの感覚器官《かんかくきかん》を駆使《くし》した結果、眼の前の動物を獲《え》物《もの》と判断すれば、サメは攻撃体勢《こうげきたいせい》に入り、目標に迫《せま》っていく。すぐ近くまで来ると、サメは獲物の筋肉活動により作られる電場《でんば》を感じとる。この時サメは、口を開けられる体勢で、相当なスピードで泳いでいる。種によっては衝撃から眼を守るために、白目をむいている。つまり、物理的な感覚器官と電気受容器官《でんきじゅようきかん》だけが頼りである。そして襲いかかり、そこで初めて獲物の食感と味が分かる。サメがその次にどうするかは、獲物が何だったかによって異なる。

(左)サメは獲物《えもの》を見つけると、口を開けて猛スピードで襲いかかる。最初の一かみで味を確かめてから、その獲物を平らげるか、止めるかを決める。

(上)たくさんの人間が泳ぎ、多くの手足が水中でバタバタしている状態は、サメにとっては珍《めずら》しい光景だろう。通りがかったサメが、何を危険と感じ、何を避けるかについては、詳しくは分かっていない。

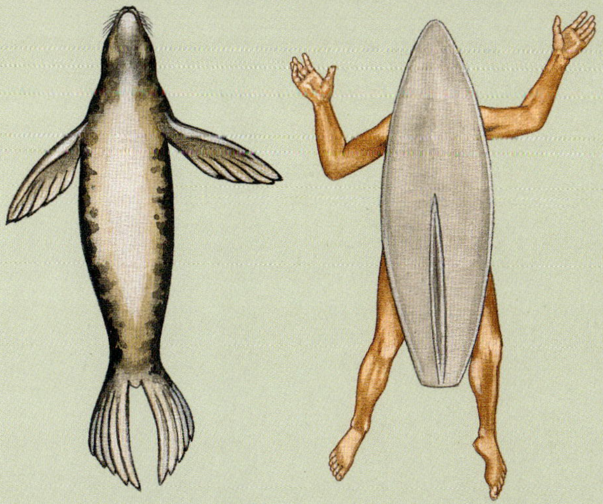

サーファーとアザラシ

この有名な絵は、大型のサメの好物であるアザラシと、サーフボードでパドリングしている人間を、サメの視点(水面下)から描《えが》いたものである。驚《おどろ》くほど似ていることに気づかされる絵だ。とはいえ、我われは視覚を頼りに生きる動物であり、印刷物を陸の上で見ているわけだから、絵は明瞭《めいりょう》に見える。サメからどう見えるかは、想像もつかない。そもそもサメは、我われとは全く違う世界に生きている。濁《にご》った水の中では、視界がぼやけるだろう。泳いでいると、匂《にお》いや水流や、水温の変化、水が運ぶ音や電気など、様々な情報が脳に流れ込み、そのサメが置かれている周囲の状況が刻々《こくこく》とアップデートされるのだ。

サメによる事故《じこ》の発生《はっせい》場所《ばしょ》

人間がサメに襲《おそ》われる事故が起きた地点を世界地図上にプロットしてみると、特定の場所に集中していることが分かる。例えば北アメリカ大陸の東海岸や、カリブ海沿岸、北アメリカ大陸西部の熱帯地域《ねったいちいき》や亜熱帯地域《あねったいちいき》(主に北半球)、熱帯地域《ねったいちいき》の太平洋諸島、オーストラリア、東南アジア、そしてアフリカ大陸の東南部や南部である。

日本やニュージーランド、南アメリカの北西部、アフリカ大陸の西部、そして中東地域では、事故の件数が比較的少ない。

このような事故の分布《ぶんぷ》は、いくつかの要因《よういん》が関係する。1つめは、いわゆる「ビッグ・スリー」、つまりホホジロザメ、イタチザメ、オオメジロザメの生息分布《せいそくぶんぷ》と重なるかどうかだ。2つめは、人間が海に入ることが多い地域かどうかである。事実、地図にマークのない地域は、人間があまり住んでいない場所が多い。

3つめは、サメの事故がISAF(国際サメ被害目録《ひがいもくろく》)に報告され、公《おおやけ》の統計として記録されるかどうかである。発展途上国の貧困地帯で起きた事故であれば、報告されずに終わるケースもある。そして4つめは、人間を襲《おそ》ったのがサメではなく、バラクーダなど別の動物の可能性がある場合、あるいは、どの種のサメが襲ったか判別できない場合である。

総《そう》じて、報告されるサメ事故はリゾート地などの温かで、波がおだやかな浅海《せんかい》で起きることが多い。特に週末など、休日の午後の時間帯に事故が多く起き、被害者《ひがいしゃ》は裕福な欧米人《おうべいじん》が多い。この傾向は、サメの行動が原因と言うより、人間のバカンスの過ごし方や、人気の旅行先が影響している(詳しくは190ページ参照)。

上の世界地図には、赤いマークでサメの攻撃による死亡事件の多い地域が記されている。マークの無い地域は、事故があっても記録に残らない所か、人間があまり住んでいない地域である。

いくつかの事例《じれい》

- 第二次世界大戦中の1942年、イギリスの蒸気船《じょうきせん》ノヴァスコシア号は南アフリカ沖でドイツの潜水艦《せんすいかん》の雷撃《らいげき》を受け、数分で沈没。約900人が海にとり残された。しかし60時間後に救助船が駆《か》けつけた時、生存者はたったの192人になっていた。サメの群れが、被害を大きくしたのであった。
- 1945年、アメリカの軍艦《ぐんかん》インディアナポリス号は、広島に落とすべき核爆弾《かくばくだん》の部品を太平洋のテニアン基地に輸送した後、本国に帰還する途中で日本の潜水艦に攻撃された。約900人の乗員が救命胴衣《きゅうめいどうい》を着用し、あるいは漂流物《ひょうりゅうぶつ》につかまるなどして救助を待ったが、彼らの任務は極秘《ごくひ》であったため、救命隊が現れるまでに4日もかかった。その時に生存者はわずか300人になっていた。多くの乗員はサメによって殺されたのだった(詳しくは26ページを参照)。
- 1916年アメリカ・ニュージャージー州のマタワン川で、10日間に5件ものサメの事故が発生、被害者《ひがいしゃ》のうち4名が死亡した。襲ったのはホホジロザメか、おそらくオオメジロザメだろうと言われている。

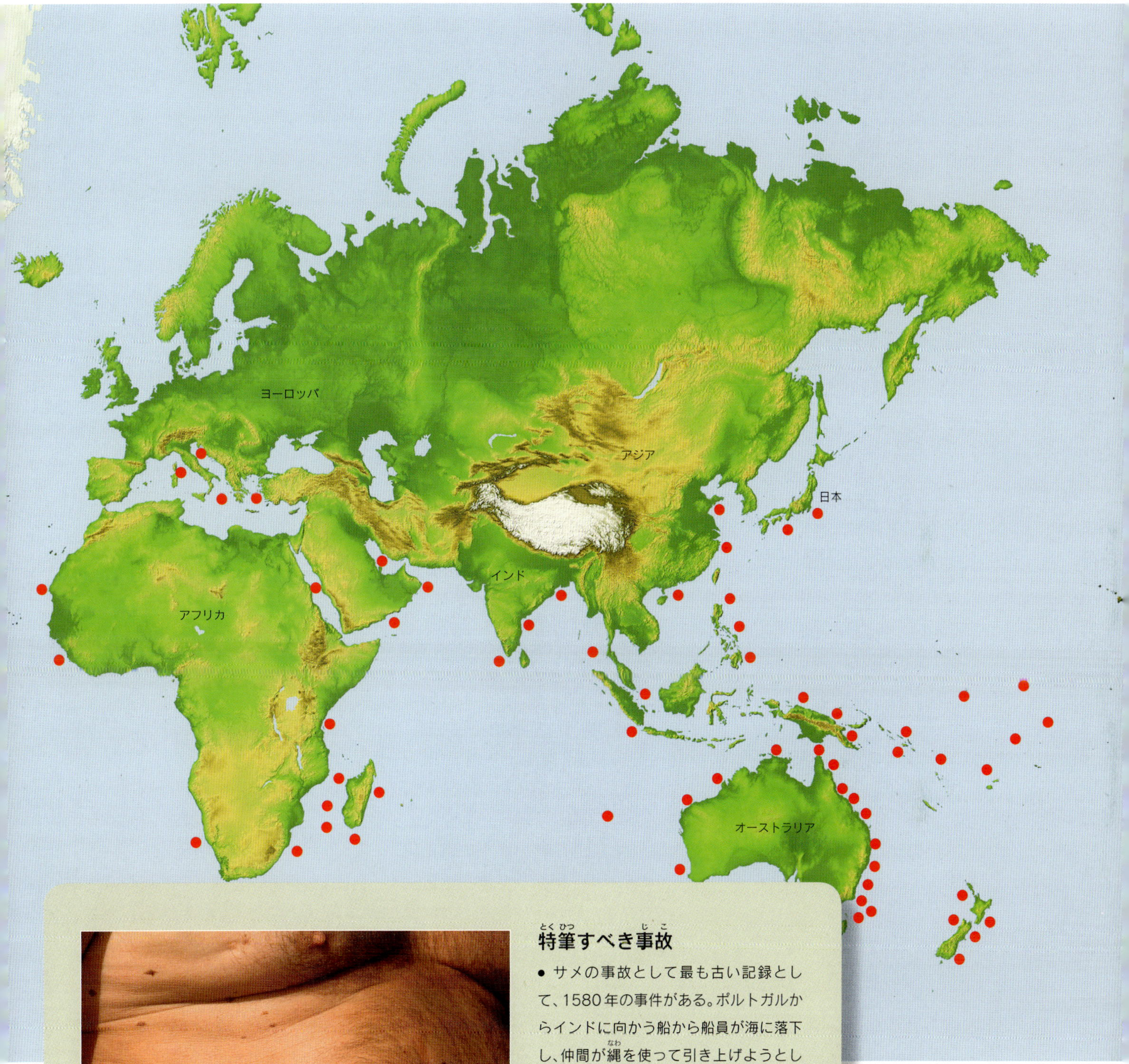

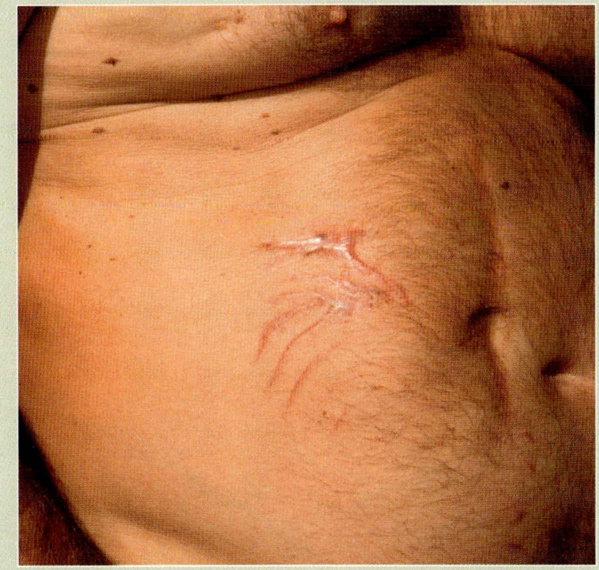

特筆《とくひつ》すべき事故《じこ》

- サメの事故として最も古い記録として、1580年の事件がある。ポルトガルからインドに向かう船から船員が海に落下し、仲間が縄《なわ》を使って引き上げようとしたが、その時に船員の体はサメによって引き裂かれてしまった。
- 1977年、マーク・グリーン氏は釣り上げたサメを車に乗せ、自宅に帰る途中、交通事故に巻き込まれた。その時の衝撃《しょうげき》でサメの歯が体に突《つ》き刺《さ》さり、22針もの手術を受けることになった。死んだサメでも、危険な存在なのだ。
- (左)オグロメジロザメに襲われたダイバーが、その時の傷跡《きずあと》を見せてくれた。

サメよけの方法《ほうほう》

サメの嫌《いや》がるものや近寄らせない方法、それもできるだけサメを傷つけないものを開発し、安全に海水浴ができるようにする──そんな研究も行われている。

第二次世界大戦中、アメリカ海軍によって招集《しょうしゅう》されたサメ生物学者たちによって、大がかりなサメよけの研究が開始された。その時の研究材料は、水槽《すいそう》の中のホシザメ類だった。様々な周波数《しゅうはすう》の音、毒、刺激物、水溶性《すいようせい》の汚《お》臭成分《しゅうせいぶん》、さらには毒ガスまでもが試されたが、唯一効果があるとされたのは、酢酸銅《さくさんどう》だった。それは「サメ撃退《げきたい》薬《やく》（シャーク・チェイサー）」と名付けられ、海軍に支給《しきゅう》された。それは軍の士気を高めのだろうが、実際にサメに効果があったという報告はほとんどない。

近年《きんねん》のサメ撃退法《げきたいほう》

サメ対策をするには、サメについての理解を深めなければならない。その研究は50年以上も続いているが、現段階ではサメよけ効果にそれほど期待できないか、科学的な裏《うら》づけが無いものが多い。例えば黒いビニール袋の使用だ。この方法だと獲物《えもの》の形が特定しにくく、体液《たいえき》が漏《も》れないためにサメが気づかないとされている。あるいは、サメの目をくらますための、変わった色や縞模《しまも》様《よう》のウェットスーツを着用する方法がある。さらに一般的な方法は、電気を使用しサメを困惑《こんわく》させ、感覚を乱すというものである。電気を発生させる装置をベルトやウェットスーツにつけると「電気のバリア」ができ、サメの電気受容器官《でんきじゅようきかん》に影響を与え、危害《きがい》を受ける危険がなくなるという。この他にも、フェロモンなどの化学情報《かがくじょうほう》物質《ぶっしつ》の研究もある。これは、他の個体の行動に影響を与える、動物が作り出す自然の「伝達物質《でんたつぶっしつ》」である。このような化学情報物質《かがくじょうほうぶっしつ》を使って、サメを捕食行《ほしょくこう》動《どう》から待避行動《たいひこうどう》に切りかえさせる実験が行われている。これらの物質は、サメの体組織《たいそしき》から分離《ぶんり》されたり、別の魚類から抽出《ちゅうしゅつ》されている。基本的にこの物質はサメを近寄らせないためのもので、重要なのは、サメの行動を変えることで、毒性《どくせい》があってはならない。この物質の効果を長時間持続《じぞく》させられるようになれば、ブレスレットやアンクレット、水着やウェットスーツに入れたり、日焼け止めクリームに混ぜて使用することもできるだろう。

物理的《ぶつりてき》なサメよけ

リゾート・ビーチでは、サメの攻撃から人間を守るために、柵《さく》や金属製の網《あみ》を設《もう》けたり、監視塔や岬《みさき》から見張ったり、パトロール船や偵察機《ていさつき》での巡回が行われている。ダイバーが電気ショック棒を持って海に潜り、見回りをすることもある。電気ショック棒は、サメが近づきすぎた場合、スイッチを入れてサメの吻《ふん》にある電気受《でんきじゅ》容器官《ようきかん》を一時的に妨害《ぼうがい》するものだ。ダイバーはいろいろな鉄製のカゴを使い、その中からサメを観察したり、写真を撮ったりする。

サメとのトラブルを避《さ》けるには

- サメがよく出る危険な場所を避《さ》け、サメのいない所で泳ぐ。
- サメが現れたら、素早く、静かに、落ち着いて泳いでその場を離れる。
- バシャバシャ音を立てたり、急な動きをしたり、ぎこちない行動を取ってはならない。
- （スキューバの場合）なるべく海面に浮かび上がらない。
- もしサメの攻撃を受けたら、吻《ふん》か、眼《め》か、鰓《えら》をパンチしてみる。効果があるかもしれない（ないかもしれないが）。

（左）「シャーク・ポッド」（電《でん》磁波《じは》によるサメよけ用具）などのサメよけ用品を使えば、通常では危険とされるような距離までサメに近づくことができる。しかしこれらの特別な道具を使っても、常に注意は必要である。

(上)「シャーク・シールド」は、サメに障害《しょうがい》を与えずに、感覚器官を混乱させる。この作用《さよう》は、電流を用いてサメの電気受容器官《でんきじゅようきかん》の調子を乱し、サメの脳を混乱させる化学情報物質《かがくじょうほうぶっしつ》を分泌《ぶんぴつ》させることで起きる。(右)このように、サメの撃退用品のテストには非常な危険がともなう。相手がホホジロザメだった場合はなおさらである。

サメを科学《かがく》する

本格的な科学調査《かがくちょうさ》には多大な費用《ひよう》がかかるものである。しかしその研究が有用《ゆうよう》かつ有益《ゆうえき》なものであれば、その費用の工面《くめん》もしやすくなる。

（上）幼いシュモクザメが追跡装置《ついせきそうち》を飲み込まされているところ。この装置は数日間にわたり無線信号を送りつづけるので、研究者はその行方を追跡することができる。

サメの研究者は、複数《ふくすう》の分野を研究対象にしているのが普通である。例えば、漁業の対象になっているサメの生物学《せいぶつがく》や生態学《せいたいがく》の研究をしていると、同時に、サメの保護や海の生態系《せいたいけい》の理解に役立ち、さらに我われの健康や医学分野でも、サメ由来《ゆらい》の有用《ゆうよう》な製品の開発にもつながっていくだろう。

自然治癒力《しぜんちゆりょく》

東洋医学では、動物を薬《くすり》とすることに古くから目が向けられてきた。特にサメは、様々な薬剤《やくざい》の原材料とされてきた。ここで注目したいのは、サメが驚《おどろ》くほど病気にかかりにくい動物であるということだ。これまで捕獲《ほかく》され、研究されてきたサメは無数にいるのだが、その中でガンにかかっていたものや、細菌《さいきん》に感染したり病気にかかっていたものは、きわめて少ない。昔から伝わるサメ由来の成分は、西洋医学では解明しきれておらず、従来は研究されても「効果なし」とされたり、「不明」と判定されているままである。

サメからできる医薬品《いやくひん》

サメの軟骨成分《なんこつせいぶん》は、昔からガンにも効く万病《まんびょう》の薬とされてきた。しかし、その効果を科学的に裏付《うらづ》けることは困難であり、医学界では「効果を期待できない」とするのが主流である。近年では、米国臨床腫瘍学会《りんしょうしゅようがっかい》の厳しい主導の下、肺《はい》ガン患者にサメ軟骨成分《なんこつせいぶん》を投与《とうよ》したケースもあったが、目に見える効果はなかった。とはいえ、アブラツノザメなどから抽出《ちゅうしゅつ》されるスクアラミンのアミノステロールは様々な分野で研究されている。この成分は抗菌効《こうきんこう》果《か》があり、感染症《かんせんしょう》によっては効果がある。病気を起こすウィルスに感染した細胞を殺すのである。この成分には抗血管新生《こうけっかんしんせい》効果《こうか》もあるらしい。異常のある細胞がある場合、その細胞への血液供給《けつえききょうきゅう》を止め、成長や増殖《ぞうしょく》を阻止《そし》するのだ。血管新生《けっかんしんせい》は、一部の腫瘍《しゅよう》（脳《のう》、肺《はい》、卵巣《らんそう》）や、眼の黄斑変性症《おうはんへんせいしょう》で認められている。

肝臓《かんぞう》に付属する胆嚢《たんのう》は消化系の一部であり、消化《しょうか》・排泄《はいせつ》の過程《かてい》に大切な、胆汁《たんじゅう》を作る器官である。サメの胆汁《たんじゅう》から抽出《ちゅうしゅつ》した成分を精製《せいせい》したものが、にきびや吹き出物に効果のある薬として市販されている。他にも、抗凝固剤《こうぎょうこざい》や抗関節炎薬《こうかんせつえんやく》、移植用《いしょくよう》の角膜《かくまく》や、やけどの薬としてのサメ薬品が、実用化に向け研究が進められている。しかし、これらの薬品はまだ開発の初期段階にあり、賛否《さんぴ》両論《りょうろん》を呼んでいるため、科学や医学界の確認が必要である。

学問《がくもん》への貢献《こうけん》

アブラツノザメ（左）などの小型サメ類は、駆《か》け出しの研究者にとって、魚を知るための教材である。冷たい水槽《すいそう》の中でも飼育《しいく》と繁殖《はんしょく》が簡単なため、「魚界《さかなかい》のモルモット」と言われるほど、学習や解剖《かいぼう》に向いている。これら小型サメ類の研究によって、サメの鋭敏《えいびん》な知覚や、遊泳力《ゆうえいりょく》、生理《せいり》（生体化学《せいたいかがく》や機能）、そして繁殖《はんしょく》についても詳しく分かるようになった。

（右）サメの行動観察は、生物学《せいぶつがく》的調査《てきちょうさ》や生態研究《せいたいけんきゅう》にとって欠かせないものであるが、研究者は命の危険にさらされる。写真に写っている軽量な防護服《ぼうごふく》は、中世ヨーロッパの兵士が着用した鎖《くさり》かたびらに似ており、しかも動きやすく丈夫である。このヨシキリザメによるテストでも、防護服《ぼうごふく》の丈夫さが確かめられた。

サメに襲《おそ》われないために

サメに襲《おそ》われることはめったにないし、仮《かり》に襲われたとしても助かる可能性はかなり高い。最初から用心《ようじん》していれば、さらに安全である。

一人で泳がない。なぜなら、サメは攻撃しやすい相手、特に岸から離れた場所で単独で泳ぐ獲物《えもの》を狙うからだ。夜の遊泳《ゆうえい》も、多くのサメが捕食《ほしょく》をし活発になる時間帯なので、避《さ》けたいものだ。また、水が澄《す》んでいるところで泳ぐようにしたい。サメにとっては、濁《にご》った水の中は、獲物《えもの》に近づいても最後まで気づかれずに済《す》むので、好都合な場所なのだ。そして、傷口がふさがっていない時や、生理中《せいりちゅう》は決して海に入ってはいけない。サメの嗅覚《きゅうかく》は信じられないほど鋭敏《えいびん》で、驚くほど遠い所からでも血の匂《にお》いを嗅《か》ぎつけることができるのである。サメの鋭い視力《しりょく》もあなどれない。まばゆい水着と落ち着いた肌の色など、対照的な色あいには特に敏感であり、キラキラしたアクセサリーも、水の中では魚の鱗《うろこ》に見えるので、海で泳ぐ時には外した方が良い。

もし海で泳いでいて、サメがいることに気づいたら、ただちに岸辺《きしべ》に戻ろう。その時はバシャバシャ音を立てたり、助けを求めて大声をあげたりしてはいけない。ぎこちなく動いたり、水の音を立てるのは、サメの注意を引きつけるだけである。

他の海洋動物《かいようどうぶつ》に気を配ることも、サメの攻撃を避《さ》けるには重要だ。サメの獲物《えもの》となるような小さい魚がいるか、注意してみよう。彼らは群《む》れになって泳ぐので、海の中を動く黒い雲のように見える。サメなどの肉食魚類《にくしょくぎょるい》は、それを狙うのだ。こういった魚は、水面に顔を出してみれば分かることもある。海鳥が集まって水面にダイブしている所は、そこにエサになる魚がいるか、襲《おそ》われたばかりの獲物がいる可能性が高い。そんな海鳥がいれば、その下にはもっと恐ろしい肉食魚類もいると考えて良い。

海底の地形など、海の条件も重要である。サメが好むような場所では泳ぐのをやめるべきだ。彼らは海岸に近い浅い場所に来ることはめったにないが、急激《きゅうげき》に深くなる場所や、砂洲《さす》と砂洲の間などでは、獲物《えもの》を待ちかまえていることが多い。思いがけない所にある深いスポットには、小さい魚や海洋動物も迷い込むことが多いのだ。

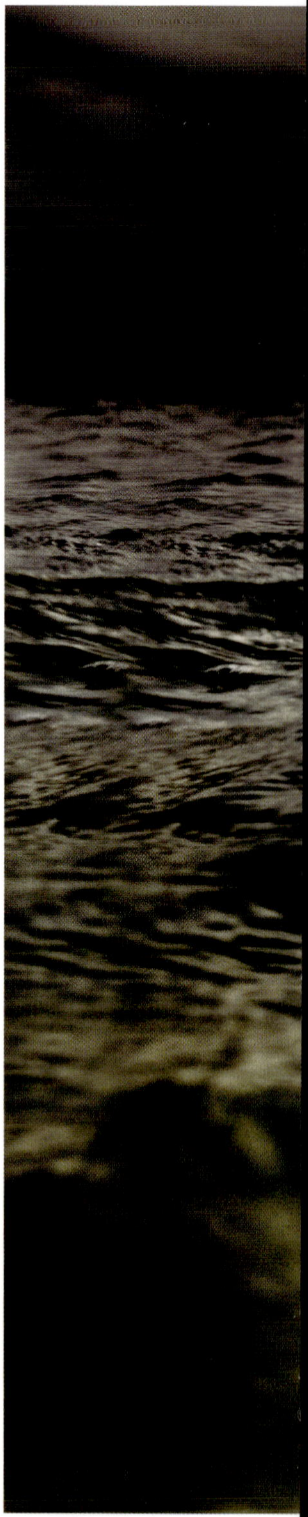

(左)サメの嗅覚《きゅうかく》は驚くほど鋭く、非常に遠くからも血の匂《にお》いを嗅《か》ぎわけることができる。もし傷があり、それがふさがっていない場合は、決してサメの多発水域に入らないように。

「サメの感覚《かんかく》」

海の深い所に放り出された場合は、サメに対する警《けい》戒《かい》をおこたらず、気づかれないように落ち着いて行動しなければならない。このことは、多くの注意書きやウェブサイトに記されている。このような注意書きの最初のものは、アメリカ海軍が1944年に発行した小冊子「Shark Sense（サメの感覚）」である。この冊子には、熱帯の海に置き去りにされた時、どうやってサメの注意を引きつけず、海で身を守るかが書かれており、太平洋に展開する軍人全員に配られた。

（上）「夜の遊泳《ゆうえい》」と言うと楽しそうな響《ひび》きがあり、冒険心をくすぐられるが、サメは夜の方が活発に活動する動物である。夜間には彼らの感覚は獲物《えもの》を見つけようと研《と》ぎ澄《す》まされているが、我々が最も頼りとする視覚はその時には、暗さのためほとんど使えないのである。

サメを保《ほ》護《ご》する

サメ肉は美味《びみ》とされているが、乱獲《らんかく》によって多くの種が絶滅《ぜつめつ》するのではないかと環境保護活動家たちは危惧《きぐ》している。

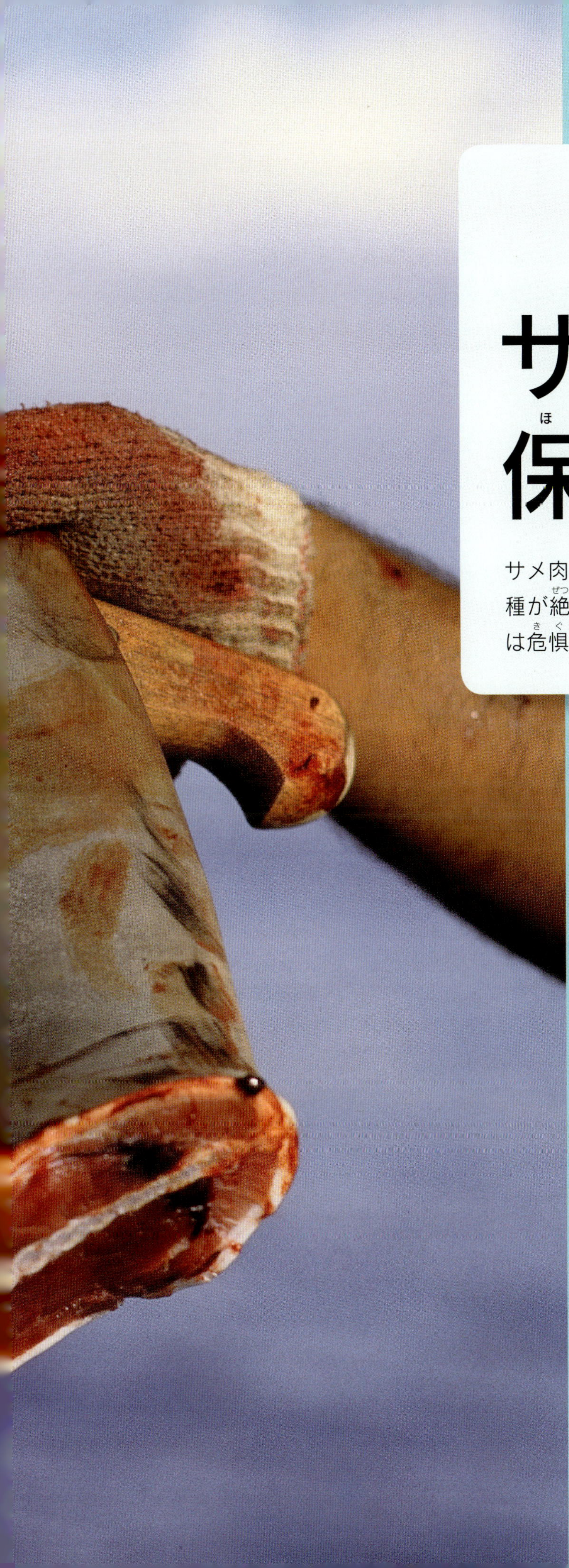

毎年、何百万匹ものサメがフカヒレや肝臓《かんぞう》、歯をとるために殺され、残りの部分は海に投げ捨てられている。

サメの研究《けんきゅう》

サメの研究をするための理想的な場所は、サメが棲《す》んでいる場所、つまり海の中である。潜水器具《せんすいきぐ》や潜水技術《せんすいぎじゅつ》の他、手持ちや遠隔操作《えんかくそうさ》のカメラ、データ記録術、標識《ひょうしき》、衛星追跡《えいせいついせき》システム、遠隔操作《えんかくそうさ》による水中探査機《すいちゅうたんさき》など、様々な分野で技術が発展し、サメ研究は実《みの》り多いものになってきている。

技術の発展とともに、よりサメに接近して、より詳細《しょうさい》に観察することができるようになり、サメがどのように行動するのか、さらに詳《くわ》しく分かるようになってきた。海中で初めて本格的なサメの調査を行ったのは、フランスの海洋学者ジャック・イブ・クストー(1910～1997)である。彼は1950年代から1960年代にかけ、水中カメラマンや映画制作者、探検家や科学者らと組み、独自の方法でサメを研究した。彼は世界で初めてスキューバ機材(水中での自給式呼吸器《じきゅうしきこきゅうき》)を設計し、サメの観察と撮影にケージ(籠《かご》)を使用した。

大西洋北西部におけるサメ標識調査《ひょうしきちょうさ》では、科学者、釣り人、そして漁業者が一緒になってサメの調査をしている。彼らは捕獲《ほかく》したサメを持ち帰らず、その体を測定《そくてい》し、標識をつけ、海に放す。別の海域で再び捕獲した場合は、移動した方向と距離、そして成長量《せいちょうりょう》を記録する。標識調査によって、ヤブジカなどのサメは成熟するのに時間がかかり、産む子どもの数も少ないことが分かった。その結論として、サメが乱獲《らんかく》されれば、個体数が回復するまでにかなりの年数がかかる、ということになるのである。

サメの視点《してん》

クリッターカムは、野生動物の体に取りつけ、後《のち》に回収することができるビデオカメラなどの情報収集機材《じょうほうしゅうしゅうきざい》である。これは陸の動物にも海の動物にも使うことができる。サメを捕獲《ほかく》し、このクリッターカムを取りつけて再び海に放すと、そのサメが何を見て、どこに泳いでいくのかを知ることができる。一定時間が経過すると、カメラの固定ストラップが自動的に切れ、カメラは海面に浮き上がって電波を発信して、回収される。この調査法によって、オーストラリアや北アメリカ、アフリカ南部のホホジロザメやイタチザメ、オオメジロザメなどの生態《せいたい》が明らかになりつつある。

標識《ひょうしき》による追跡調査《ついせきちょうさ》

サメ用の標識《ひょうしき》には、プラスチック製の鰭《ひれ》につけるクリップ式の物から、船や衛星《えいせい》で追跡可能な電波を発信する高性能な追跡装置まで、様々な物がある。また、体に害のない電波発信機を飲みこませることもある。この方式では自然の摂理《せつり》で排泄《はいせつ》されるまでの数日間、サメを追跡調査することができる。

(右)標識《ひょうしき》による追跡調査《ついせきちょうさ》は、サメの行動を調べるのに最適な手法である。しかし、このネズミザメのように大きく獰猛《どうもう》な動物の場合、捕《ほ》獲《かく》して標識をつける作業は困難がともなう。

(上)サメを海中で直接観察するのも一つの研究方法だ。この写真は、調査員が比較的安全なケージの中からホホジロザメを撮影しているところである。

行動《こうどう》パターン

　このシロワニには、捕獲後《ほかくご》のわずかな間に番号標識《ばんごうひょうしき》がつけられ、さらに体内に電波発信機《でんぱはっしんき》が挿入《そうにゅう》された。この電波発信機には、水深や水温が記録されるようになっている。海底にはモニター装置が設置されており、標識《ひょうしき》されたサメが通るたびにデータがダウンロードされるようになっている。観測結果によると、シロワニは通常は海底付近をゆったりと泳いでいるが、夜間には活発に活動していることが確認されている。

サメを脅《おびや》かすもの

人間によって殺されるサメは、年間５千万匹から１億匹にもなるとされている。つまり、１秒間あたり３匹のサメが殺されている計算になる。一方、サメに襲《おそ》われ死亡する人間は年間８人から12人くらいである。

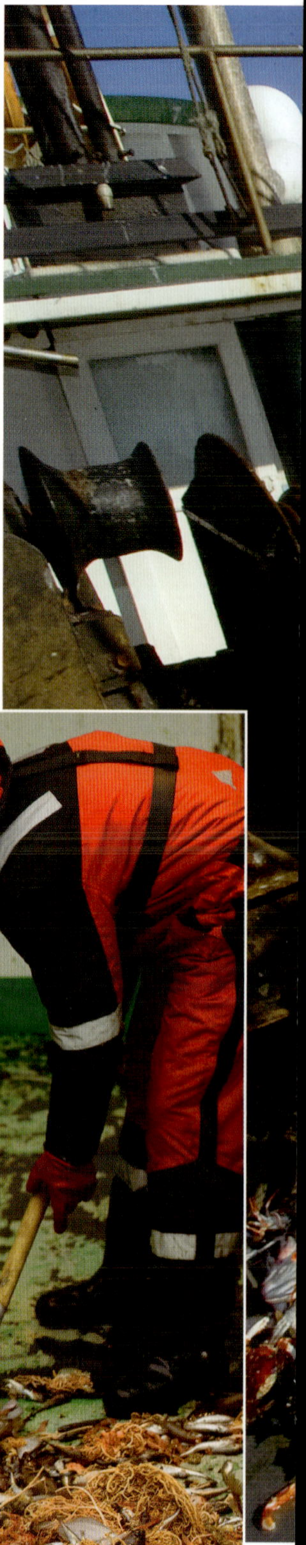

サメは、他の野生動物《やせいどうぶつ》と同じように、様々な危険にさらされている。伐採《ばっさい》による熱帯雨林《ねったいうりん》の破壊や、水不足でひび割れた湿地帯《しっちたい》、石油まみれの海岸などは目に見えるものだけに、環境保護運動《かんきょうほごうんどう》につながりやすい。しかし海の中は見ることができないために、海の生態系に忍《しの》びよる危機を人々が具体的にイメージすることは難しい。

乱獲《らんかく》

サメにとって最も恐ろしいものは、漁業《ぎょぎょう》と乱獲《らんかく》である。漁業の中にはサメを目的とした漁《りょう》があり、刺網《さしあみ》やトロール網《あみ》、延縄《はえなわ》などを使ってシュモクザメやアブラツノザメなどを漁獲《ぎょかく》し、食用や肝油《かんゆ》などの製品にされる。特に議論を呼んでいるのが、鰭《ひれ》だけを取り去り体の残りを捨ててしまう「フカヒレ漁《りょう》」だ（次ページ右下を参照）。

もう一つの問題が「混獲《こんかく》」と呼ばれる、別の魚を狙《ねら》った網《あみ》に、サメがかかるケースである。大型のサメはエサとなる魚の群《む》れに集まるが、その同じ魚を漁獲《ぎょかく》しようとする漁船がサメも一緒に漁獲《ぎょかく》してしまうのだ。大きな網《あみ》だと、そこにいる生き物全てを捕まえてしまう。かかったサメを逃がすこともあるが、致命傷《ちめいしょう》を負っている場合が多い。

近年の漁船《ぎょせん》は性能が向上しており、世界中で多くの魚が激減《げきげん》し、全く魚が獲《と》れなくなってしまった地域もある。サメはこのような魚をエサにしているので、エサがなくなると、成長が遅れ、繁殖力《はんしょくりょく》も衰《おとろ》えてくる。それと同時に、人間がこれまで獲《と》ってきた魚の漁獲量《ぎょかくりょう》が減ると、今度はサメに目が向いていくことになる。

汚染《おせん》とスポーツ・フィッシング

サメによっては、入《い》り江《え》や河口《かこう》など、陸に近い海を好むものがいる。そういった場所は、川から流れてきた汚水《すい》や農薬《のうやく》、海に近い工場の排水管《はいすいかん》から出る薬品類などが溜《た》まり、汚染《おせん》が進みやすい所でもある。これらの薬品類は、食物連鎖《しょくもつれんさ》の中で濃縮《のうしゅく》が進む。つまり、小さい魚をより大きい魚が食べることで、より大きい魚の体内では、薬品の蓄積量《ちくせきりょう》が上がるのである。これを「生物濃縮《せいぶつのうしゅく》」と呼ぶ。サメは食物連鎖《しょくもつれんさ》の最上位に位置するため、多量の有害物質《ゆうがいぶっしつ》が体内に蓄積《ちくせき》することになる。

スポーツ・フィッシングも、アオザメなど大型のサメを危機《きき》に追い込んでいる。彼らは釣られた時に暴れるため、ターゲットとして好まれている。

（右）サメが別の肉食動物に食べられることもあるが、このニシオンデンザメのように混獲《こんかく》で命を落とすサメもいる。海に戻されても、体に傷を負っていてすぐに死んでしまうだろう。

(上)漁業からサメの混獲《こんかく》が無くなったとしても、サメのエサになる魚や甲殻類《こうかくるい》を獲《と》ってしまう漁業そのものが、サメを脅《おびや》かすものになっている。

フカヒレ漁《りょう》

フカヒレのスープは、東アジアや東南アジアを始めとした各地で高価なご馳走《ちそう》とされている。しかしそのためにアカシュモクザメを始め、何百万匹ものサメが毎年犠牲《ぎせい》になっている。サメは背鰭《せびれ》や胸鰭《むなびれ》や尾鰭《おびれ》が切り取られ、体だけが海に廃棄《はいき》される。これは無駄《むだ》なことである。なぜなら、肉や肝油《かんゆ》などを使ったサメ製品を作るために、これとは別に他のサメを漁獲《ぎょかく》しなければならないからだ。

保護《ほご》のためにできること

動物《どうぶつ》保護《ほご》運動《うんどう》で一般的に使われる写真は、イルカやパンダ、アザラシの赤ん坊やライオンの子どもなど、可愛《かわい》らしくて抱《だ》きしめたくなるような写真だ。それを見れば人間は同情《どうじょう》し、保護運動を支援《しえん》したくなるものである。

見た目が獰猛《どうもう》なサメの場合、このようなことをして同じような効果が得られるかは疑問だが、サメでも保護されるべきことに変わりはない。どの動物でも、同じ地球に棲《す》む仲間として大切にされなければならない。

サメのイメージを向上《こうじょう》させる

保護運動に重要なのは、教育である。確かに、人間を襲《おそ》うサメも少数ながらいるのは事実である。同じことはトラでも言えるが、しかし、トラの保護活動はすでに世界中に広がっている。

学校や大学において、自然や生物学《せいぶつがく》や野生動物の保護を教えるのは大切なことである。テレビ番組や本、雑誌、インターネットなどでも、サメの魅力的《みりょくてき》な生態《せいたい》・行動について知ることができる。

ガラス越《ご》しの安全《あんぜん》

水族館や海洋生物センターなどに行くと、海の生物に関心をもつようになる。巨大な水槽《すいそう》を通る水中トンネルから見る魚の世界は壮観《そうかん》だ。どんなに獰猛《どうもう》な動物でも、ほんの数cmしか離れていない所から観察することができる。水族館には様々な種類のサメがいるが、特にシロワニやヤブジカは、見た目が大きく恐ろしい割に水槽内の生活に順応《じゅんのう》するとして人気があり、これらのサメの詳しい体の特徴《とくちょう》や行動については、説明パネルやビデオなどで知ることができる。

サメの餌付《えづ》けショー

サメの餌付《えづ》けショーでは、サメについて自分の目で見ていろいろと学習することができる。岩礁地帯《がんしょうちたい》に棲《す》んでいるサメは、ボートのエンジン音や人間がたてる水の音を聞くと、関連《かんれん》づけと習慣《しゅうかん》から、それがエサを意味するものだと学習する。監視員がサメにエサを与えると観光客は歓声《かんせい》を上げ、写真を撮る。こういったショーは、確かにサメの悪いイメージを変えることができるかもしれない。しかしまた、このようなショーが別の問題を引き起こす可能性もあるので、サメの行動についての十分な理解をしておく必要があるだろう。つまり、その岩《がん》礁地帯《しょうちたい》に多くのサメがエサを求めて集まり、そこの生態《せいたい》系《けい》を壊してしまうのである。また、このような場所は多くの場合、リゾート・ビーチの近くにあるため、サメの餌《え》付《づ》けショーによってたくさんのサメが集まるのも問題になる。サメが人間を恐れなくなり、人間をエサと関連づけ、人を襲うようになるかもしれないからだ。

各国《かっこく》の動《うご》き・国際的《こくさいてき》な動《うご》き

各国政府や地域組織《ちいきそしき》、国際機関《こくさいきかん》などが海洋生物の保護《ほご》と自然管理をすることができる。これらの機関が漁獲《ぎょかく》割当《わりあて》や漁獲制限《ぎょかくせいげん》を設《もう》けることができれば、その効果に期待ができるだろう。それはサメを救うだけでなく、これまでに乱獲《らんかく》され絶滅《ぜつめつ》の危機《きき》に瀕《ひん》している他の多くの魚をも守ることにつながるからだ。しかし、特定の地域におけるフカヒレ人気など、多くの文化の相違《そうい》があり、なかなか解決が難《むずか》しい問題である。

エコツーリズム

エコツーリズム業は、今や数億円規模《すうおくえんきぼ》に成長している。このことで人々は、動物や自然への影響を最小限にとどめながら、野生動物と自然に近い状態で間近《まぢか》に接することができる。そこから出た収益《しゅうえき》は、自然や野生の動植物の保護《ほご》、エコ産業の人件費、環境保護活動にあてられる。少なくとも、エコツーリズムはそういう理念《りねん》で成り立っている。しかし中には、経営者《けいえいしゃ》の私腹《しふく》を肥《こ》やすだけの事業になり下がったようなものもある。今では、水族館（左）の厚いガラス越《ご》しに動物を観察する方が好まれているようである。

(上)サメを実際に見ると、恐ろしいという気持ちとともに、強い関心をもつ。この写真は、人々がシロワニを見ているところである。

(左)摩訶不思議《まかふしぎ》な姿をしているシュモクザメは、多くの水族館で飼《か》われており、誰もが目を奪《うば》われる。このような動物を見せることで、サメの保護《ほご》の必要性《ひつようせい》を訴《うった》えることができるだろう。

対策《たいさく》

サメを守るためにできることは、たくさんある。例えば野生動物《やせいどうぶつ》保護団体《ほごだんたい》に寄付《きふ》をしたり、サメの保護団体（シャーク・トラストやシャーク・アライアンス）が推進《すいしん》している特定のサメ保護や、海洋動物の保護キャンペーンを応援《おうえん》することもその一つである。

（上）このシュモクザメは、流《なが》し網《あみ》にかかり死んでしまった。このような悲劇を防ぐため、多くの環境保護団体が漁法《ぎょほう》の規制強化《きせいきょうか》を訴《うった》えている。

乱獲《らんかく》は全地球規模《ぜんちきゅうきぼ》の問題であるにもかかわらず、どの国も積極的に漁獲制限《ぎょかくせいげん》を設《もう》けようとはしない。サメのように人気のない動物だと、なおさらである。未《いま》だに公海《こうかい》で大型サメを捕獲《ほかく》することに対する法規制《ほうきせい》はない。制限が設けられたとしても、現行《げんこう》の漁獲規制《ぎょかくきせい》と同様に、公海上での施行《しこう》には困難が伴《ともな》うだろう。

国によっては、自国の領海内《りょうかいない》に限ってサメの捕獲量《ほかくりょう》を制限している所もある。アメリカ、オーストラリア、ニュージーランドなどである。しかしそのような措置《そち》を取っても、海洋保護の優先順位が高くはないために、著《いちじる》しい効果はない。陸地の環境問題、例えば森林の伐採《ばっさい》や山火事なら目に入ってくるが、海の中で起きている問題は、我われには直接見えないために、遠くのことに感じられ、大きな問題にはなりにくいのだ。

ワシントン条約《じょうやく》

生きているサメを保護《ほご》するだけではなく、サメの鰭《ひれ》や体、歯、肉、そしていろいろなサメ製品の取引を規制《きせい》したり、許可制《きょかせい》にしたり、禁止する方法もある。このような制約《せいやく》を設《もう》けているのがワシントン条約（CITES：絶滅《ぜつめつ》のおそれのある野生動植物《やせいどうしょくぶつ》の種《しゅ》の国際取引《こくさいとりひき》に関《かん》する条約《じょうやく》）であり、世界中のほとんどの国が加盟《かめい》している。附属書《ふぞくしょ》Ⅰに掲《かか》げられている種の取引は、生きていても、死んでいても、またはその製品であっても、例外的に認可《にんか》されている場合（一般的には保護目的のため）を除《のぞ》き、禁止されている。附属書Ⅱに掲《かか》げられた種は、輸出許可書《ゆしゅつきょかしょ》があれば商取引《しょうとりひき》が可能である。ワシントン条約によって保護されているサメは、2008年の段階でウバザメとジンベエザメとホホジロザメの３種で、いずれも附属書Ⅱに掲《かか》げられている。

死《し》の網《あみ》

流《なが》し網《あみ》や刺網《さしあみ》の使用については、今も議論が尽《つ》きない。全面的に禁止すべきだとする環境保護活動家《かんきょうほごかつどうか》もいるが、この漁法《ぎょほう》に国家収入を頼っている国では、漁業《ぎょぎょう》が何万人もの雇用《こよう》を創出《そうしゅつ》し、国民の食卓をまかなっている。したがって、網《あみ》を改良し、混獲《こんかく》を減少させるとともに、現実に沿《そ》った法規制《ほうきせい》の徹底《てってい》が必要になってくる。

海中公園《かいちゅうこうえん》・海洋保護区《かいようほごく》

サメをはじめ、多くの海洋動物は海洋保護区《かいようほごく》や海中公園《かいちゅうこうえん》を作ることによって守られる。このような保護区や海中公園は、エコツーリズムの波に乗って世界中に広まりつつある。しかし、ある区域《くいき》だけでサメを保護しても、彼らが保護区外に回遊《かいゆう》をするような場合には、意味がない。したがって、サメの調査をさらに行い、彼らの生態《せいたい》や行動について知識を深める必要がある。

（右）漁業やウォータースポーツを禁じた保護区の制定《せいてい》で、サメの生息場所を守ることはできる。しかしサメは回遊《かいゆう》をするので、彼らの移動ルートを正確に把握《はあく》し、サメが訪《おとず》れる海域全てを保護する必要もある。

失敗《しっぱい》

2007年、欧州連合《おうしゅうれんごう》（EU）はアブラツノザメ（左）とニシネズミザメをワシントン条約《じょうやく》の附属書《ふぞくしょ》Ⅱに含めるよう提案した。ワシントン条約は、絶滅《ぜつめつ》の恐れがある生物およびその製品の取引に制限を設《もう》ける条約である。しかし、この提案は他の加盟国《かめいこく》から十分な賛成票《さんせいひょう》を得ることができなかった。加盟国の多くは、ヨーロッパ周辺の海でサメ漁《りょう》の管理体制ができていないことを危惧《きぐ》した。同時に、アブラツノザメ取引が盛んに行われ、一部の国民の収入《しゅうにゅう》源《げん》となり、雇用《こよう》を創出《そうしゅつ》していることも、積極的な賛成を得られなかった理由の一つに違いない。

「ここは、魚や甲殻類《こうかくるい》やサンゴの棲《す》みかです。未来のために今、保護《ほご》しましょう。よろしくお願いします」

希少種《きしょうしゅ》・絶滅危惧種《ぜつめつきぐしゅ》

サメは捕食動物《ほしょくどうぶつ》であり、捕食者《ほしょくしゃ》はエサになる動物よりも数が少ない。大型の肉食ザメは食物連鎖《しょくもつれんさ》の頂点に位置しているので、より小型の魚や他の海洋動物よりもずっと稀《まれ》な存在である。

サメは海洋の最高位捕食者《さいこういほしょくしゃ》であるが、繁殖《はんしょく》スピードが比較的遅く、そして人間が彼らの生息場所や、エサとなる様々な海洋生物に重大な脅威《きょうい》を与えているために、多くのサメが危機《きき》にさらされている。

特定の地域でサメが少なくなってきているという話はよく聞かれる。種の世界的な状況については、国際自然保護連合（IUCN）がその情報を発表しており、定期的に刊行される「レッド・リスト」には、絶滅《ぜつめつ》が危惧《きぐ》される種が、絶滅の危険性の評価にもとづいて、「軽度懸念《けいどけねん》」種から「絶滅寸前《ぜつめつすんぜん》」種など、いくつかにランキングされている。

獲《と》るものが獲《と》られる立場《たちば》に

最も有名な、というより悪名《あくめい》高いホホジロザメは、国際自然保護連合（IUCN）によって「危急《ききゅう》」種に指定されている。その要因《よういん》は、ホホジロザメが食肉として人気があり、高値《たかね》で取引される歯や鰭《ひれ》をとるために捕獲《ほかく》されており、さらにスポーツ・フィッシングや漁業で混獲《こんかく》されることがあるためだ。成長速度も繁殖《はんしょく》のスピードも遅いホホジロザメは、過去50年の間に、ハリウッド映画の悪役から、人間が積極的に守るべき動物に変化したのである。他の「危急《ききゅう》」種にランクされているサメは、ヨゴレ、ナガハナメジロザメ（*Carcharhinus signatus*）、シロワニ、ウバザメ、バケアオザメ、セダカホシザメ（新称、*Mustelus whitneyi*）、オオテンジクザメ、そしてジンベエザメである。

より深刻なランクに分類されているサメは、右下の表の通りである。

心配《しんぱい》な例《れい》

インドメジロザメ（新称、*Carcharhinus hemiodon*）は、インドや東南アジアの沿岸域に生息するとされていた。成長すると全長1.8mにもなるこのサメは、1970年代後半を最後に、その捕獲《ほかく》や確かな目撃情報がなく、その食性《しょくせい》や行動や生態《せいたい》は謎《なぞ》に包まれている。今その種を確認できるのは、博物館に保存されている20個体ほどの標本《ひょうほん》だけしかない。本種が棲《す》む海域は、大規模な漁獲圧《ぎょかくあつ》がかかる場所のために、絶滅《ぜつめつ》が危惧《きぐ》されている。

（下）深海に棲《す》むラブカは、捕獲例《ほかくれい》が少なく、種の実態が分からないサメである（34ページを参照）。

絶滅危機《ぜつめつきき》・絶滅寸前《ぜつめつすんぜん》のサメ

「絶滅危機《ぜつめつきき》」種：

- ボルネオメジロザメ（新称） *Carcharhinus borneensis*
- ツマジロエイラクブカ（新称） *Hemitriakis leucoperiptera*
- シュミットホシザメ（新称） *Mustelus schmitti*
- ヒラシュモクザメ *Sphyrna mokarran*
- アルゼンチンカスザメ（新称） *Squatina argentina*
- ワモンカスザメ（新称） *Squatina guggenheim*
- ザラカスザメ（新称） *Squatina punctata*

など。

「絶滅寸前《ぜつめつすんぜん》」種：

- インドメジロザメ（新称） *Carcharhinus hemiodon*（本文参照）
- ガンジスメジロザメ *Glyphis gangeticus*
- ハリソンアイザメ（新称） *Centrophorus harrissoni*
- ツバクロザメ *Isogomphodon oxyrhynchus*
- シマホシザメ（新称） *Mustelus fasciatus*
- トゲカスザメ（新称） *Squatina aculeata*
- トゲナシカスザメ（新称） *Squatina oculata*
- ホンカスザメ *Squatina squatina*

(上)メガマウスザメは非常に珍《めずら》しいサメで、発見された1976年から30年間に39個体が見つかっているにすぎない。記録が少ないためメガマウスザメの個体数が減少しているかどうかは分からないが、人類は無意識《むいしき》のうちに、彼らのようなおとなしい大型ザメを絶滅《ぜつめつ》の淵《ふち》に追い込んでしまう可能性がある。

(右)このようなアクセサリーや、食用のためにサメ漁《りょう》が行われており、多くの種が絶滅の危機に瀕《ひん》している。

サメ・ツアー

サメは危険《きけん》な動物であるにも関《かか》わらず、あるいは、危険な動物であるために、サメを間《ま》近《ぢか》に見たがる人が多い。そのためサメ・ツアーという新しい観光《かんこう》が盛《さか》んになり始めている。

サメ・ツアーの人気スポットは2か所ある。一つは、ホホジロザメが見られる南アフリカ共和国、もう一つがメジロザメ類やイタチザメを見ることができるバハマである。

ほとんどの場合は、岸や船からサメを眺《なが》めるだけである。しかし中にはサメにもっと近づき、サメがいる海に潜《もぐ》りたいと考える人もいる。彼らはスキューバ機材をつけ、鉄製《てつせい》のケージに入って海に潜る。その間、ツアーのスタッフがイワシや魚の頭を海に投げ入れ、サメをケージの側《そば》に引きつける。こうすると、3.6mを超えるような大型のサメを手の届くような距離から眺《なが》めることができるのだ。

サメ・ツアーの支持者は、減少しているサメの保護《ほご》にこのイベントが役立つと主張している。サメを殺さずに観光資源《かんこうしげん》にできることが分かれば、サメ釣《つ》りが減り、サメの保護運動が活発化《かっぱつか》するというのだ。

その一方で、サメとの潜水《せんすい》ツアーを意味のない危険な行為として、強く反対する人もいる。潜水中にサメがケージの中に入ってしまい事故が起きることも、可能性としてはあり得る。さらに、サメをボートに近付けるために餌付《えづ》けすると、サメは普段入らないような海域にも入ったり、人間への恐怖心をなくしてしまい、さらなる事故を招《まね》きかねないという主張である。

ヘンリ・マレーの事故《じこ》

サメ・ツアーの是非《ぜひ》について大議論が巻き起こったのは2005年、大学生のヘンリ・マレーがサメに襲われた時のことである。彼は南アフリカ共和国のミラーズ・ポイントで友人とスピアフィッシングをしていた。岸からわずか200mくらいしか離れていなかった。

スピアフィッシングとは、スキューバ機材を装着《そうちゃく》して水中に潜《もぐ》り、通りがかった魚を銛《もり》で射《い》る漁法《ぎょほう》である。マレーたちはホホジロザメが近づいてくるのに気がつき、銛《もり》を打ちこんだが、逆にマレーはホホジロザメに連れ去られてしまった。

マレーはその時、サメ・ツアーに参加していたわけではなかったが、このエリアではサメの事故が増えており、ツアーにその原因を見る人も多く、南アフリカのマスコミでも大きく取りざたされた。

驚《おどろ》くべきことに、この事件後にミラーズ・ポイントを訪《おとず》れ、サメ・ツアーに参加する人は増えたという。恐ろしい人食いザメを一目見たいとの思いが、人を集めたのだろう。

(上)サメを自然な環境の中で直接観察するには、ケージ(籠《かご》)を使って潜水するのが良い方法だ。もっとも、サメがケージに頭突《ずつ》きをしたり、ケージに侵入《しんにゅう》することもまれにあるようだ。

(左)サメ・ツアーの人気は増してきているが、諸刃《もろは》の剣《けん》である。地元の人はサメを殺さないで収入を得ることができることを知ったが、反面、このことでサメによる事故がますます増えるのでは、という懸念《けねん》も感じてきている。

サメを見られる水族館

日本国内で実際にサメを見ることができる水族館情報をまとめてみました。
こちらは2016年11月の調査を元に作成しておりますので、現時点で飼育されていないものや新たに加わったものがあるかもしれません。あくまでも目安としてご覧ください。また、各水族館では時期によって多数の種類のサメを集め、剥製《はくせい》や標本、レプリカ、歯の模型、写真パネルなどを展示した「サメ展」を開催することがあります。詳しくは、各施設のホームページをご覧いただくか、直接、お問い合わせください。

北海道

市立室蘭《むろらん》水族館
〒051-0036 北海道室蘭市祝津町3-3-12
電話:0143-27-1638
http://www.kujiran.net/aquarium/

ドチザメ

おたる水族館
〒047-0047 北海道小樽市祝津3-303
電話:0134-33-1400
http://www.otaru-aq.jp/

ポートジャクソンシャーク、ネコザメ、イヌザメ、ネムリブカ、ツマグロ、トラフザメ、ドチザメ、ネズミザメ(剥製)

登別《のぼりべつ》マリンパークニクス
〒059-0464 北海道登別市登別東町1-22
電話:0143-83-3800
http://www.nixe.co.jp/

ネコザメ、テンジクザメ、アブラツノザメ、シロワニ、レモンザメ、ドチザメ(バックヤードで飼育中)

サンピアザ水族館
〒004-0052 北海道札幌市
厚別区厚別中央2-5-7-5
電話:011-890-2455
http://www.sunpiazza-aquarium.com/

ドチザメ、イヌザメ、ネコザメ

青森県

青森県営浅虫《あさむし》水族館
〒039-3501 青森県青森市
大字浅虫字馬場山1-25
電話:017-752-3377
http://www.asamushi-aqua.com/

ドチザメ、トラザメ

秋田県

男鹿《おが》水族館GAO
〒010-0673 秋田県男鹿市戸賀塩浜
電話:0185-32-2221
http://www.gao-aqua.jp/

ドチザメ、ネコザメ、トラザメ、ナヌカザメ

山形県

鶴岡《つるおか》市立加茂《かも》水族館
〒997-1206 山形県鶴岡市
今泉字大久保657-1
電話:0235-33-3036
http://kamo-kurage.jp/

ナヌカザメ、ドチザメ、トラザメ

宮城県

気仙沼《けせんぬま》シャークミュージアム
〒988-0037 宮城県気仙沼市魚市場前7-13
電話:0226-24-5755
http://www.uminoichi.com/

2016年11月現在、生きたサメの飼育はありませんが、資料は豊富に揃っています。

仙台うみの杜水族館
〒983-0013 宮城県仙台市
宮城野区中野4-6
電話:022-355-2222
http://www.uminomori.jp

アカシュモクザメ、ドチザメ、ホシザメ、ネコザメ、トラザメ、ヨシキリザメ

福島県

アクアマリンふくしま
〒971-8101 福島県いわき市
小名浜字辰巳町50
電話:0246-73-2525
http://www.aquamarine.or.jp/

ドチザメ、イヌザメ、ホシザメ、フトツメザメ

新潟県

新潟市水族館マリンピア日本海
〒951-8555 新潟県新潟市
中央区西船見町5932-445
電話:025-222-7500
http://www.marinepia.or.jp/

ドチザメ、トラザメ、トラフザメ

上越《じょうえつ》市立水族博物館
〒942-0004 新潟県上越市西本町4-19-27
電話:025-543-2449
http://www.joetsu-suihaku.jp/

ナヌカザメ、ドチザメ、ネコザメ、トラザメ、アカシュモクザメ

寺泊《てらどまり》水族博物館
〒940-2502 新潟県長岡市
寺泊花立9353-158
電話:0258-75-4936
http://www.aquarium-teradomari.jp/

ネコザメ、イヌザメ、トラザメ、ナヌカザメ

イヌザメとトラザメは卵からの発生過程を展示(時期については問い合わせ)。

茨城県

アクアワールド茨城県大洗《おおあらい》水族館
〒311-1301 茨城県東茨城郡
大洗町磯浜町8252-3
電話:029-267-5151
http://www.aquaworld-oarai.com/

ネコザメ、シマネコザメ、ホーンシャーク、ポートジャクソンシャーク、クレステッドブルヘッドシャーク、クラカケザメ、クモハダオオセ(スポッテッドウォビゴン)、オオセ、ウェスタンウォビゴン、タッセルドウォビゴン、カラクサオオセ(ドワーフオルネートウォビゴン)、ノーザンウォビゴン、テンジクザメ(シロボシテンジク)、イヌザメ、シマザメ、アラビアンカーペットシャーク、エパウレットシャーク、スペックルドカーペットシャーク、ハルマヘラエパウレットシャーク、トラフザメ、ナースシャーク、ショートテールナースシャーク、シロワニ、サンゴトラザメ、バリキャットシャーク、イモリザメ、ニホンヤモリザメ、ナヌカザメ、ナガサキトラザメ、トラザメ、イズハナトラザメ、ブラウンシャイシャーク、ヒョウザメ、ホシザメ、スムーズハウンド、ドチザメ、レパードシャーク、スポッテッドガリーシャーク、エイラクブカ、ネムリブカ、レモンザメ、ツマグロ、クロヘリメジロザメ、スミツキザメ、ハナザメ、アカシュモクザメ、ボンネットヘッドシャーク、アブラツノザメ、カスザメ、ノコギリザメ

サメの飼育に最も力を入れていて、世界一のサメ水族館を目指している。2016年11月現在で59種類を飼育中。

千葉県

犬吠埼《いぬぼうさき》マリンパーク
〒288-0012 千葉県銚子市犬吠埼9575-1
電話:0479-24-0451
http://www.geocities.jp/inuboo_marin/

ドチザメ、ネコザメ、イヌザメ、シロボシテンジク

かつうら海中公園
〒299-5242 千葉県勝浦市吉尾174
電話:0470-76-2955
http://www.katsuura.org/

海中展望塔から野生のドチザメが見られる。

鴨川《かもがわ》シーワールド
〒296-0041 千葉県鴨川市東町1464-18
電話:04-7093-4803
http://www.kamogawa-seaworld.jp/

ネコザメ、オオセ、イヌザメ、オオテンジクザメ、トラフザメ、トラザメ、ドチザメ、ネムリブカ、ツマグロ、ヒゲツノザメ、ノコギリザメ

東京都

サンシャイン水族館
〒170-8630 東京都豊島区東池袋3-1
サンシャインシティ
ワールドインポートマート屋上
電話:03-3989-3466
http://www.sunshinecity.co.jp/

イヌザメ、トラザメ、ナヌカザメ、ツマグロ、トラフザメ

葛西《かさい》臨海水族園
〒134-8587 東京都江戸川区臨海町6-2-3
電話:03-3869-5152
http://www.tokyo-zoo.net/zoo/kasai/

アカシュモクザメ、ツマグロ、ドチザメ、ネコザメ、イヌザメ、ノコギリザメ

アクアパーク品川《しながわ》
〒108-8611 東京都港区高輪4-10-30
電話:03-5421-1111(音声ガイダンス)
http://aqua-park.jp/

ツマグロ、トラフザメ、イヌザメ、マモンツキテンジクザメ、サンゴトラザメ、シロボシテンジクザメ

しながわ水族館
〒140-0012 東京都品川区勝島3-2-1
電話:03-3762-3433
http://www.aquarium.gr.jp/

シロワニ、グレーリーフシャーク、ツマグロ、ナースシャーク、ドチザメ、ネコザメ

神奈川県

京急油《あぶら》壺《つぼ》マリンパーク

〒238-0225 神奈川県三浦市
三崎町小網代1082
電話:046-880-0152
http://www.aburatsubo.co.jp/

シロワニ、オオメジロザメ、レモンザメ、
ドチザメ、ネコザメ、シロボシテンジクザメ、
トラザメ、ナヌカザメ、イヌザメ、
ネムリブカ、ヤジブカ、ツマグロ、
タンビコモリザメ、
アラビアンカーペットシャーク

新江《え》ノ《の》島《しま》水族館

〒251-0035 神奈川県藤沢市
片瀬海岸2-19-1
電話:0466-29-9960
http://www.enosui.com/

ドチザメ、ネコザメ、トラザメ、ナヌカザメ、
ツマグロ、トラフザメ、ネムリブカ

横浜・八《はっ》景《けい》島《じま》シーパラダイス

〒236-0006 神奈川県横浜市金沢区八景島
電話:045-788-8888
http://www.seaparadise.co.jp/

シロワニ、アカシュモクザメ、
シロシュモクザメ、ネコザメ、トラフザメ、
ツマグロ、オオセ、ナヌカザメ、
エイラクブカ、ホシザメ、
ドチザメ、クロヘリメジロザメ、
スミツキザメ、レモンザメ、カスザメ、
ハナカケトラザメ、ツマリツノザメ

よしもとおもしろ水族館

〒231-0023 神奈川県横浜市中区
山下町144 チャイナスクエアビル3F
電話:045-222-3211
http://www.omoshirosuizokukan.com/

ネコザメ、イヌザメ、トラザメ、
ポートジャクソンシャーク

この他に、ネコザメ、ナヌカザメ、
トラフザメ、イヌザメの卵が時期によって
展示されている。

静岡県

伊《い》豆《ず》・三《み》津《と》シーパラダイス

〒410-0295 静岡県沼津市内浦長浜3-1
電話:055-943-2331
http://www.izuhakone.co.jp/seapara/

ナヌカザメ、イズハナトラザメ、
クトツノザメ、ネコザメ

下《しも》田《だ》海中水族館

〒415-8502 静岡県下田市3-22-31
電話:0558-22-3567
http://www.shimoda-aquarium.com/

ネコザメ、オオセ、イズハナトラザメ、
ドチザメ、ホシザメ、エイラクブカ、
カスザメ、ナヌカザメ、フトツノザメ、
ヒゲツノザメ

東海大学海洋科学博物館

〒424-8620 静岡県静岡市
清水区三保2389
電話:054-334-2385
http://www.umi.muse-tokai.jp/

シロワニ、ネコザメ、イヌザメ、
ネムリブカ、トラザメ、ナヌカザメ

あわしまマリンパーク・淡《あわ》島《しま》水族館

〒410-0221 静岡県沼津市内浦重寺186
電話:055-941-3126
http://www.marinepark.jp/

ドチザメ、ネコザメ

富山県

魚《うお》津《づ》水族館

〒937-0857 富山県魚津市三ケ1390
電話:0765-24-4100
http://www.uozu-aquarium.jp/

ドチザメ

石川県

のとじま水族館

〒926-0216 石川県七尾市
能登島曲町15部40
電話:0767-84-1271
http://www.notoaqua.jp/

ネコザメ、カスザメ、ホシザメ、ナヌカザメ、
トラザメ、シロボシテンジクザメ、
ジンベエザメ、オオセ、コロザメ、
ドチザメ、ツマグロ、アカシュモクザメ、
アブラツノザメ、トラフザメ

福井県

越《えち》前《ぜん》松《まつ》島《しま》水族館

〒913-0065 福井県坂井市
三国町崎74-2-3
電話:0776-81-2700
http://www.echizen-aquarium.com/

ネコザメ、ナヌカザメ、ドチザメ、ホシザメ、
イヌザメ、ツマグロ、アカシュモクザメ

愛知県

蒲《がま》郡《ごおり》市竹《たけ》島《しま》水族館

〒443-0031 愛知県蒲郡市竹島町1-6
電話:0533-68-2059
http://www.city.gamagori.lg.jp/site/
takesui/

ドチザメ、ナヌカザメ、ネコザメ、
エイラクブカ、イヌザメ、サンゴトラザメ、
イズハナトラザメ、コロザメ

南《みなみ》知《ち》多《た》ビーチランド

〒470-3233 愛知県知多郡
美浜町奥田428-1
電話:0569-87-2000
http://www.beachland.jp/

ドチザメ、ブラックチップシャーク

碧《へき》南《なん》海浜水族館

〒447-0853 愛知県碧南市浜町2-3
電話:0566-48-3761
http://www.city.hekinan.aichi.jp/
aquarium/

ツマグロ、ドチザメ、シロボシテンジクザメ、
トラザメ、ナヌカザメ

名古屋港《なごやこう》水族館
〒455-0033 愛知県名古屋市
港区港町1番3号
電話:052-654-7080
http://www.nagoyaaqua.jp/

ネコザメ、クラカケザメ、ナヌカザメ、
トラザメ、ドチザメ、アカシュモクザメ、
ノコギリザメ

三重県

鳥羽《とば》水族館
〒517-8517 三重県鳥羽市鳥羽3-3-6
電話:0599-25-2555
http://www.aquarium.co.jp/

イヌザメ、ネコザメ、ドチザメ、シロワニ、
ナヌカザメ、トラザメ、ヒゲツノザメ、
カスザメ、エイラクブカ

志摩《しま》マリンランド
〒517-0502 三重県志摩市阿児町賢島
電話:0599-43-1225
http://www.kintetsu.co.jp/leisure/shimamarine/

ドチザメ、トラザメ、ナースシャーク、
ナヌカザメ、ネコザメ、ハナカケトラザメ、
ヒゲツノザメ、シロボシテンジク

伊勢夫婦岩ふれあい水族館 シーパラダイス
〒519-0602 三重県伊勢市二見町江580
電話:0596-43-4111
http://www.ise-seaparadise.com/

ドチザメ、ネコザメ、カスザメ

和歌山県

京都大学白浜《しらはま》水族館
〒649-2211 和歌山県西牟婁郡白浜町459
電話:0739-42-3515
http://www.seto.kyoto-u.ac.jp/aquarium/

エイラクブカ、ドチザメ、ナヌカザメ

太地《たいじ》町立くじらの博物館
〒649-5171 和歌山県東牟婁郡太地町
太地2934-2
電話:0735-59-2400
http://www.kujirakan.jp/

ネコザメ、ドチザメ

串本《くしもと》海中公園センター
〒649-3514 和歌山県東牟婁郡
串本町有田1157
電話:0735-62-1122
http://www.kushimoto.co.jp/

メジロザメ、ハナザメ、シロザメ、
エイラクブカ、ドチザメ、ネコザメ、
テンジクザメ、カスザメ

和歌山県立自然博物館
〒642-0001 和歌山県海南市船尾370-1
電話:073-483-1777
http://www.shizenhaku.wakayama-c.ed.jp/

トラザメ、ドチザメ、エイラクブカ、
ネムリブカ、ツマグロ、オオセ、イヌザメ、
シロボシテンジクザメ

京都府

丹後魚《たんごうお》っ知館《ちかん》
〒626-0052 京都府宮津市小田宿野1001
電話:0772-25-2026
http://www.kepco.co.jp/pr/miyazu/

ドチザメ、シロザメ

大阪府

海遊館《かいゆうかん》
〒552-0022 大阪府大阪市
港区海岸通1-1-10
電話:06-6576-5501
http://www.kaiyukan.com/

イヌザメ、コモリザメ、
マモンツキテンジクザメ、オオセ、
ジンベエザメ、ドチザメ、トラフザメ、
ネコザメ、ツマグロ、ネムリブカ、
エイラクブカ、アカシュモクザメ、
ポートジャクソンシャーク、
サンゴトラザメ、シマネコザメ

兵庫県

神戸市立須磨《すま》海浜水族園
〒654-0049 兵庫県神戸市
須磨区若宮町1-3-5
電話:078-731-7301
http://sumasui.jp/

シロワニ、ツマグロ、ネムリブカ、
メジロザメ、ネコザメ、トラフザメ、
ナースシャーク、ドチザメ、イヌザメ、
アカシュモクザメ、ドタブカ、
クロトガリザメ、ネコザメ、エイラクブカ、
シロザメ、カスザメ

城崎《きのさき》マリンワールド
〒669-6122 兵庫県豊岡市瀬戸1090
電話:0796-28-2300
http://www.hiyoriyama.co.jp/

ネコザメ、トラザメ、ドチザメ

岡山県

市立玉野《たまの》海洋博物館 (渋川《しぶかわ》マリン水族館)
〒706-0028 岡山県玉野市渋川2-6-1
電話:0863-81-8111

http://www.city.tamano.lg.jp/docs/2014022000793/

レモンシャーク、ドチザメ、エイラクブカ、
イヌザメ、ホシザメ、トラザメ

山口県

市立しものせき水族館・海響館《かいきょうかん》
〒750-0036 山口県下関市
あるかぽーと6-1
電話:083-228-1100
http://www.kaikyokan.com/

エイラクブカ、ドチザメ、カスザメ、
シロザメ、ツマグロ、ネコザメ、トラザメ

島根県

島根県立しまね海洋館AQUAS《アクアス》

〒697-0004 島根県浜田市久代町1117-2
電話:0855-28-3900
https://www.aquas.or.jp/

ネコザメ、ポートジャクソンシャーク、オオセ、ナースシャーク、ドチザメ、ツマグロ、ドタブカ、メジロザメ、レモンザメ、アカシュモクザメ、ネムリブカ、トラザメ

香川県

新屋《や》島《しま》水族館

〒761-0111 香川県高松市
屋島東町1785-1
電話:087-841-2678
http://www.new-yashima-aq.com/

ツマグロ、シロザメ、トラザメ、オオセ

高知県

桂《かつら》浜《はま》水族館

〒781-0262 高知県高知市浦戸778
電話:088-841-2437
http://www.katurahama-aq.jp/

シロザメ、トラザメ、ネコザメ、ドチザメ、カスザメ

足《あし》摺《ずり》海洋館

〒787-0452 高知県土佐清水市
三崎字今芝4032
電話:0880-85-0635
http://www.kaiyoukan.jp/

ネコザメ

福岡県

マリンワールド海《うみ》の中《なか》道《みち》

〒811-0321 福岡県福岡市東区
大字西戸崎18-28
電話:092-603-0400
http://www.marine-world.jp/

アカシュモクザメ、イヌザメ、エイラクブカ、オオセ、コモリザメ、シロザメ、テンジクザメ、シロワニ、ドチザメ、ナヌカザメ、ネコザメ、ネムリブカ、メジロザメ、シマザメ、ホシザメ

長崎県

長崎ペンギン水族館

〒851-0121 長崎県長崎市宿町3-16
電話:095-838-3131
http://www1.city.nagasaki.nagasaki.jp/penguin/

シロザメ、ドチザメ、エイラクブカ、トラフザメ

大分県

大分マリーンパレス水族館「うみたまご」

〒870-0802 大分県大分市高崎山下海岸
電話:097-534-1010
http://www.umitamago.jp/

ドタブカ、ホコサキ、ドチザメ、アカシュモクザメ、シロザメ、エイラクブカ、オオセ、ネコザメ、ネムリブカ

鹿児島県

いおワールド・かごしま水族館

〒892-0814 鹿児島県鹿児島市
本港新町3-1
電話:099-226-2233
http://ioworld.jp/

ジンベエザメ、ネムリブカ、ノコギリザメ、トラフザメ

沖縄県

沖縄美《ちゅ》ら海《うみ》水族館

〒905-0206 沖縄県国頭郡
本部町字石川424
電話:0980-48-3748
https://churaumi.okinawa/

ジンベエザメ、トラフザメ、オオテンジクザメ、オオメジロザメ、イタチザメ、ヤジブカ、ネムリブカ、レモンザメ、フトツノザメ、トガリツノザメ、ヒゲツノザメ、ノコギリザメ

索引

世界サメ図鑑

※太字の数字は、項目として解説しているページ。

ガラパゴスネコザメ 112-113
狩《か》り 132, 146-147, 148-149
カリフォルニアカスザメ 44
カリフォルニアドチザメ 79, 108
カリブカスザメ 32, 44
カリブカラスザメ（新称） 186
感覚有毛細胞《かんかくゆうもうさいぼう》 88, 90
ガンギエイ 30-31, 72
環境汚染《かんきょうおせん》 67, **206-207**
ガンジスメジロザメ 212
関節《かんせつ》 **72-73**
肝臓《かんぞう》 24, 41, 50, 81, 104-105, 144, 172
桿体《かんたい》 **86**
カンブリア紀《き》 13
肝油《かんゆ》 24, 41, 206-207
キクザメ 70-71, 122
キクザメ科《か》 32
キクザメ目《もく》 30, 32
危険性《きけんせい》 **188-189**
寄生性《きせいせい》 **157**
寄生虫《きせいちゅう》 40, 61, 124, **126-127**
季節回遊《きせつかいゆう》 52
擬態《ぎたい》 **110-111**
求愛行動《きゅうあいこうどう》 **172-173**
嗅覚《きゅうかく》 **84-85**, 192, 200
嗅葉《きゅうよう》 82-83, 84
狂食《きょうしょく》 **150-151**, 172
漁獲制限《ぎょかくせいげん》 **208**, 210
棘魚類《きょくぎょるい》 10
ギンザメ 10, 16, 30, 72
ギンザメ類《るい》 **16**, 72
筋肉《きんにく》 **72**, 100
クモハダオオセ 8, **65**, 110, 179
クラドセラケ 11, 34, 106
クリッターカム 204
クロトガリザメ 24, 31, 103, 148
クロハラカスミザメ 122
クロヘリメジロザメ 131, 148, 161
系統樹《けいとうじゅ》 **13**
血液《けつえき》 **76-77**, 78-79, 80-81, 84, 192, 200
コウイカ 105
好奇心《こうきしん》 137
攻撃《こうげき》 7, 9, 18, 22, 26-27, **190-195**, 200-201, 214
硬骨魚類《こうこつぎょるい》 30, 102, 104-105, 166, 171, 187
高速遊泳性《こうそくゆうえいせい》 98-99, 103
行動圏《こうどうけん》 134
交尾《こうび》 61, 152, 165, 172, **174-175**
交尾器《こうびき》（クラスパー） 18, **168-169**, 174
呼吸《こきゅう》 10, **74-75**
国際《こくさい》サメ被害目録《ひがいもくろく》 194
国際自然保護連合《こくさいしぜんほごれんごう》 59, 212
誇示行動《こじこうどう》 94
古生代《こせいだい》 13, 14
個体数《こたいすう》 **186**
骨格《こっかく》 **72-73**
コバンザメ類《るい》 124-125
コビトザメ類《るい》 122
コモリザメ 24, 32-33, **66**, 108, 112, 122, 132, 136, 153, 175, 178, 190
コモリザメ科《か》 33, 66
混獲《こんかく》 **206-207**, 210, 212

サ

サーファー 190, **193**
鰓弓《さいきゅう》 72-73, 74, 158
鰓耙《さいは》 46, 67, 158-159
錯覚《さっかく》 93
サメ皮《かわ》 24
サメ・ツアー **214-215**
サメよけ 138, **196-197**
サメ漁《りょう》 22, 37
ザラカスザメ（新称） 212
三畳紀《さんじょうき》 13, 14
産卵《さんらん》 **176-177**
飼育《しいく》 **138-139**
視覚《しかく》 82-83, **86-87**, 192
自己受容感覚《じこじゅようかんかく》 88, **91**
歯髄腔《しずいこう》 70, 152
磁場《じば》 **128-129**
シビレエイ 17
シマホシザメ（新称） 212
シャーク・アーム殺人事件《さつじんじけん》 156
シャークスキン 24
受精《じゅせい》 **174**
シュミットホシザメ（新称） 212
寿命《じゅみょう》 **182-183**
シュモクザメ 23, 29, 33, 92, 146, 161, 178, 180-181, 190, 198, 206, 209, 210
シュモクザメ科《か》 33, 62
シュモクザメ類《るい》 **62-63**, 118-119, 120
ジュラ紀《き》 11, 13, 14
楯鱗《じゅんりん》 70
視葉《しよう》 82-83
消化器官《しょうかきかん》 **160-161**
ショートノーズ・ソーシャーク 43
触鬚《しょくしゅ》 38-39, 65, 85
食物連鎖《しょくもつれんさ》 116, **142-143**, 162, 186, 206
食物網《しょくもつもう》 116, 130, **142-143**
食用《しょくよう》 22, 24, 206-207, 212
処女生殖《しょじょせいしょく》 **180-181**
触覚《しょっかく》 **90-91**
臀鰭《しりびれ》 102
シロシュモクザメ 62-63
シロワニ 33, **53**, 94, 105, 108, 139, 148, 169, 178-179, 183, 190, 205, 208-209, 212
進化《しんか》 **10-14**
心臓《しんぞう》 **78-79**
腎臓《じんぞう》 **80-81**
ジンベエザメ 14, 20, 32, **67**, 70-71, 104, 109, 122, 125, 126, 138, 144, 158-159, 171, 183, 186-187, 210, 212
ジンベエザメ科《か》 32, 67
侵略《しんりゃく》 **162-163**
錐体《すいたい》 **86**
睡眠《すいみん》 **112-113**
スクアレン 24, 41, 104
ステタカントゥス 12
スパイホッピング 48
スピアフィッシング 93, 136, 214
スポーツ・フィッシング **22-23**, 206, 212
精子《せいし》 168, 174
成熟《せいじゅく》 172-173, 182-183
精巣《せいそう》 **168**
生息深度《せいそくしんど》 **122-123**
生息地《せいそくち》 **118-119**
生態《せいたい》 **114-139**
生態系《せいたいけい》 **162-163**, 208
成長《せいちょう》 **182-183**
脊索動物《せきさくどうぶつ》 10, 30
石炭紀《せきたんき》 10, 12-13, 14
脊柱《せきちゅう》 10, 72-73, 100
脊椎骨《せきついこつ》 30, 72-73, 100, 182
脊椎動物《せきついどうぶつ》 30, 72, 76
セダカホシザメ（新称） 212
石灰化《せっかいか》 72
摂餌《せつじ》／摂食《せっしょく》 36, 67, 104, **144-145**
絶食《ぜっしょく》 **144**, 172
絶滅危惧種《ぜつめつきぐしゅ》 **212-213**
背鰭《せびれ》 **102**
浅海《せんかい》 **122**, 194
潜水艦《せんすいかん》 98
掃除屋《そうじや》 **120**
草食動物《そうしょくどうぶつ》 **142**, 144
総排出腔《そうはいしゅつこう》 **80-81**, 160, 168, 170, 174, 176, 178
側線《そくせん》 84, **90-91**, 192

タ

体外受精《たいがいじゅせい》 166, 174
体形《たいけい》 12, **96-99**
体色《たいしょく》 **108-109**
胎生《たいせい》 166, **178-179**
体内感覚《たいないかんかく》 **91**
体内受精《たいないじゅせい》 166, 174
タイワンザメ 33
タイワンザメ科《か》 33

多産《たさん》 61, 166
食《しょく》べ物《もの》 **144-145**, 156
卵《たまご》 166, 170-171, 174, **176-177**
ダルマザメ 8, 110, 118-119, **157**
単生類《たんせいるい》 126
地球温暖化《ちきゅうおんだんか》 **162-163**
知能《ちのう》 83, **136-137**
腸《ちょう》 **160-161**
聴覚《ちょうかく》 **88-89**, 192
対鰭《ついき》 **102**
追跡調査《ついせきちょうさ》 112, 130, 158, 182-183, 198, **204-205**
ツノザメ 148, 161, 167
ツノザメ科《か》 32, 37, 38, 106, 178
ツノザメ属《ぞく》 37
ツノザメ目《もく》 30, 32, 37, 38, 40-41, 42
ツノザメ類《るい》 72, 122, 153
ツバクロザメ 212
ツマグロ 33, 108-109, 116
ツマジロ 93, 94, 96-97, 108, 114-115
ツマジロエイラクブカ(新称) 212
底生性《ていせいせい》 44-45, 74, 98-99, 101, 102, 116, 144
デトリタス 116, **142**
電気《でんき》の感知《かんち》 17, **92-93**, 128, 146, 192, 196-197
テンジクザメ 24, 32, 176
テンジクザメ目《もく》 30, 32-33, 65, 66-67
伝説《でんせつ》 **18-19**
天敵《てんくき》 **124-125**
棘《とげ》 **106-107**
トゲカスザメ(新称) 212
トゲナシカスザメ(新称) 212
ドタブカ 146, 148, 154
ドチザメ 33
ドチザメ科《か》 33
トニック・イモビリティー 138
共食《ともぐ》い 40, 48, 52-53, 56, 62
トラザメ 10, 33, 99, 100, 161, 174, 176, 186
トラザメ科《か》 33, 64, 86
トラフザメ 24, 32, 101, 108, 112, 176
トリスティチウス 12

ナ

内臓《ないぞう》 91, 126, **160-161**
内分泌系《ないぶんぴつけい》 **76**, 168, 170
ナガサキトラザメ類《るい》 152
ナガハナメジロザメ 212
ナヌカザメ 33, **64**, 107, 122, 153, 176, 182
ナワバリ **134-135**
軟骨《なんこつ》 12, **72-73**, 104, 198
軟骨魚類《なんこつぎょるい》 10, 16, 30, 72
肉食動物《にくしょくどうぶつ》 **142**, 144, 186, 212
ニシオンデンザメ 8, 23, 24, **40**, 120-121, 122, 142, 156, 182, 186, 206
ニシネズミザメ 23, **49**, 120, 210
ニシノコギリザメ 43
ニシレモンザメ 24, **60**, 120, 128, 132, 136, 138, 145, 146, 174, 180, 182
ニタリ 52
ネコザメ 14, 102, 174, 176, 183
ネコザメ科《か》 32, 36
メコザメ目《もく》 30, 32, 36
ネコザメ類《るい》 74, 106, 108
ネズミイルカ 124
ネズミザメ 33, 49, 76, 102, 120, 130, 153, 162, 178, 183, 204
ネズミザメ科《か》 33, 47, 48-49, 120
ネズミザメ目《もく》 30, 33, 46-47, 48-49, 50, 52-53, 54
ネズミザメ類《るい》 76, 98, 122
ネムリブカ 8, 27, 33, **55**, 102, 112, 122, 132-133, 148, 173, 174
脳《のう》 25, 26, **82-83**, 84
ノコギリエイ 16, 32
ノコギリザメ 16, 32, 43, 122, 178
ノコギリザメ科《か》 32, 43
ノコギリザメ目《もく》 30, 32, 43

ハ

歯《は》 12, 14-15, 20, 25, **152-153**, 154-155
排泄《はいせつ》 80-81, 160-161
白亜紀《はくあき》 13, 14
ハグキホシザメ 161
バケアオザメ 47, 212
ハチワレ 23, 52, 86
発光《はっこう》 42, 54, **110**, 122
発信器《はっしんき》 112, 130, 159, 204-205
発生《はっせい》 **177**
ハナカケトラザメ 22, 108, 176, 182
ハナザメ 130
腹鰭《はらびれ》 **102**
ハリソンアイザメ(新称) 212
板鰓亜綱《ばんさいあこう》 30
繁殖《はんしょく》 132, 134, **164-183**
繁殖期《はんしょくき》 170, 172-173
繁殖地《はんしょくち》 **172-173**, 174-175
ヒガシオーストラリアカスザメ(新称) **44-45**
ヒゲ 8, 38-39, 43, 44, 66
ヒゲツノザメ **38-39**
ヒゲドチザメ(新称) 178
皮歯《ひし》 24, **70-71**, 152
ヒシカラスザメ 111, 122
皮膚《ひふ》 24, **70-71**, 126
尾柄《びへい》 98
皮弁《ひべん》 65
ヒボダス 14
標識《ひょうしき》 112, 130, 182-183, 204-205
ヒラシュモクザメ **62-63**, 122, 212
鰭《ひれ》 24-25, **102-103**, 207
ヒレタカフジクジラ 186
ヒレトガリザメ 33
ヒレトガリザメ科《か》 33
ファルカタス 14
フィルター・フィーダー 8, 46, 54, 67, 144, **158-159**
フェロモン 84, 172, 196
孵化《ふか》 **176-179**
フカヒレスープ 22, 24, 37, 59, 181, 203, **207**, 208
フジツボ 124, 126
フックトゥース・ドッグフィッシュ 153
プランクトン 130, 142-143, 158-159
浮力《ふりょく》 53, 100, **104-105**
吻《ふん》 138, 154
噴水孔《ふんすいこう》 16, 74, 110, 112
分類《ぶんるい》 **30-33**
ヘラザメ類《るい》 122
ヘラツノザメ **41**
ペリーカラスザメ 122, 186
ペルム紀《き》 13, 14
ペレスメジロザメ 136-137, 151
防御手段《ぼうぎょしゅだん》 106-107
ポートジャクソンネコザメ 32, **36**, 74, 106-107, 142, 154, 168, 172, 176, 183
保護《ほご》 **202-215**
ホンエイ 17
ホシザメ 33, 148, 153, 178
ホシザメ類《るい》 99, 120, 196
捕食性《ほしょくせい》 **146-147**, 154, 186
捕食動物《ほしょくどうぶつ》 **142**, 144, 212
ポタモトリゴン 16
ボディーランゲージ **94-95**
ホホジロザメ 14, 20, 22-23, 30, 33, **48**, 60, 76-77, 83, 91, 94-95, 102-103, 112, 118-119, 120, 126, 132, 138,

マ

ヤ

ラ

ワ

新称一覧

本書中で登場した新和名は以下の通り(括弧内は学名)：

アフリカカスザメ
(*Squatina africana*)

アルゼンチンカスザメ
(*Squatina argentina*)

インドメジロザメ
(*Carcharhinus hemiodon*)

カリブカラスザメ
(*Etmopterus hillianus*)

ザラカスザメ
(*Squatina punctata*)

シマホシザメ
(*Mustelus fasciatus*)

シュミットホシザメ
(*Mustelus schmitti*)

セダカホシザメ
(*Mustelus whitneyi*)

ツマジロエイラクブカ
(*Hemitriakis leucoperiptera*)

トゲカスザメ
(*Squatina aculeata*)

トゲナシカスザメ
(*Squatina oculata*)

ハリソンアイザメ
(*Centrophorus harrissoni*)

ヒガシオーストラリアカスザメ
(*Squatina* sp. A)

ヒゲドチザメ
(*Furgaleus macki*)

ボルネオメジロザメ
(*Carcharhinus borneensis*)

ヨーロッパトラザメ
(*Scyliorhinus stellaris*)

ワモンカスザメ
(*Squatina guggenheim*)